高等职业教育

机械行业"十二

AutoCAD 工程绘图

Engineering Drawing with AutoCAD

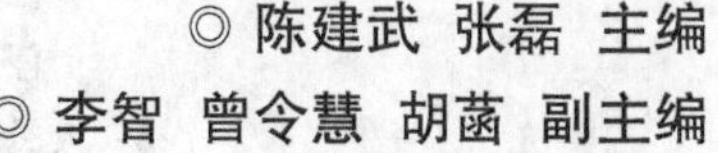

◎ 李智 曾令慧 胡菡 副主编

人民邮电出版社

北京

图书在版编目（CIP）数据

AutoCAD工程绘图 / 陈建武，张磊主编. -- 北京 : 人民邮电出版社，2014.9（2018.2重印）
高等职业教育机械行业“十二五”规划教材
ISBN 978-7-115-36326-8

Ⅰ. ①A… Ⅱ. ①陈… ②张… Ⅲ. ①工程制图－AutoCAD软件－高等职业教育－教材 Ⅳ. ①TB237

中国版本图书馆CIP数据核字（2014）第171048号

内 容 提 要

本教材主要内容包括 AutoCAD 入门、绘图环境设置、二维图形的绘制、二维图形的编辑及图案填充、文字标注与尺寸标注、图块与设计中心、三维实体造型及编辑、图形输出，同时，附录中还有“AutoCAD 2010 简介”、“国家 CAD 考试中心模拟试题”等内容。

本教材作为高职高专规划教材，由来自企业及教学一线的工程技术人员和教师联合编写。内容翔实，实例丰富，循序渐进，既适用于教学，也可作为广大工程技术人员及绘图爱好者的参考用书。

◆ 主　　编　陈建武　张　磊
副 主 编　李　智　曾令慧　胡　菡
责任编辑　韩旭光
责任印制　张佳莹　焦志炜
◆ 人民邮电出版社出版发行　　北京市丰台区成寿寺路 11 号
邮编　100164　　电子邮件　315@ptpress.com.cn
网址　http://www.ptpress.com.cn
固安县铭成印刷有限公司印刷
◆ 开本：787×1092　1/16
印张：13.75　　2014 年 9 月第 1 版
字数：344 千字　　2018 年 2 月河北第 5 次印刷

定价：32.00 元

读者服务热线：（010）81055256　印装质量热线：（010）81055316
反盗版热线：（010）81055315

前 言

AutoCAD 是美国 Autodesk 公司开发的通用软件包，是当今设计领域应用最广泛的现代化绘图工具之一。学习并掌握 AutoCAD 绘图技术可大幅度提高设计绘图效率。随着科学技术的进步，AutoCAD 不断完善，2010 版一经问世，就得到热烈的追捧，但考虑到有些企业和学校软件尚未更新，职业技能鉴定部门也还在使用 AutoCAD 2005，为兼顾先进性和实用性，本教材以 AutoCAD 2008 为主进行介绍，同时，对 AutoCAD 2010 也作了简要介绍，意在鼓励学有余力的读者探索，以掌握 AutoCAD 前进的轨迹，不断完成知识更新、能力更新。

本教材的特点包括以下几个方面。

1. 理实一体化：本教材分 8 个项目，每个项目通过解决几个实际问题，让读者能步步深入了解 AutoCAD 的理论体系，每步都有成功的喜悦。

2. 校企结合：本教材吸纳企业工程技术人员参与编写，结合生产实际，对解决实际问题有更强的指导意义。

3. 贴近学生实际的表述方法：本教材结合高职高专学生理论功底不厚、对实际操作更感兴趣的特点，避开理论研讨，只解决我们学习 AutoCAD 做什么、怎么做的问题。

4. 具有一定前瞻性：本教材不仅介绍了 AutoCAD 2008 这一版本，而且介绍了 AutoCAD 的最近的发展变化，以及 AutoCAD 2010 的新特点。

本教材由武汉软件工程职业学院机械工程学院陈建武、张磊任主编，李智、曾令慧、胡菡任副主编。参加编写的还有武昌造船厂宋立予高工，长江船舶设计院张成桥高工，长沙中联重工科技发展股份有限公司付娟娟工程师，武汉软件工程职业学院彭碧霞副教授、韩俊平副教授等。

感谢您对本教材的青睐，欢迎您对本教材提出宝贵的意见和建议。

编　者

2014 年 5 月

目录

项目 1　AutoCAD 入门 1

任务 1　AutoCAD 2008 的启用 1

任务 2　简单图形的绘制 9

项目 2　绘图环境设置 16

任务 1　AutoCAD 2008 的基本设置 16

任务 2　图层设置 23

项目 3　二维图形的绘制 29

任务 1　绘制样条曲线 29

任务 2　用圆和正多边形命令绘制平面图形 32

任务 3　用圆弧和椭圆弧命令绘制平面图形 34

任务 4　绘制多段线和多线 39

项目 4　二维图形的编辑及图案填充 46

任务 1　运用编辑命令绘图 46

任务 2　编辑多线 56

任务 3　图案填充 59

项目 5　文字标注与尺寸标注 67

任务 1　向图形或表格中添加文字 67

任务 2　尺寸标注 75

任务 3　标注形位公差 87

项目 6　图块与设计中心 94

任务 1　用带属性的图块标注表面粗糙度 94

任务 2　电气、建筑、化工图样中图块的创建和插入 99

任务 3　根据零件图绘制装配图 109

项目 7　三维实体造型及编辑 120

任务 1　根据三视图绘制正等测轴测图 120

任务 2　六角头螺栓毛坯的创建 126

任务 3　创建六角头螺栓 134

任务 4　复杂三维实体的编辑创建 137

项目 8　图形输出 149

任务　将创建的三维实体打印成为生产图样 149

附录 1　AutoCAD 2010 简介 161

1　了解 AutoCAD 的发展变化 161

2　了解 AutoCAD 2010 新功能 165

附录 2　国家 CAD 考试中心模拟试题 186

1　AutoCAD 2005（机械）高级绘图员试题 186

2　AutoCAD 2005（机械）中级绘图员试题 193

附录 3　相关实用工具 199

1　机械工程 CAD 制图规则 199

2　CAD 快捷命令 208

3　CAD 快捷命令对照表 212

参考文献 214

项目1 AutoCAD入门

知识目标

- 理解 AutoCAD 2008 的基本功能
- 熟悉 AutoCAD 工作界面及各组成部分功能
- 掌握 AutoCAD 图形文件管理的基本方法

能力目标

- 能熟练调用 AutoCAD 软件，进行基本设置及文件管理
- 能熟练运用常用工具，进行基本操作

CAD 是“计算机辅助设计”的英文缩略语，AutoCAD 则是美国 Autodesk 公司开发的通用软件包，是当今设计领域应用最广泛的现代化绘图工具。AutoCAD 自 1982 年诞生以来，经过不断改进和完善，性能大幅提高，功能更加强大。最新版本 AutoCAD 2014 已问世，且得到广泛使用。因 AutoCAD 2004（2005）目前在一般学校使用最为广泛，其功能已能满足一般机械设计的要求，且国家职业技能鉴定也还在使用 AutoCAD 2005，为了同时兼顾先进性和适用性，我们考虑：AutoCAD 2008 的版本较新，功能更强，且除新增功能之外，其“AutoCAD 经典工作空间”的操作方法与 AutoCAD 2004 以后各种版本基本相同，具有较强的适用性，故本教材以 AutoCAD 2008 为主进行介绍。至于 AutoCAD 2010，本教材也作了简要介绍，意在鼓励学有余力的读者探索，以掌握更为先进的技术。

任务1 AutoCAD 2008 的启用

任务要求

- 在桌面上设置快捷键，并启动 AutoCAD 2008。

- 新建一图形文件，使其样式为“Acad”，且使用 A4 样板。
- 将样式工具栏关闭，而将标注工具栏设为固定工具栏。
- 将该图形文件以“图样”名称保存在 D 盘，并设置密码为“123”。
- 按要求输入密码，打开“图样”。

1. 启动 AutoCAD 2008

AutoCAD 2008 软件常用的启动方式有如下 3 种。

- 双击桌面上的 AutoCAD 2008 图标（见图 1-1）。
- 单击“开始”→“所有程序”→“Autodesk”→“AutoCAD 2008”命令。（见图 1-2）。

图 1-1　AutoCAD 2008 图标启动

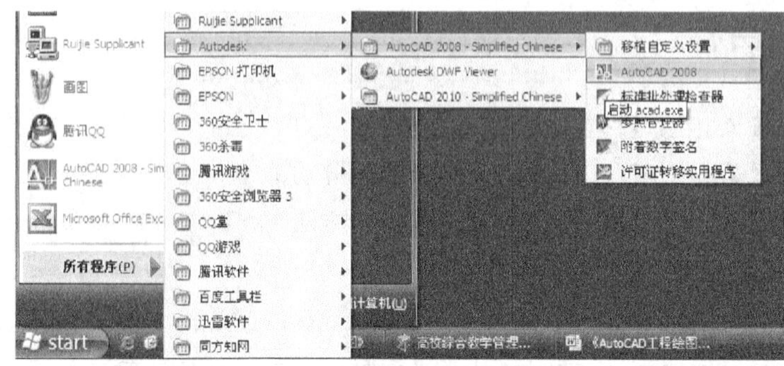

图 1-2　AutoCAD 2008 程序启动

- 双击“我的电脑”→双击 AutoCAD 2008 所在的硬盘图标→双击 AutoCAD 2008 文件夹，再双击“ACAD.EXE”程序（见图 1-3）。

图 1-3　AutoCAD 2008 文件夹启动

用上述第二种和第三种方法找到 AutoCAD 2008 图标，用鼠标将其拖动到桌面（见图 1-4）。也可以单击鼠标右键在弹出的快捷菜单中选择发送到桌面快捷方式选项。

图 1-4　将 AutoCAD 2008 图标拖动到桌面

2. AutoCAD 2008 的窗口界面

AutoCAD 2008 可以选择 3 种工作空间，分别是“AutoCAD 经典”、“二维草图与注释”和“三维建模”。其中，“AutoCAD 经典”工作空间与以前版本相对更接近，所以，本教材由此入门加以介绍。

AutoCAD 2008“AutoCAD 经典”工作空间的用户界面如图 1-5 所示。分别由标题栏、菜单栏、工具栏、绘图区域、光标、命令行、状态栏和坐标系图标等组成。

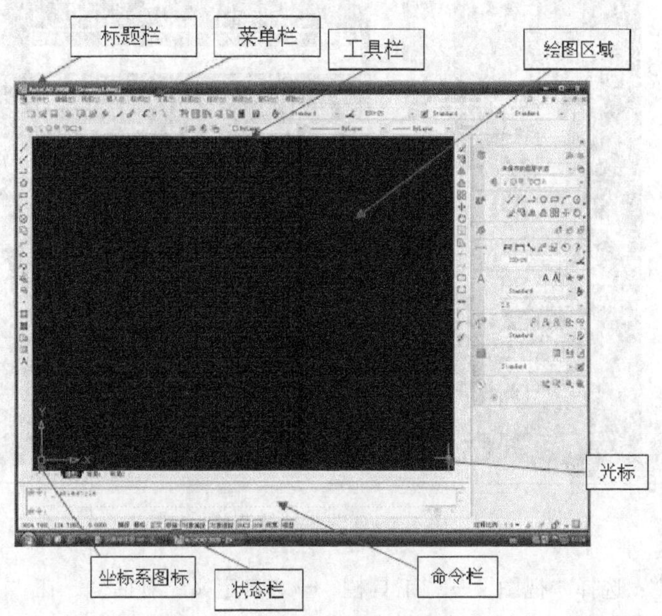

图 1-5　AutoCAD 2008 的用户界面

（1）标题栏

标题栏在用户界面的最上面，左边为 AutoCAD 2008 图标、当前图形文件的路径及名称；右边则为最小化、最大化、还原和关闭按钮。

（2）菜单栏

菜单栏包括文件、编辑、视图、插入、格式、工具、绘图、标注、修改、窗口、帮助 11

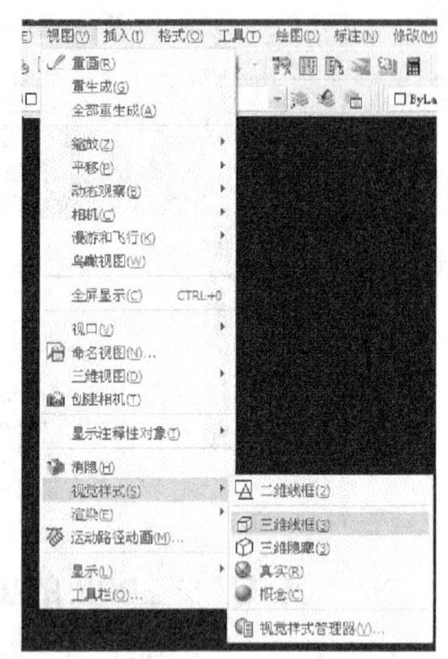
图 1-6　视图下拉菜单

个主菜单。单击某一主菜单，会显示相应的下拉菜单；下拉菜单后面有省略号（…）表示会打开对话框，有黑三角（见图 1-6）则表示还有若干子菜单。菜单由菜单文件定义，用户可以修改或设计自己的菜单文件。

（3）工具栏

AutoCAD 2008 有 29 个工具栏，默认的工具栏有：标准工具栏、绘图工具栏、修改工具栏、图层工具栏、对象特性工具栏和样式工具栏。这些工具栏一般放置在固定位置，称为"固定工具栏"。

其他工具栏可运用下列方法调用。

- 将鼠标指向任意工具栏，单击鼠标右键，出现工具栏快捷菜单，如图 1-7 所示。选择相应工具栏按钮，使其工具栏名称前出现"√"，即可在绘图区域显示对应的工具栏。

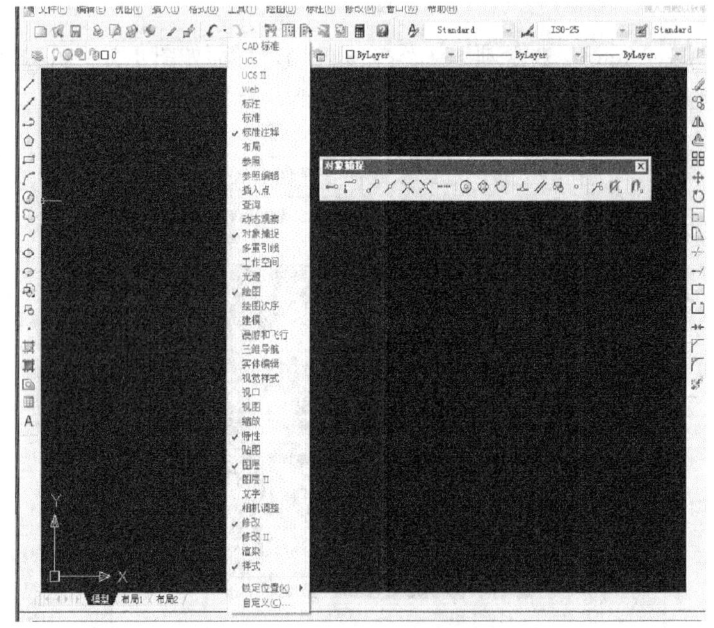
图 1-7　工具栏快捷菜单

- 利用菜单栏：选择"视图"→"工具栏"→"自定义"对话框，在"工具栏"列表框中，单击相应工具栏复选框即可。

这些可在绘图区域内任意摆放的工具栏，称为"浮动工具栏"，需要时可以选取，不需要时可以关闭。当然，浮动工具栏也可以拖动到固定位置，固定工具栏也可以拖动到浮动位置或关闭。

图 1-5 右侧的"面板"，将常用工具按钮集中展示。不用时，可以"最小化"（按其左上侧"-"按钮），需要使用时，鼠标指向"面板"按钮即可显示（见图 1-8）。也可以按其右上侧"×"按钮关闭，再次启用时，则需单击"工具"→"选项板"→"面板"选项，如图 1-9 所示。

图 1-8　面板的最小化及显示

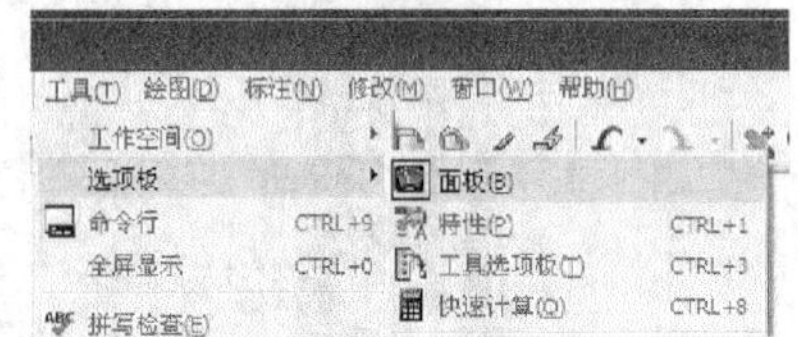

图 1-9　面板的重新启用

（4）绘图区

绘图区是供用户绘制图形的区域。鼠标移至绘图区域时，显示十字形状，其交点为定位点，绘图区左下角的用户坐标系同时显示其坐标值（x_i，y_i，z_i）。

绘图区下方还有“模型”、“布局 1”和“布局 2”共 3 个选项卡，可实现模型空间和图纸空间的转换（在“二维草图与注释”和“三维建模”工作空间里，这项功能由状态栏最后两个按钮来实现）。

（5）命令行

命令行在绘图区的下方，用户可直接用键盘输入命令进行操作，也可以显示鼠标操作的各种信息和提示。默认状态下，只显示最后 3 行命令或提示，必要时，也可以利用滚动条查看以前的操作信息。

（6）状态栏

状态栏行用于反映或改变绘图状态。如是否启用捕捉、栅格、正交、极轴、对象捕捉、对象追踪、线宽、模型等重要信息。用户可根据绘图的需要，进行设置和启用。

3. 图形文件的新建和打开

（1）新建图形文件

图形文件的新建常用的有以下 3 种方法。

- 菜单栏：“文件” → “新建”。
- 工具栏：单击“新建”按钮。
- 命令栏：输入“NEW”命令。

命令输入后，弹出“选择样板”对话框。一般用户可以选择“Acad”样式。而 A2 样板、A3 样板、A4 样板则分别表示与 2 号、3 号、4 号图幅尺寸对应，如图 1-10 所示，单击“打开”按钮即可。

（2）打开已存的图形文件

图形文件打开常用的有以下 3 种方法。

- 菜单栏：“文件” → “打开”。

• 工具栏：单击“打开”按钮。

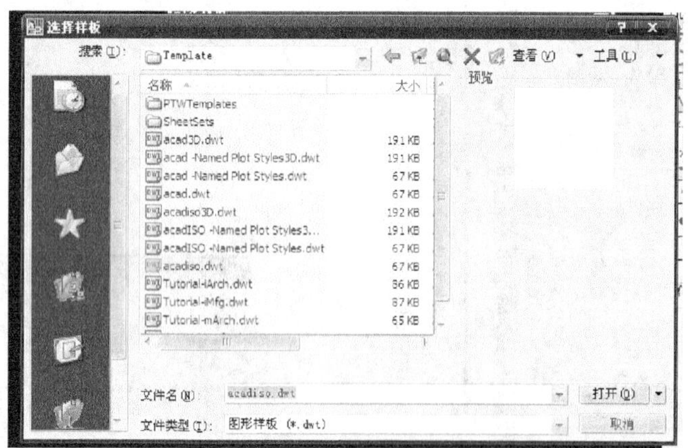

图 1-10 新建图形文件

• 命令栏：输入“OPEN”命令。

命令输入后，弹出“选择文件”对话框。再通过存放文件的路径选择需要打开的文件。对话框有预览图形处，方便确定选中的文件是否正确，如图 1-11 所示，单击“打开”按钮即可。

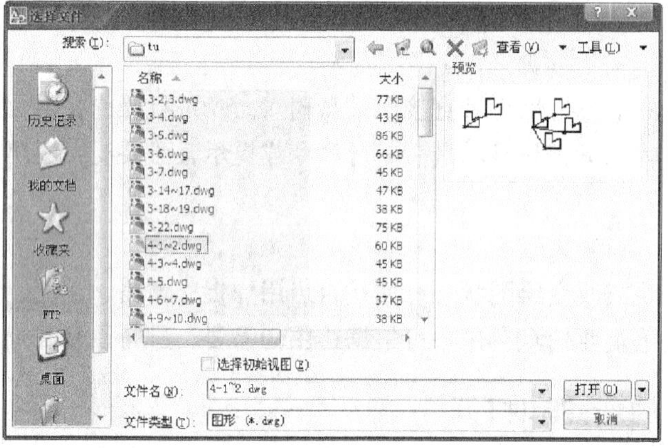

图 1-11 打开图形文件

4. 图形文件的保存与退出

（1）保存图像文件

图形文件保存常用的有以下 3 种方法。

• 菜单栏：“文件”→“保存”。
• 工具栏：单击“保存”按钮。
• 命令栏：输入“SAVE”命令。

命令输入后，弹出“图形另存为”对话框，选择合适的保存目录，单击“保存”按钮即可，如图 1-12 所示。

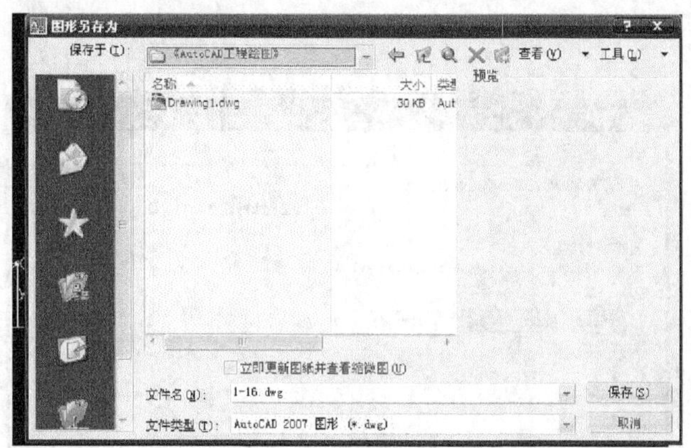

图 1-12　“图形另存为”对话框

（2）退出 AutoCAD 2008

单击标题栏右边的“关闭”按钮或选择菜单“文件”→“退出”，弹出“提示存盘”对话框，选择“是”、“否”或“取消”，如图 1-13 所示。

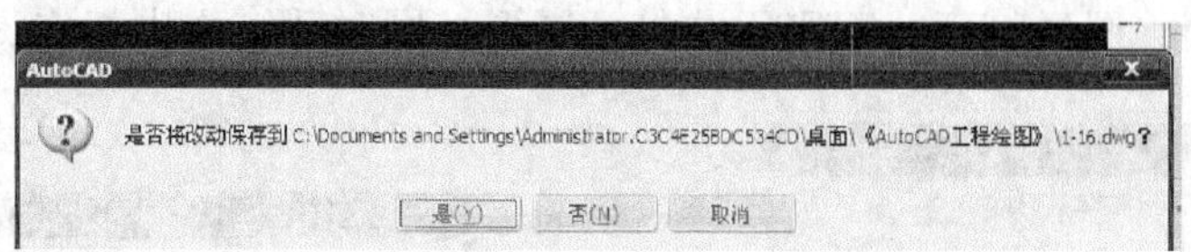

图 1-13　“提示存盘”对话框

5. 设置密码

为防止图样的泄密，AutoCAD 2008 还可进行密码设置。

（1）密码设置

在执行保存图形命令后，单击“图形另存为”对话框右上角的“工具”按钮，选择“安全选项”，如图 1-14 所示。

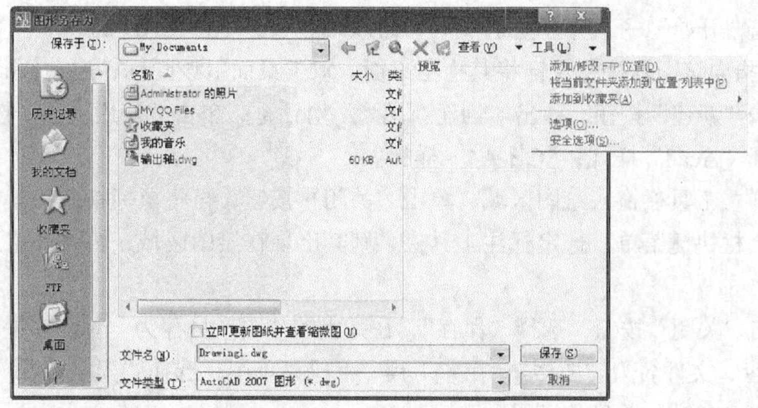

图 1-14　“工具”下拉菜单

在“安全选项”对话框的“口令”中，输入相应密码，如图 1-15 所示。

单击“确定”按钮后，弹出“确认密码”对话框，如图 1-16 所示，再输入一次密码后，单击“确定”按钮即可。

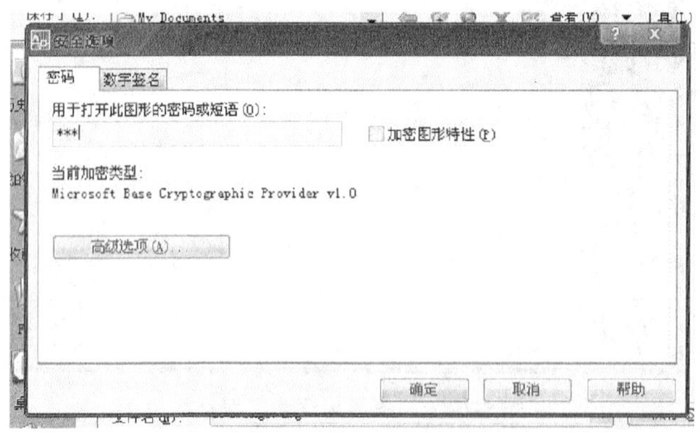

图 1-15　“安全选项”对话框

（2）打开密码

当设置密码后，需要打开此图形文件时，会显示一个“密码”对话框，如图 1-17 所示。输入密码，如正确，图形打开；否则无法打开图形，同时系统弹出相应提示信息。

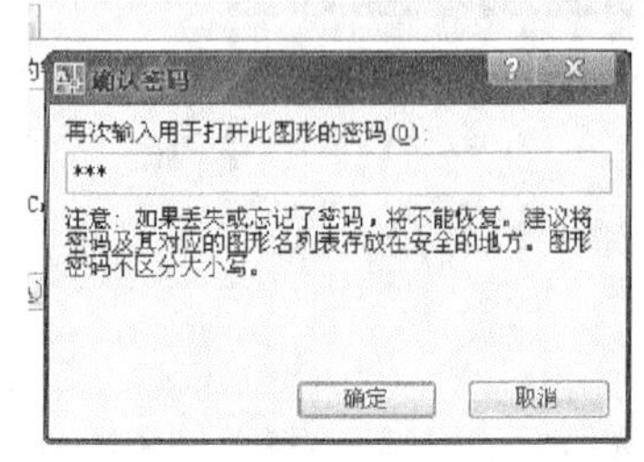

图 1-16　“确认密码”对话框

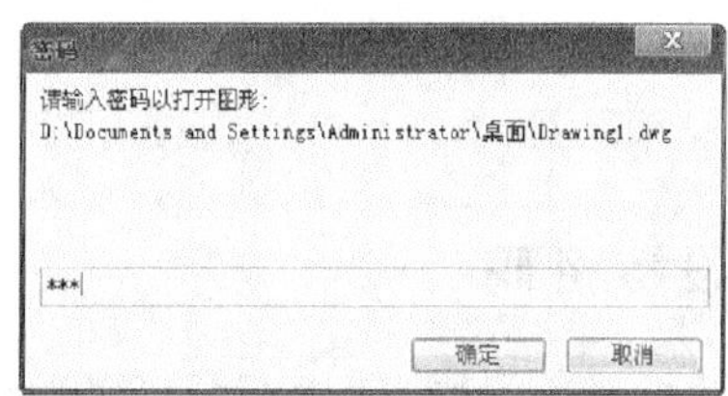

图 1-17　“密码”对话框

任务 1　解决方案

（1）单击“开始”→“所有程序”→“Autodesk”→“AutoCAD 2008”→“AutoCAD 2008 图标”，鼠标指向该图标按住左键将其拖至桌面。双击桌面上该图标，启动 AutoCAD 2008。

（2）单击“新建”按钮，弹出“创建新图形”对话框，单击“使用样板”按钮，在“名称”列表框中选择“Acad”样式，“GB-A4”样板。

（3）将样式工具栏拖入绘图区域，单击“关闭”按钮；再将鼠标指向工具栏，单击鼠标右键，调出工具栏快捷菜单，选定标注工具栏，则其出现在绘图区域；再将其拖至固定区域形成固定工具栏。

（4）单击“关闭”按钮，选择“保存”，在弹出的“图形另存为”对话框里，选定保存文件的盘符为 D 盘，文件名为“图样”；在“工具”下拉菜单中，选择“安全选项”，在“密码”的文本框中输入“123”，并确认密码。

（5）在开启的 AutoCAD 2008 中，单击“打开”按钮，在“选择文件”对话框的盘符中选择 D 盘，在“名称”中选择“图样”，在弹出的“密码”文本框中输入“123”，单击“确定”按钮。

任务 2 简单图形的绘制

任务要求

分别用“直线”和“圆”绘图命令，完成如图 1-18 所示图形。

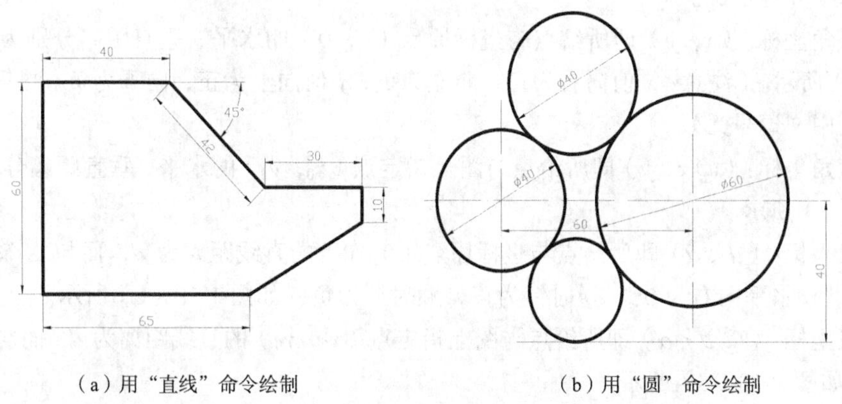

（a）用“直线”命令绘制　　（b）用“圆”命令绘制

图 1-18　用“直线”和“圆”绘图

1. 命令的输入

前面已经介绍，相同的操作可以分别运用 3 种不同的方法进行，这些都属于命令的输入方法。它们各有特色，如：菜单栏完整清晰，工具栏直观明了，而命令行则执行速度快。用户可根据自己的绘图习惯，选择最适合自己的输入方法。

当一个命令执行完后，即自动结束；如果一个命令未执行完，想主动结束该命令，可按“Esc”键。

如果某一命令正在执行期间，插入执行另一条命令，且执行完后，能回到原来执行命令状态的，称为透明命令，如“平移”、“缩放”等绘图辅助命令。一般的绘图命令，插入执行后，不能回到原命令状态，则不是透明命令。

（1）命令的重复

当需要重复执行相同的操作，除了重新输入命令外，还可以在绘图区域单击鼠标右键，选择“重复×××命令”。

（2）命令的撤销

在菜单栏单击“编辑”→“放弃”，或在命令栏输入“U”命令，或在工具栏单击“放弃”按钮，可以撤销。

（3）命令的重做

在菜单栏单击“编辑”→“重做”，或在命令栏输入“REDO”命令，或在工具栏单击“重做”按钮，可以重做命令。

2. 数据的输入

AutoCAD 2008 可以通过输入数据来精确绘图，需要在绘图命令提示中给出点的位置来实现。主要有如下几种方法。

（1）移动鼠标给点

当所需的点在确定的捕捉点时，直接单击鼠标左键即可。

（2）键盘输入点坐标给点

坐标按数值的类型分为直角坐标和极坐标两种，按相对性又分绝对坐标和相对坐标两种。因此，有如下 4 种情况。

绝对直角坐标：（x，y）即所给点与坐标原点（0，0）的水平、垂直距离分别为 x，y。如图 1-19（a）所示。（注意：x 值向右为正，向左为负；y 值向上为正，向下为负。中间分隔符为英文逗号，中文逗号无效。）

相对直角坐标：（@ x，y）即所给点与图上指定点（x_0，y_0）的水平、垂直距离分别为 x，y，如图 1-19（b）所示。

绝对极坐标：（$d<\alpha$）即所给点与坐标原点（0，0）的直线距离为 d，而与 X 轴的夹角则为α。其中，α 水平向右为 0°，逆时针为正，顺时针为负，如图 1-19（c）所示。

相对极坐标：（@ $d<\alpha$）即所给点与图上指定点（x_0，y_0）的直线距离为 d，而与 X 轴的夹角则为α，如图 1-19（d）所示。

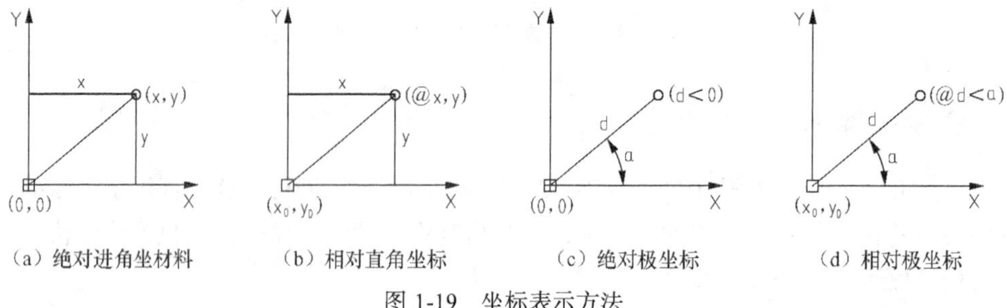

（a）绝对进角坐材料　（b）相对直角坐标　（c）绝对极坐标　（d）相对极坐标

图 1-19　坐标表示方法

（3）键盘直接输入距离给点

用鼠标导向，从键盘直接输入相对上一点的距离，按回车键，确定点的位置。一般水平线、垂直线，或设置了极轴追踪、有确定方向的线，用此方法绘制。

3. 绘制直线

绘制直线可采用以下 3 种方法。

- 菜单栏：“绘图” → “直线”。
- 工具栏：单击“直线”按钮。
- 命令栏：输入“LINE”命令（简化命令：L）。

命令输入后，第一点一般默认坐标原点（0，0）或输入第一点绝对坐标（x_0，y_0），也可由鼠标在绘图区域任意确定一点，第二点则可由下列几种方法确定。

（1）绝对直角坐标（x_1，y_1）或相对直角坐标（@ x_1，y_1）。

（2）绝对极坐标（$d<\alpha$）或相对极坐标（@ $d<\alpha$）。

如果连续绘制，下一点总是与前一点相对。如果直线等于或多于 3 条，还可输入 C，使其自动连接第一条直线的起点，形成闭合的多边形，输入 U，则为放弃该直线的绘制。

4. 绘制圆

绘制圆可采用以下 3 种方法。

- 菜单栏："绘图"→"圆"。
- 工具栏：单击"圆"按钮。
- 命令栏：输入"CIRCLE"命令（简化命令：C）。

绘制圆，推荐使用菜单栏下拉菜单的子菜单：一般具体给出绘制圆的给定条件，主要有如下 6 种。

（1）圆心、半径：指定圆心，再输入半径如图 1-20 所示。

（2）圆心、直径：指定圆心，再输入直径，如图 1-21 所示。

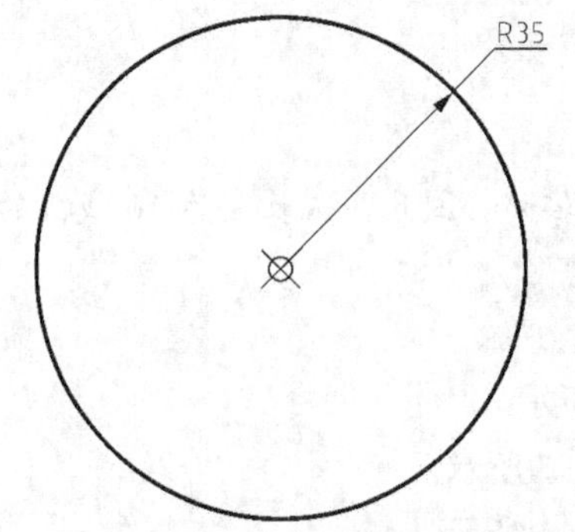

图 1-20　圆心、半径绘圆

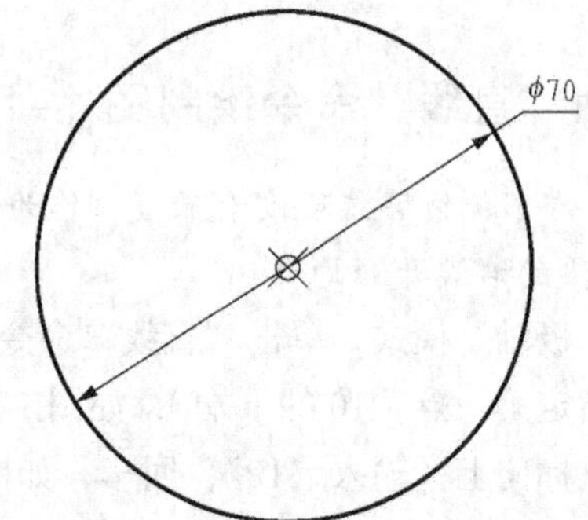

图 1-21　圆心、直径绘圆

（3）二点：指定圆上任意直径的两个端点，如图 1-22 所示。

（4）三点：指定圆上任意三点，如图 1-23 所示。

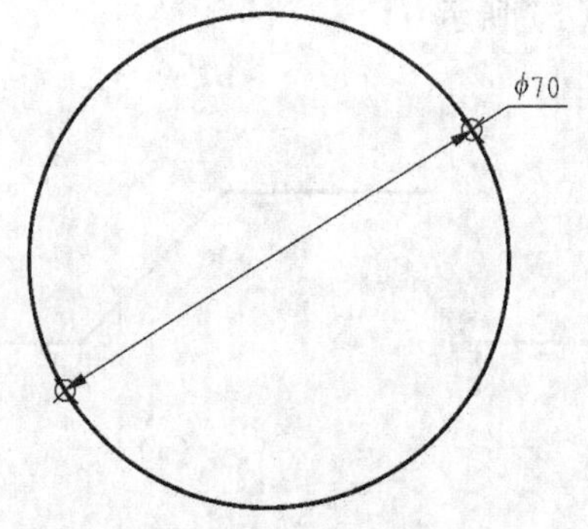

图 1-22　直径两端点绘圆

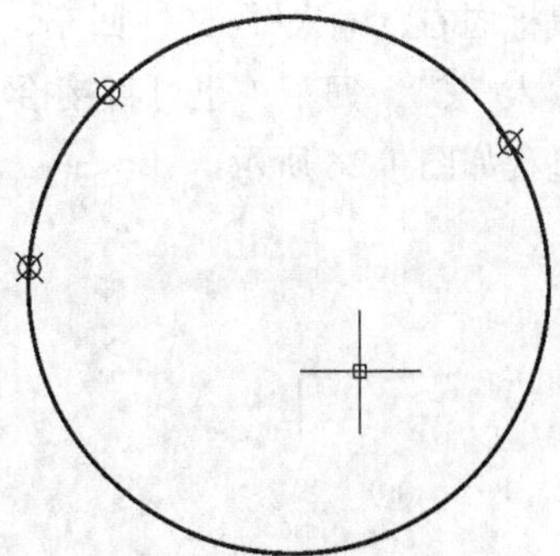

图 1-23　圆上任意三点绘圆

（5）相切、相切、半径：指定与两个已存在的对象（直线或圆弧）相切，且给定半径，如图 1-24 所示。

（6）相切、相切、相切：指定与 3 个已存在的对象（直线或圆弧）相切，如图 1-25 所示。

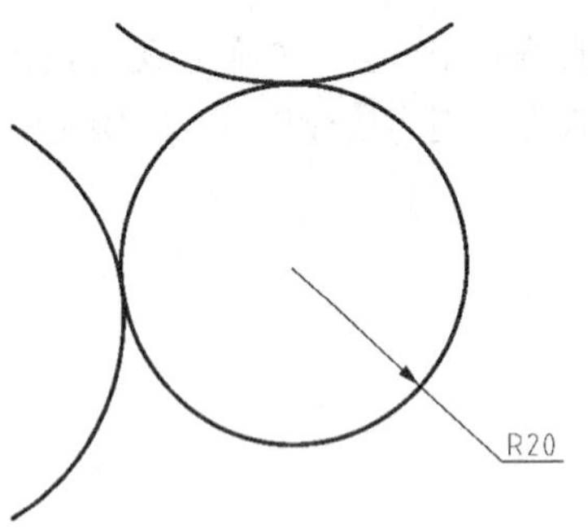

图 1-24　相切、相切、半径绘圆

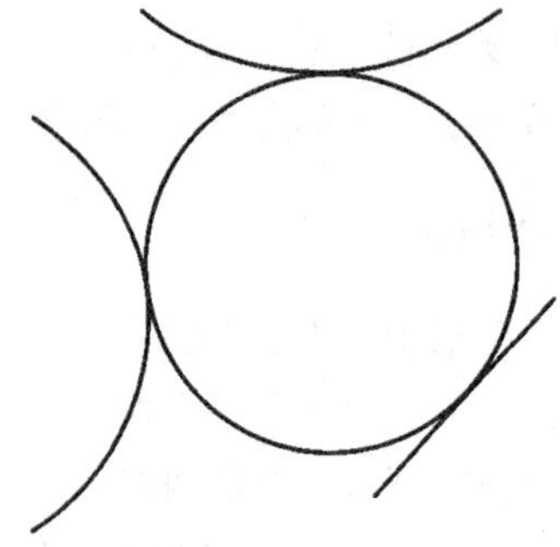

图 1-25　相切、相切、相切绘圆

当然，使用工具栏和命令行也能绘制圆，一般均可根据命令行的提示进行操作，这里不赘述。

任务 2　解决方案

1. 用“直线”命令绘制图 1-18（a）。

分析：右下侧倾斜线段没有长度，作为封闭线段较好，因此，从长度为 10 线段的下端或长度为 65 线段的右端开始均可。

打开“极轴”模式，单击“直线”命令：

（1）指定第一点（10 的下端），如图 1-26（a）所示。

（2）鼠标向上，输入“10”，回车，如图 1-26（a）所示。

（3）鼠标向左，输入“30”，回车，如图 1-26（b）所示。

（4）鼠标向左上，输入“@42 < 135”，回车，如图 1-26（c）所示。

（5）鼠标向左，输入“40”，回车，如图 1-26（d）所示。

（6）鼠标向下，输入“60”，回车，如图 1-26（e）所示。

（7）鼠标向右，输入“65”，回车，如图 1-26（f）所示。

（8）输入“C”，回车（也可直接拾取第一点）。

操作过程如图 1-26 所示。

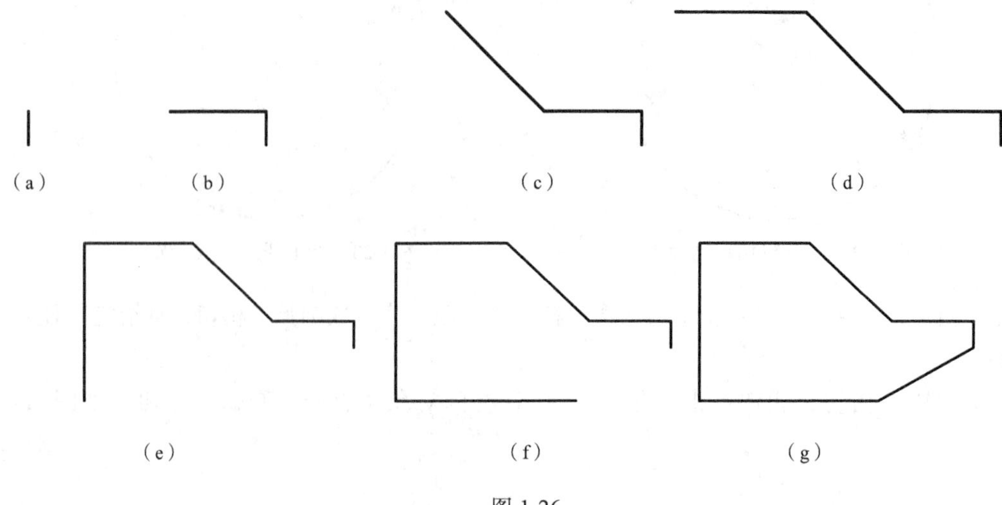

图 1-26

2. 用“圆”命令绘制图 1-18（b）。

分析：图中 4 个圆，中间的两个既有定形尺寸，又有定位尺寸，可先画；上部ϕ40 圆，需与中间两个圆相切画出；下部的圆分别与中间两个圆及水平线相切画出。

（1）用“直线”命令画一水平点划线，长 60，如图 1-27（a）所示。。

（2）分别在水平线两端画垂直点划线，并将 3 条点划线适当延长，如图 1-27（b）所示。

（3）用“圆→圆心，直径”命令分别画ϕ40、ϕ60 圆（粗实线），如图 1-27（c）所示。

（4）用“圆→相切，相切，半径”命令画ϕ40 圆（粗实线），如图 1-27（d）所示。

（5）在水平线下方 40 处画一水平细实线，作为画下端圆的辅助线，如图 1-27（e）所示。

（6）用“圆→相切，相切，相切”命令画下端圆（粗实线），如图 1-27（f）所示。

操作过程如图 1-27 所示。

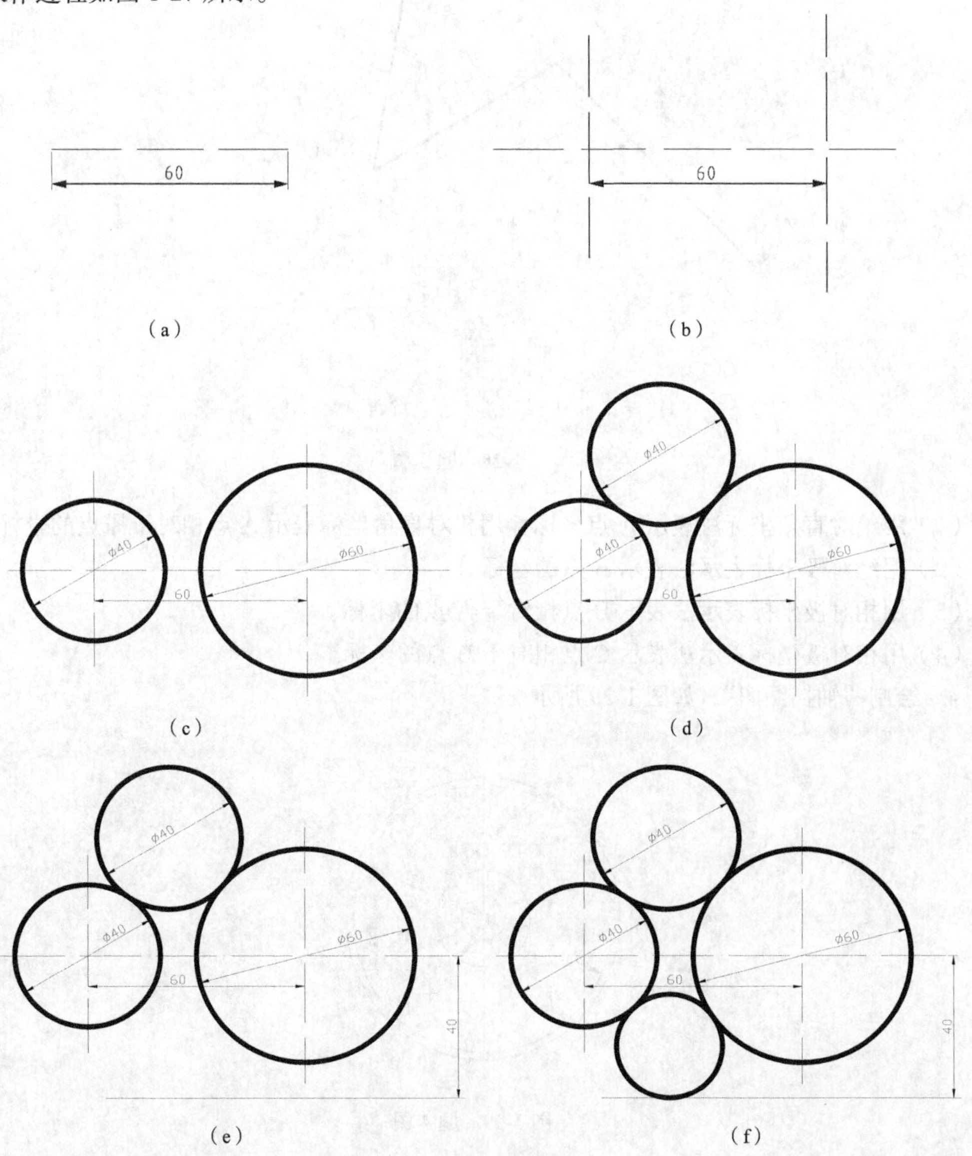

图 1-27

巩固与拓展

1. 熟悉工作界面，执行打开、关闭 AutoCAD 2008 命令，并熟悉各种工具栏的操作。
2. 熟练掌握命令的输入方法及命令的重复、撤销、重做，并在下题中运用。
3. 如图 1-28 所示，完成下列坐标的表示法。

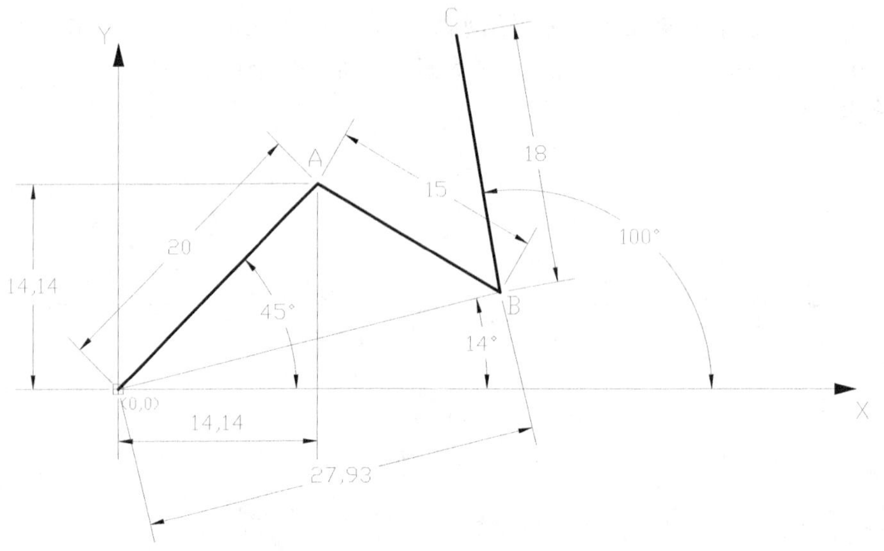

图 1-28　题 3 图

（1）用绝对直角坐标法表示 A 点坐标，用相对直角坐标表示 A 点相对于原点的坐标。

（2）用绝对极坐标表示法表示 B 点的坐标。

（3）用相对极坐标表示法表示 B 点相对于 A 点的坐标。

（4）用相对极坐标表示法表示 C 点相对于 B 点的坐标。

4. 绘制“轴挡圈图”，如图 1-29 所示。

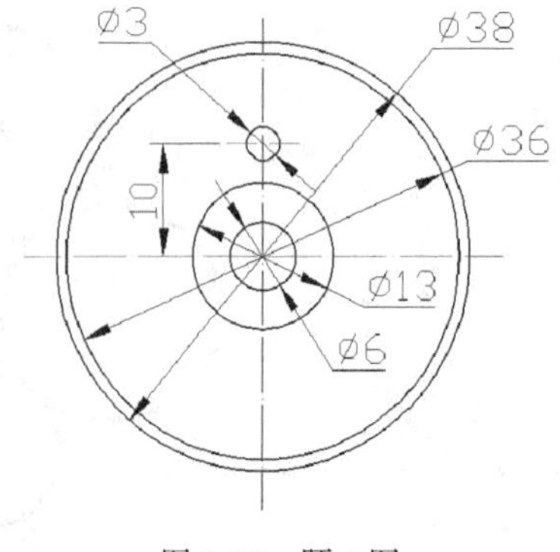

图 1-29　题 4 图

5. 创建一个图形文件“直线练习”，如图 1-30 所示，图幅为 A3，将其保存到 D 盘，且设置密码为“abc”。

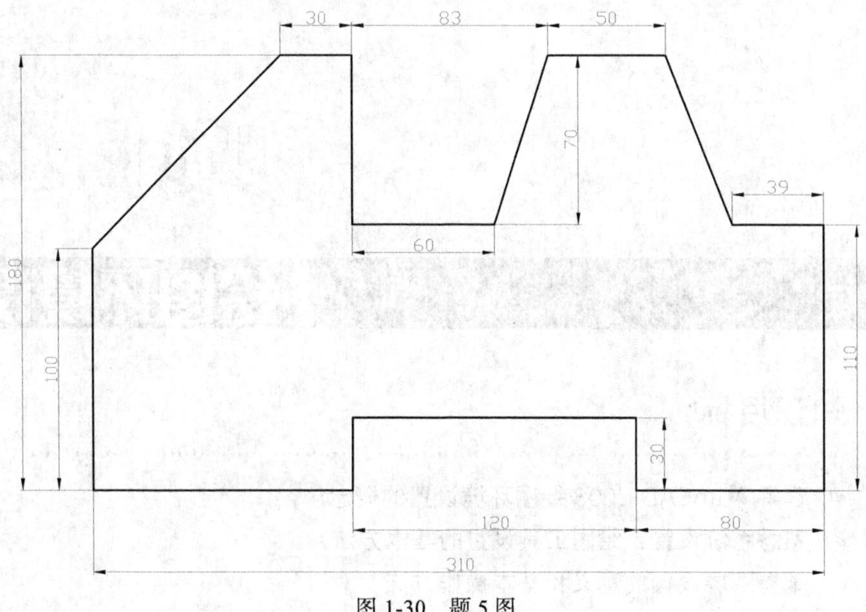

图 1-30　题 5 图

项目2 绘图环境设置

知识目标

- 理解 AutoCAD 2008 绘图环境设置的概念
- 熟悉系统设置、绘图工具设置的基本方法
- 掌握图层设置的意义和基本操作方法

能力目标

- 能熟练进行设置绘图辅助工具，提高绘图效率
- 能熟练设置、调用图层，保证图形格式统一

使用 AutoCAD 2008 绘制图样，应根据用户的需要设置绘图环境。这样，不仅可以提高绘图效率，还有利于统一格式，便于图形管理和使用。绘图环境设置包括：图形界限、绘图单位、系统选项、对象捕捉与追踪、图层、线宽、颜色等。

任务1 AutoCAD 2008 的基本设置

任务要求

1. 建立新文件

运行 AutoCAD 软件，建立新模板文件，模板的图形范围 420×297，光标捕捉（栅格）间距为 5，并打开光标捕捉（启用栅格）。

2. 设置

为完成图 2-1 所示图形，进行必要的设置。

3. 保存

将完成的图形以“班级—学号—姓名”为文件名保存到 D 盘。

1. 设置图形界限

用来确定绘图的范围，相当于确定手工绘图时图纸的大小（以 A4 图幅为例）。

- 菜单栏："格式"→"图形界限"。
- 命令行：输入"LIMITS"命令。

指定左下角点或（0.00，0.00）:（回车或输入相应坐标）

指定右上角点（420，297）:（回车或输入相应坐标）

其中：开（ON）表示系统检查图形界限，不接受设定的图形界限之外的点输入；关（OFF）则用于关闭其检查功能。

图 2-2 所示为"格式"下拉菜单。

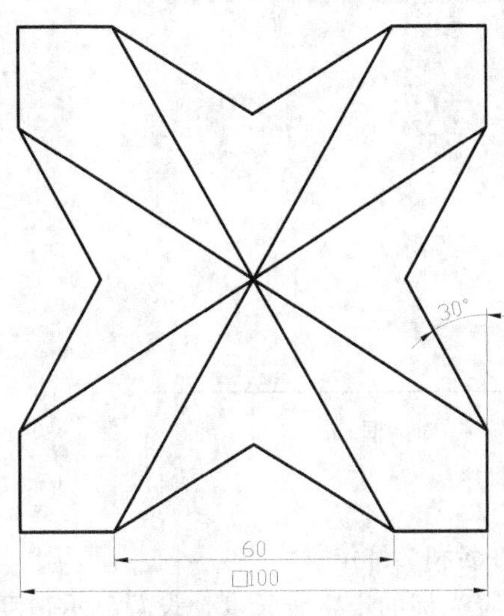

图 2-1 目标图形

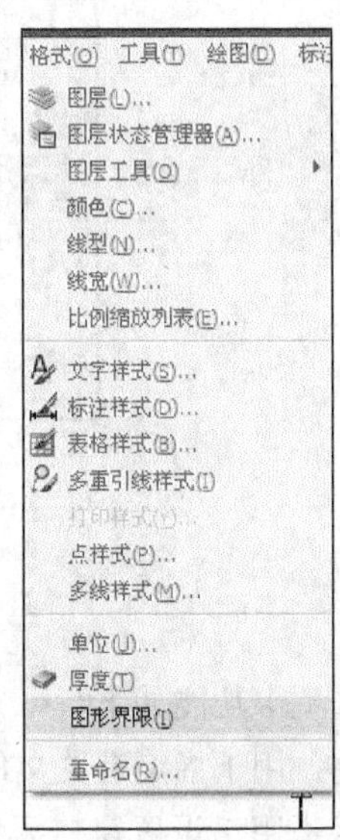

图 2-2 "格式"下拉菜单

2. 设置绘图单位

绘图单位用来设置绘图的长度、角度单位和数据精度。

- 菜单栏："格式"→"单位"。
- 命令行：输入"UNITS"命令。

命令输入后，弹出"图形单位"对话框，如图 2-3 所示。

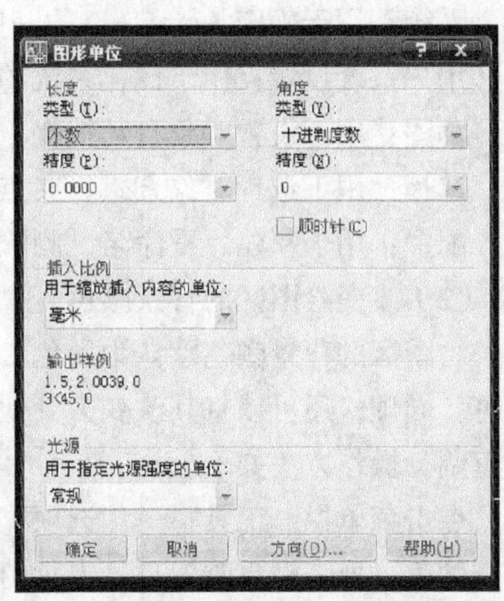

图 2-3 "图形单位"对话框

"图形单位"对话框的选项组，一般都选择如下的默认设置。

"长度"：为小数，精度为"0.00"。

"角度"：十进制度数，精度为"0"。

"插入比例"：为毫米。

"光源"：为常规。

3. 系统选项设置

系统选项设置是 AutoCAD 2008 提供的，对系统的绘图环境进行设置和修改的对话框，共有文件、显示、打开和保存、打印、用户系统配置、草图、选择、配置 9 个选项卡。

（1）调用“选项”对话框

调用方法：菜单栏“工具”→“选项”。

命令输入后，弹出“选项”对话框，如图 2-4 所示。

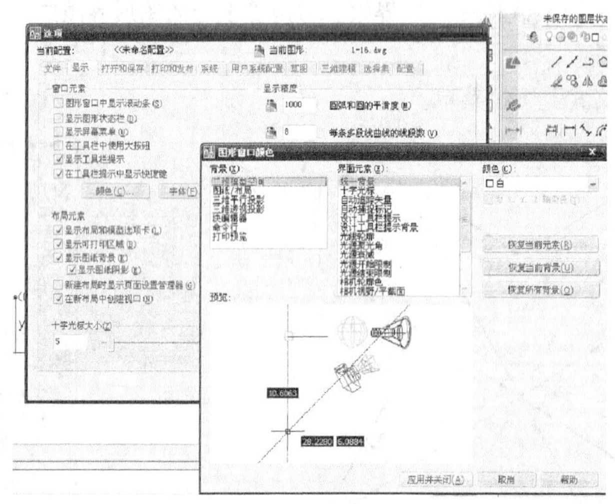

图 2-4 “选项”对话框

各选项卡功能如下。

文件：用于指定有关文件的搜索路径、文件名和文件位置。

显示：用于设置窗口元素、布局元素；设置光标的十字线长度，设置显示精度、显示性能等。

打开和保存：用于设置打开和保存图形有关的各项控制。

打印：用于设置打印机和打印参数。

系统：用于确定 AutoCAD 的一些系统设置。

用户系统设置：用于优化系统的工作方式。

草图：用于设置对象自动捕捉、自动追踪等绘图辅助功能。

选择：用于选择对象方式、夹点功能等。

配置：用于新建、重命名、删除系统配置等操作。

（2）改变绘图区的背景颜色

绘图区的背景颜色默认为黑色。为了将图形剪贴至绘图板或 Word 文档，可以将其改变为白色。同理，还可以将其改变为其他或缓解视觉疲劳的柔和色，或具有视觉冲击效果对比强烈的色调。操作方法如下。

点击菜单栏“工具”→“选项”→“显示”→“颜色”，在弹出的“颜色选项”对话框中，将“颜色”列表框更改为自己中意的颜色，然后单击“应用并关闭”按钮，返回“选项”对话框，单击“确定”按钮。

4. 捕捉和栅格功能

捕捉和栅格是 AutoCAD 2008 提供的精确绘图工具之一。

栅格是可以显示在绘图区具有指定间距的点，它不是图形的组成部分，不能被打印；捕捉可以将绘图区的特定点拾取锁定；捕捉栅格点则是让鼠标只落在栅格点上。捕捉和栅格均为透明命令。

（1）栅格显示和设置

栅格显示的操作方法如下。

- 状态栏：单击“栅格”按钮。
- 命令行：输入“GRID”命令。

命令输入后，绘图区域出现间距相等的点，如图 2-5 所示。

设置栅格的方法如下。

- 菜单栏：“工具”→“草图设置”。
- 状态栏：鼠标右键单击“栅格”按钮，选择“设置”。

命令输入后，弹出“草图设置”对话框，选择“捕捉和栅格”复选框，如图 2-6 所示，在其中输入数值或选项。

图 2-5　栅格显示

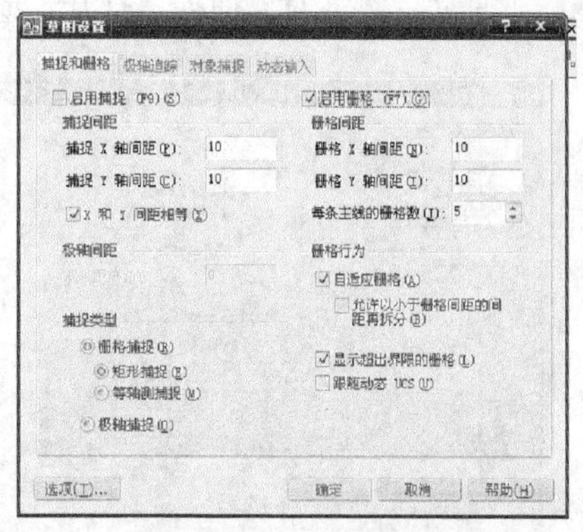

图 2-6　捕捉和栅格设置

（2）栅格捕捉

- 状态栏：单击“捕捉”按钮。
- 命令行：输入“SNAP”命令。

命令输入后，用鼠标输入点时，只会落在栅格点上；但若用键盘输入点的坐标数值，则不受限制。

5. 正交或极轴功能

在状态栏，正交与极轴是互锁的。打开正交，极轴自动关闭；打开极轴，正交自动关闭。二者只能选其一。

（1）正交

在正交状态，只能绘制水平线和垂直线，能保证这两种线不偏不倚。

- 状态栏：单击“正交”按钮。

- 命令行：输入“ORTHO”命令。

（2）极轴

在极轴状态，除了水平线和垂直线外，还可以绘制指定角度的线。这就要求对极轴进行设置。

- 菜单栏：“工具”→“草图设置”。
- 状态栏：鼠标右键单击“对象追踪”按钮，选择“设置”。

命令输入后，弹出“草图设置”对话框，选择“极轴追踪”复选框，如图2-7所示。

在增量角里输入数值，选择“启用极轴追踪”和“用所有极轴角设置追踪”选项。这时，凡是增量角的整数倍角度均被追踪。若需要对某一特定角实施追踪，还可单击“新建”，在“附加角”输入角度值，则该角度被追踪（不含其他整数倍角度）。

6. 对象捕捉与追踪

为了提高绘图效率，准确拾取某些特殊点，可采用对象捕捉与追踪。可分为单一对象捕捉、自动对象捕捉和对象捕捉追踪。

（1）单一对象捕捉

每一次操作可以捕捉到一个特殊点，操作后功能关闭。

- 工具栏：将“对象捕捉”打开，成为浮动工具栏，如图2-8所示。

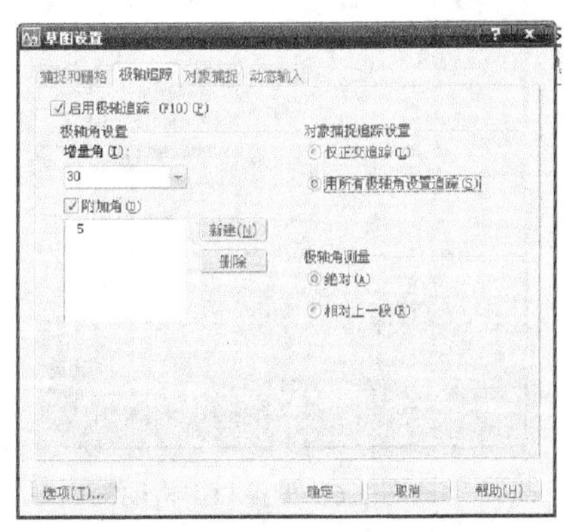

图2-7 “极轴追踪”复选框

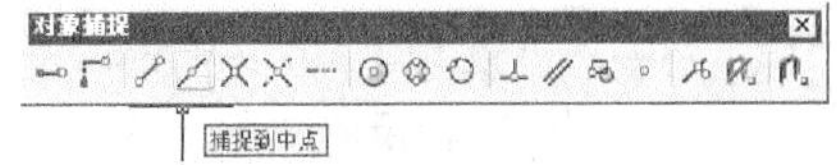

图2-8 “对象捕捉”工具栏

- 在绘图区域按“上档”键，再单击鼠标右键，打开快捷菜单，如图2-9所示。

对象捕捉的特殊点包括：端点、中点、交点、外观交点、延长线上的点、圆心、象限点、切点、垂足、平行线上的点、节点、插入点等。

（2）自动对象捕捉

经常需要准确拾取的特殊点，且一般不会误认时，可采用自动对象捕捉，同样，需要事先设置（一般情况下，只设置中点、端点、交点、圆心4种，或设置你当前绘图需要经常拾取的某种特殊点。若设置过多，易产生混乱，结果会适得其反）。

- 菜单栏：“工具”→“草图设置”。
- 状态栏：鼠标右键单击“对象捕捉”按钮，选择“设置”。

命令输入后，弹出“草图设置”对话框，选择“对象捕捉”复选框，如图2-10所示。选定需要的对象捕捉模式，然后，启用对象捕捉。

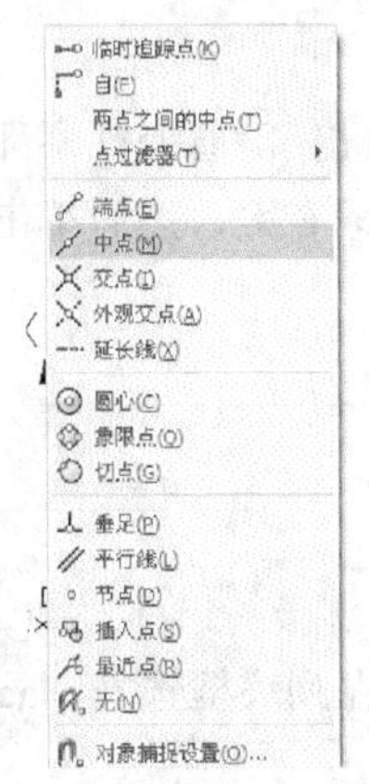

图 2-9　“对象捕捉”快捷菜单

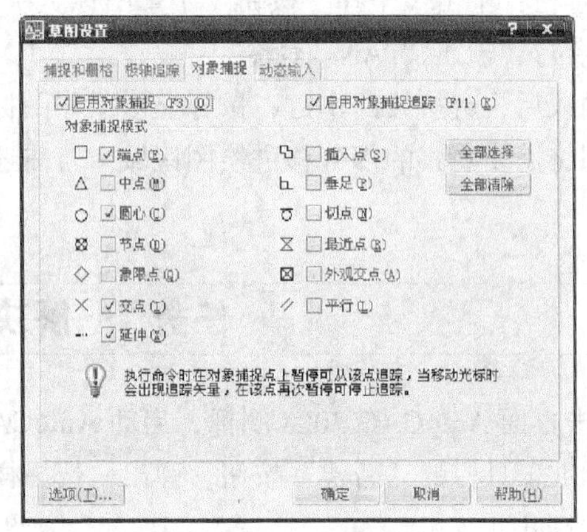

图 2-10　“对象捕捉”设置

（3）对象捕捉追踪

和极轴追踪一样，对象捕捉追踪是在某特定的线上拾取点，需同时进行捕捉和追踪的设置，只是需要启用对象捕捉追踪。

7. 图形的显示控制

在绘图过程中，将图形放大或缩小，或改变其在绘图区域的位置，以便查看绘图和编辑的结果，这时，可以利用实时缩放、窗口缩放和平移进行图形的显示控制。其工具按钮从左到右分别为“实时平移”、“实时缩放”、“窗口缩放”和“缩放上一个”。其中，“窗口缩放”选项下，还有另外 8 个按钮可供选择，如图 2-11 所示。

图 2-11　相关工具按钮

（1）实时缩放

实时缩放是指利用鼠标的上下移动来放大或缩小图形。

- 菜单栏：“视图”→“缩放”→“实时”。
- 工具栏：单击“实时缩放”按钮（放大镜图标）。
- 命令行：输入“Zoom　Realtime”命令。

命令输入后，直接按回车键，鼠标显示放大镜图标，按住鼠标左键，上移放大，下移缩小，然后，单击“返回缩放”按钮还原。

（2）窗口缩放

窗口缩放是指放大指定矩形窗口中的图形，使其充满绘图区。

- 菜单栏：“视图”→“缩放”→“窗口”。
- 工具栏：单击“窗口缩放”按钮（方口放大镜图标）。
- 命令行：输入“Zoom　Windom”命令。

命令输入后，直接按回车键，鼠标显示方口放大镜图标，按住鼠标左键拖出矩形，窗口内图形充满绘图区。同样，可单击“返回缩放”按钮还原。

（3）平移图形

平移图形是指利用鼠标上下左右移动，以观察放大的图形中不同部位的操作。

- 菜单栏："视图" → "平移"。
- 工具栏：单击"平移"按钮（手掌图标）。
- 命令行：输入"PAN"命令。

命令输入后，直接按回车键，鼠标显示手掌图标，按住鼠标左键，沿需要观察部分的反方向移动，即将需要观察的部分移进绘图区域。若需还原，则单击鼠标右键，然后单击"返回"按钮。

任务1 解决方案

1. 双击桌面 AutoCAD 2008 图标，启动 AutoCAD2008。

单击标准工具栏的"新建"按钮，弹出"选择样板"对话框，在列表框选择"acadiso"样式，单击"打开"按钮。

单击菜单栏"格式"，弹出下拉菜单，选择"图形界限"，命令栏提示：指定左下角点（0，0），回车；指定右上角点，输入（420，297），回车。

单击菜单栏"工具"按钮，弹出下拉菜单，选择"草图设置"，弹出"草图设置"对话框，选择"捕捉和栅格"选项卡，将"捕捉 X、Y 轴间距"均改为"5"，单击"启动捕捉"使之成为开启状态。单击"确定"按钮。

2. 首先设置捕捉到"端点"、"中点"、"交点"，设置增量角为"30°"极轴追踪（因为所有倾斜直线的倾斜角度均为 30° 的倍数）。

单击"直线"按钮，选择左下角点的垂线上端为起点，鼠标向下，输入"20"，回车；鼠标向右，输入"20"，回车；鼠标向右上，输入"@60，100"，回车；鼠标向右，输入"20"，回车；鼠标向下，输入"20"，回车；鼠标向左下，输入"@−100，−60"，回车；同时追踪 60°极轴和中心交点（见图 2-12（a）），回车；同时追踪 120° 极轴和下端垂线（见图 2-12（b）），回车；鼠标向上，输入"20"，回车；鼠标向右，输入"20"，回车；鼠标向右下，输入"@60，−100"，回车；鼠标向右，输入"20"，回车；鼠标向上，输入"20"，回车；鼠标向左上，输入"@−100，60"，回车（见图 2-12（c）），继续完成另三方的封口线。

（当然，以后可以采用镜像或阵列的方式提高绘图效率。而且，绘图方式可以因人而异，每个人都可以根据自己的喜好采用自己觉得方便快捷的绘制方法）

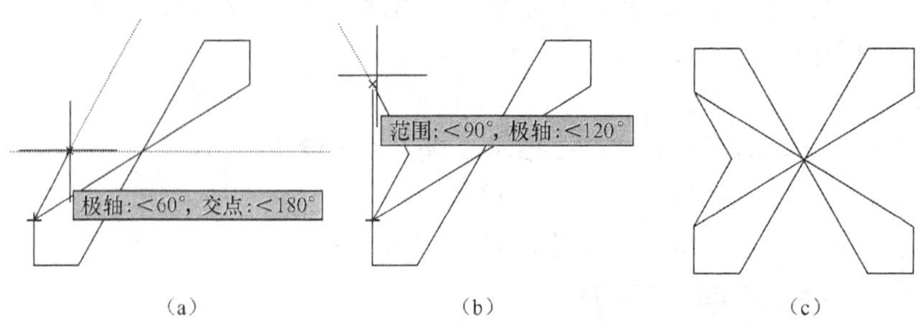

图 2-12　用极轴追踪、对象捕捉追踪绘图

3. 单击"关闭"按钮，弹出"提醒保存"选项卡；单击"是"按钮，弹出"图形另存

为”对话框；选择 D 盘，在“文件名”内输入“专业班级—班级序号—姓名”；单击“保存”按钮。

任务 2 图层设置

任务要求

1. 在 AutoCAD 中设置机械制图的常用线型。
2. 修改复杂图形的线型。
3. 根据绘制图 2-13 所示图形的需要设置图层。

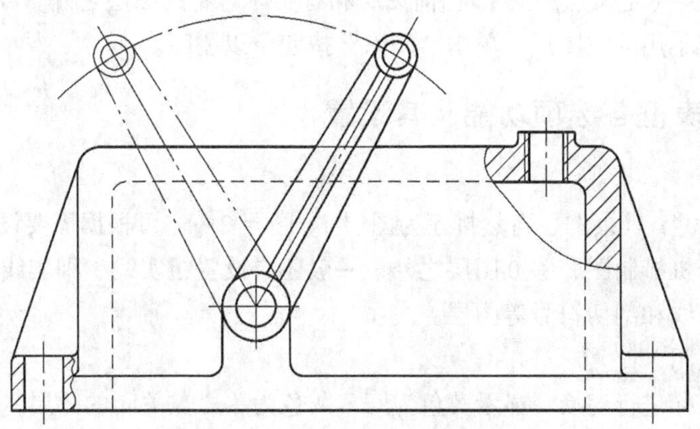

图 2-13 图层设置

1. 图层设置

图层是 AutoCAD 用来组织和管理图形的一个重要的工具。

我们可以想象图层是一张张无色透明的纸，各层之间完全对齐，而且基准点相同。这些图层叠放在一起，就构成了一副完整的图形。

用户可以将具有相同线型、线宽和颜色的对象放在同一图层，我们称在同一图层的这些对象具有相同的对象特性。通过建立图层，可以方便地对某一图层上的图形元素进行修改和编辑，而不会影响到其他图层上的图形。

- 菜单栏：“格式”→“图层”。
- 工具栏：单击“图层特性管理器”按钮。
- 命令栏：输入“LAYER”命令。

命令输入后，弹出“图层特性管理器”对话框，如图 2-14 所示。

各按钮作用如下。

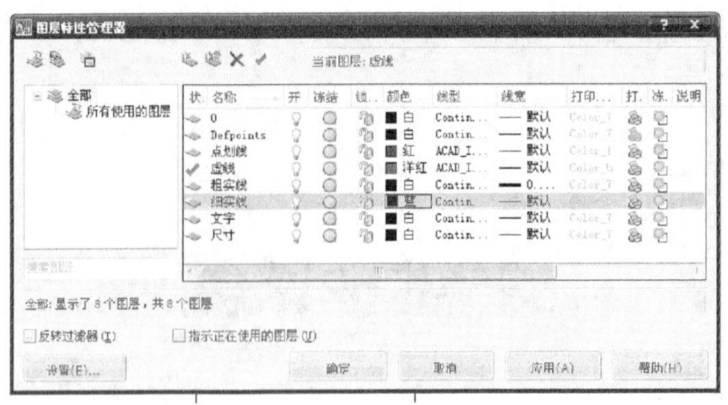

图 2-14 “图层特性管理器”对话框

新建：每单击一次，会出现一个新的图层（图层 1，图层 2……）。为方便确认，可将其重命名为：粗实线、点划线、尺寸……当前：在“图层特性管理器”对话框中选定，且在绘图区域显示的图层。

删除：除 0 图层（定义点图层）、当前图层和有实体对象的图层之外，可在“图层特性管理器”对话框中选定不用的空图层，单击“删除”按钮予以删除。

2. 图层列表框各选项功能及其设置

（1）名称

默认图层为“0”，其余图层自然排序为图层 1、图层 2……可根据需要设置并命名，但各图层不能重名。对于机械制图，除 0 图层之外，一般还应设置粗实线、细实线、点划线、虚线、尺寸、文字、剖面线和剖切符号等图层。

（2）打开（关闭）

单击小灯泡图标进行切换，显示黄色为开，灰色为关。被关闭的图层，图形被隐藏，不能显示，也不能打印。

（3）冻结（解冻）

单击太阳或雪花图标进行切换，显示太阳为解冻，雪花为冻结。被冻结的图层，图形也被隐藏，只是它依然参加处理过程的运算，所以，执行速度较关闭慢。当前图层不能被冻结。

（4）锁定（解锁）

单击锁形图标进行切换，含义和显示图形相同。被锁定的图层，图形对象可以显示，也可以打印，但不能编辑，即不能改变原图形。

（5）颜色

单击该图层颜色图标，弹出“选择颜色”对话框，如图 2-15 所示。

在该对话框中选择一种颜色，单击“确定”按钮。

一般若绘图区背景为深色时，图层颜色宜用浅色调，反之，绘图区背景为浅色时，则应采用深色调，以便于分辨。

（6）线型

单击该图层线型图标，弹出“选择线型”对话框，如图 2-16 所示。

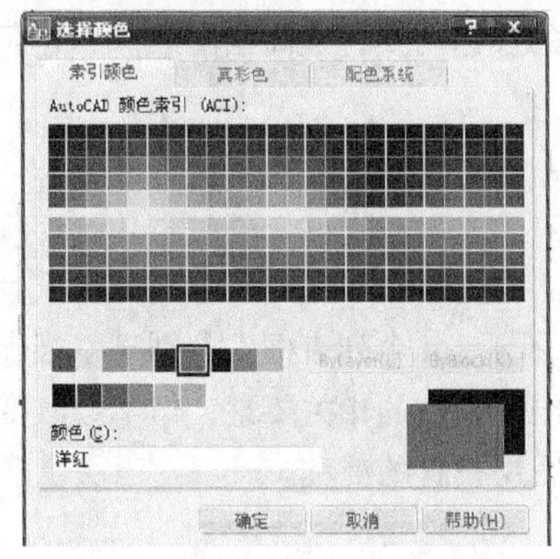

图 2-15 “选择颜色”对话框

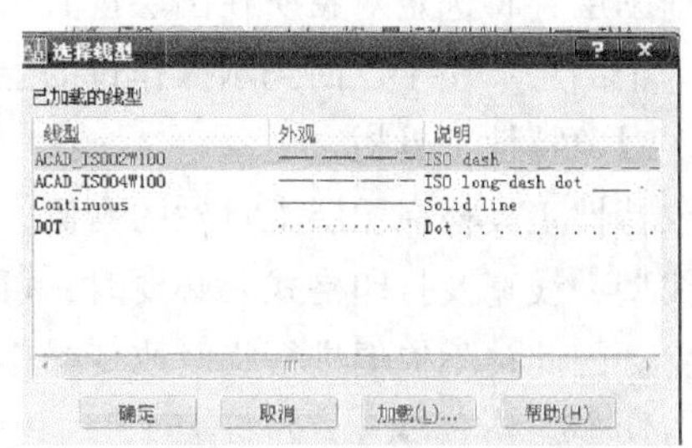

图 2-16 “选择线型”对话框

在该对话框中选择一种线型，单击“确定”按钮。

如列表框中没有所需的线型，则需单击“加载”按钮，弹出“加载或重载”对话框，如图 2-17 所示。在该列表框中选择一种线型，单击“确定”按钮。系统返回“选择线型”对话框，重新选择后，单击“确定”按钮。

一般推荐采用 ACAD_ISOXXW100 系列的线型（这里的 XX 是线型序号）。至于图形大小变化，其线型比例可在“特性”对话框里进行调整（详见改变现有图形的特征）。

（7）线宽

单击该图层线宽图标，弹出“线宽”对话框，如图 2-18 所示。在该对话框中选择一种线宽，单击“确定”按钮。

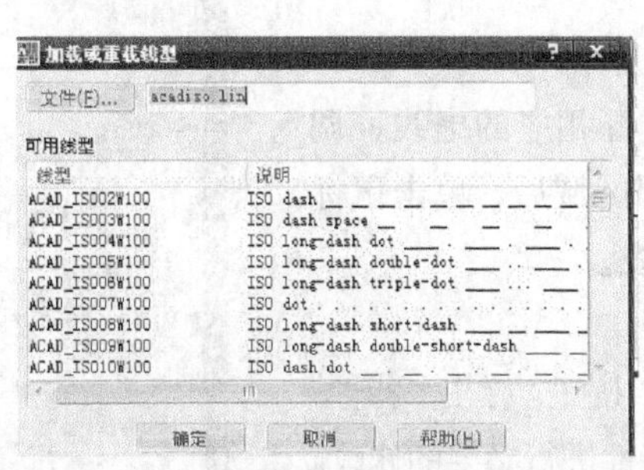

图 2-17 “加载或重载”对话框

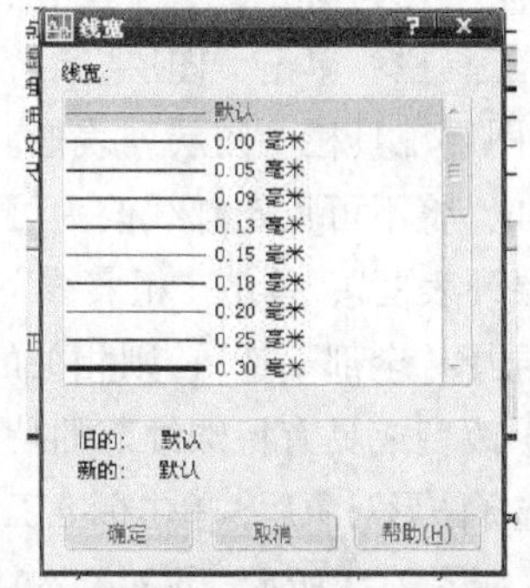

图 2-18 “线宽”对话框

一般细线可直接采用默认的线宽，粗线则以选择线宽为 0.3 毫米为宜。

（以上设置是以在计算机上看图区分粗细而定；在打印时，则应按图幅的大小具体设置。如：在 A1 图幅上，一般选择细线线宽 0.35，粗线线宽 0.7。）

3. 图层和对象特性工具栏

（1）图层工具栏

图层工具栏在标准工具栏的下方，如图 2-19 所示，包含图层特性管理器、图层列表框、当前图层和上一个图层。

图层特性管理器：上一部分已介绍。

图层列表框：在设置完成后，可用来实现图层间的快速切换，提高绘图效率，也可以进行冻结与解冻、锁定与解锁等切换操作。

当前图层：将选定对象所在图层设置为当前图层。

上一个图层：用于返回到刚操作过的上一个图层。

（2）对象特性工具栏

对象特性工具栏在图层工具栏的右侧，如图 2-20 所示。4 个列表框，分别显示当前图层的颜色、线型、线宽及打印格式。必要时，可临时改变绘图操作的相关要素，但不会改变图层的相应设置。因此，不提倡进行临时改变操作，易造成图层设置的混乱。

图 2-19　“图层”工具栏　　　　图 2-20　“对象特性”工具栏

4. 改变现有图形的特性

（1）改变成已设置的某一图层特性

操作方法：先选择需要改变对象特性的图形，在下列操作后，从图层列表框里选择具有新的对象特性的相应的图层。

- 菜单栏：“格式”→“图层”。
- 工具栏：单击“图层特性管理器”按钮。
- 图层工具栏中图层列表框。

例如，将不可见轮廓线改为可见轮廓线，先选择相应的虚线，调出“图层列表框”，单击“粗实线”按钮。回到绘图区域后，单击鼠标右键，选择“全部不选”，则相关的虚线变为粗实线。

（2）改变成具有特殊细节的特性

在选择图形对象后，单击标准工具栏中的“特性”按钮，弹出“特性”选项板，如图 2-21 所示。再对基本特性或几何图形特性进行必要的修改。

如前面介绍的，在图形尺寸差异较大时，调整线型比例。必要时，还可以改变线型、线宽，甚至整个图层。

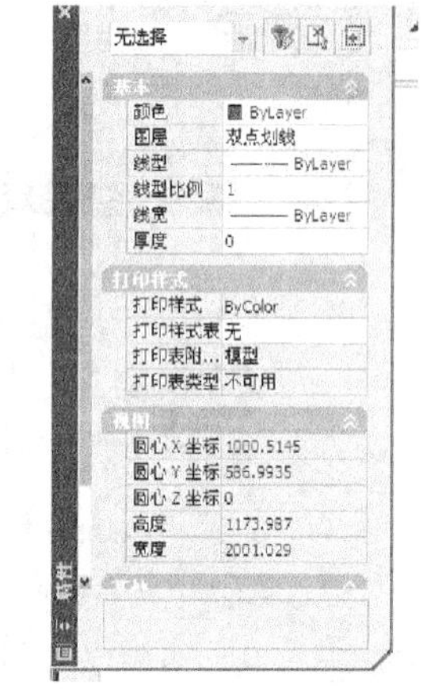

图 2-21　“特性”选项板

任务 2　解决方案

1. 机械制图中常用的线型有粗实线、细实线、点划线、虚线和双点划线等；在 AutoCAD 中，用图层特性管理器进行设置。一般一个图层设置一个线型，用不同颜色加以区别。

2. 在图形复杂时，为避免误操作，可将其他图层锁定，这样，只能改变当前图层的相关内容。为排除其他图层图线的干扰，还可以将其他图层关闭，使之不显示，也不能被改变。

3. 设置图层

图 2-13 中显示，需要使用下列线型：粗实线、细实线、点划线、虚线、双点划线，加上标

注文字和尺寸所需，应建立 7 个图层。

单击“图层特性管理器”按钮，弹出“图层特性管理器”对话框，单击“新建”按钮，除原有的“0”图层之外，再建立 7 个图层，分别将图层名称改为“点划线”、“虚线”、“粗实线”、“细实线”、“文字”、“尺寸”和“双点划线”；各图层相关对象特性如表 2-1 所示（仅供参考）。

至于点划线、虚线、双点划线的线型比例，可根据图形尺寸，按需要绘制的相关图线中最短的一根能显示其线型特征为宜。

表 2-1　　各图层相关对象特性

序　号	名　称	颜　色	线　型	线　宽
1	点划线	红色	ISO02W100	默认
2	虚线	洋红	ISO04W100	默认
3	细实线	蓝色	CONTINUOUS	默认
4	粗实线	黑色	CONTINUOUS	0.5 毫米
5	双点划线	252（灰色）	ISO05W100	默认
6	文字	黑色	CONTINUOUS	默认
7	尺寸	黑色	CONTINUOUS	默认

巩固与拓展

1. 由 A、B、C、D、E 共 5 个点构成一封闭多边形，已知，B 点在 A 点 65° 方向，且距 A 点 30；C 点在 A 点 30° 方向，且在 B 点 330° 方向；D 点与 C 点的相对坐标为（30，−30）；E 点与 D 点的相对坐标为（−30，10）。试用极轴追踪和对象追踪的方法绘制这个多边形。

2. 利用对象捕捉和追踪，完成如图 2-22 所示图形。

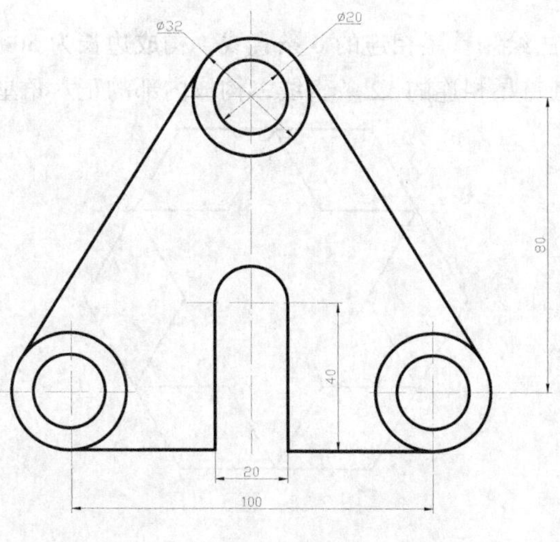

图 2-22　题 2 图

3. 利用极轴追踪的方法绘制平面图形。如图 2-23 所示，所有图线与 X 轴正方向夹角分别为 30°、120°。

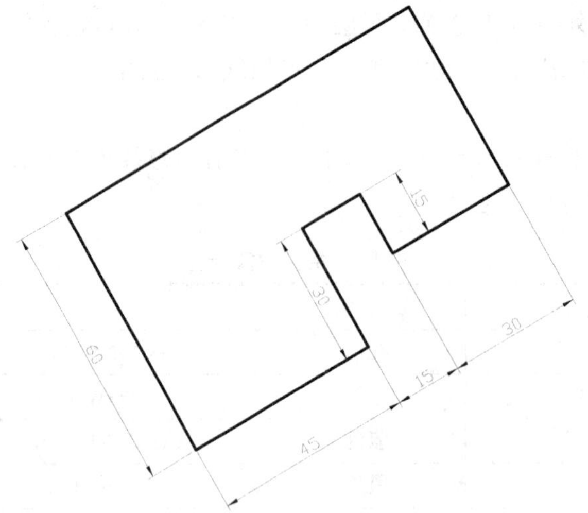

图 2-23　直线构成平面图形

4. 利用对象捕捉的方法绘制平面图形。如图 2-24 所示，左右各为两同心圆，且两大圆用公切线相连。

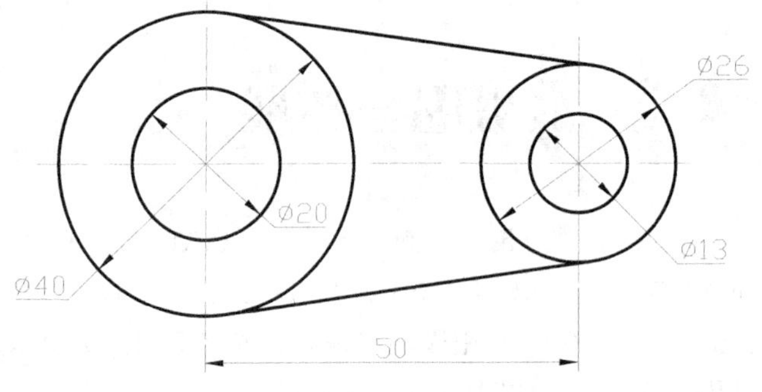

图 2-24　对象捕捉平面图形

5. 用极轴追踪的方法绘制首尾相连的 6 条直线，构成边长为 50 的正六边形，再用捕捉到中点及极轴追踪方法绘制首尾相连的 12 条直线，构成内部的正六角星，如图 2-25 所示。

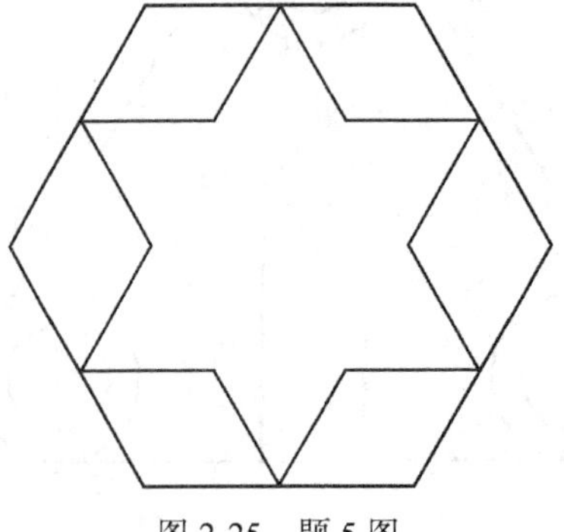

图 2-25　题 5 图

项目3

二维图形的绘制

知识目标

- 理解二维图形绘制基本工具的含义
- 熟悉菜单栏、工具按钮、命令行交替操作的程序
- 掌握一般基本图形要素的绘制方法

能力目标

- 能熟练调用绘图工具绘制基本图形
- 能准确分解图形要素，采用正确的方法绘图

机械制图以平面图形来表达立体的机械零件及设备。作为计算机辅助设计的工具，AutoCAD 2008 提供了丰富的绘图及编辑命令，使绘图效率大大提高。

绘制二维图形的命令，采用菜单栏和工具栏调用较为便捷。两种方法各有千秋，正如前面直线和圆的绘制所介绍的那样：工具栏更快捷，而菜单栏对不同给定条件针对性更强。

任务1 绘制样条曲线

任务要求

设置图层，用 4 条直线绘制一个矩形（长 100，宽 25），将其上下两边 12 等分；用捕捉到中点和节点的方式绘制一条样条曲线，且样条曲线两端切线方向分别为 225° 和 315°，如图 3-1 所示。

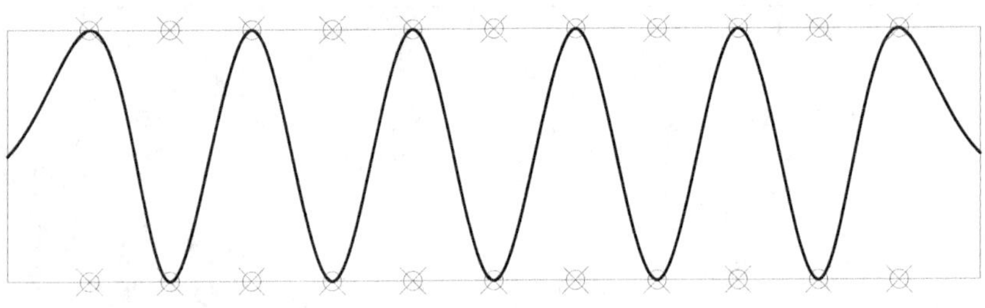

图 3-1　样条曲线

1. 绘制点

点是组成图形的最基本的对象之一。在 AutoCAD 中，点通常用来作为绘图的参考，为了便于观察和选择，需要设置点的样式。

（1）设置点的样式

实际上点是没有大小的，为了能让图面显示点的存在，AutoCAD 2008 提供了 20 种不同的点样式，用户可以根据需要进行设置，如图 3-2 所示。

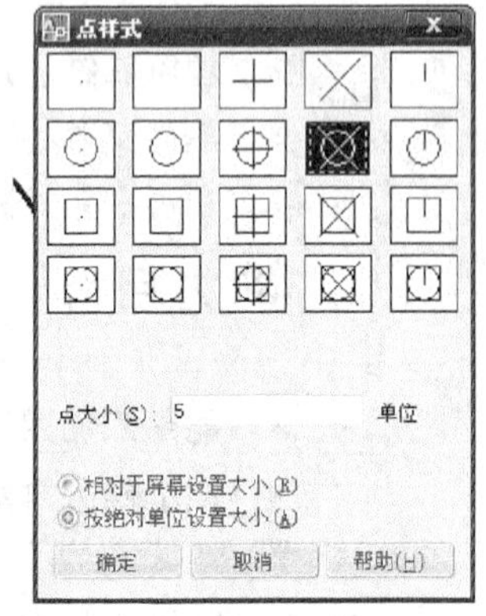

图 3-2　“点样式”对话框

除选择样式之外，还可选择确定点在图面上的大小尺寸。又分为按相对于屏幕设置大小及按绝对单位设置大小两种。前者便于在绘图过程中观察，后者则能保持点在图形中的一致，所以，可以根据各自需要选取。

（2）单点或多点

输入一次命令，绘制一个或多个点。

推荐采用菜单栏：“绘图”→“点”→“单点”或“多点”。

其中，单点绘制完后自动结束命令；多点则需按“Esc”键才能结束命令。

（3）绘制等分点

将已知图形对象（包括直线、圆弧、圆、椭圆、椭圆弧、矩形、正多边形、多段线等）进行等分，又分定数等分和定距等分两种。

定数等分：不管已知图线有多长，每份长多少。

推荐使用菜单栏：“绘图”→“点”→“定数等分”。

选择要等分的对象：（如选择直线 L）。

输入线段数目：（6）。

按回车键，结果如图 3-3 所示。

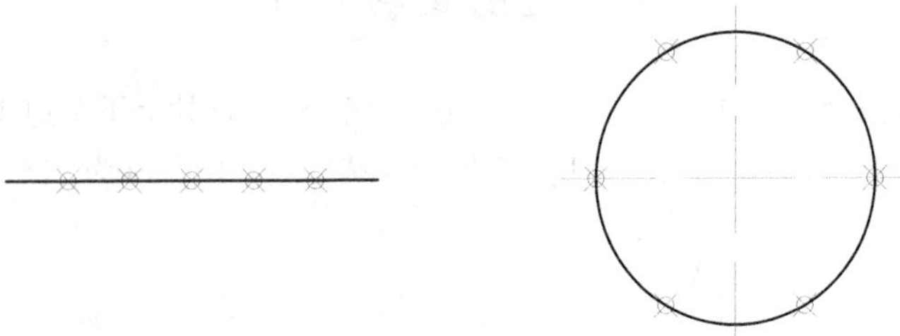

图 3-3　“定数等分”线段示例

定距等分：不论已知图线能分多少段，是否能全部分完。

推荐使用菜单栏：“绘图”→“点”→“定距等分”。

选择要等分的对象：（靠近起点选择直线 L）。

指定线段长度：（20）。

按回车键，结果如图 3-4 所示。

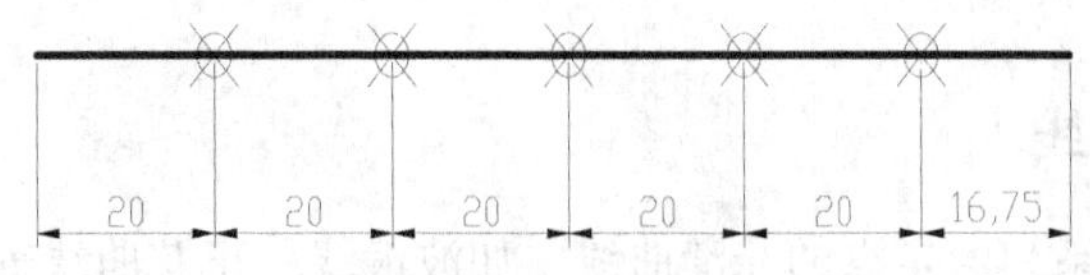

图 3-4 “定距等分”线段示例命令

2. 绘制矩形

AutoCAD 还分别可以绘制一般矩形、带倒角的矩形、带圆角的矩形和带线宽的矩形（也均为封闭实体）。

- 菜单栏：“绘图”→“矩形”。
- 工具栏：单击“矩形”按钮。
- 命令栏：输入“RECTANG”命令。

（1）一般矩形

输入命令→指定第一个角点→指定另一个角点，结果如图 3-5 所示。

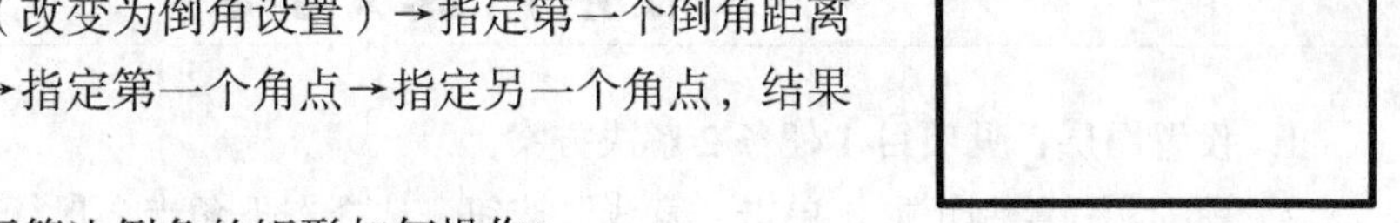

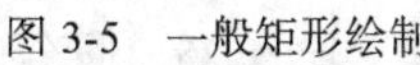

图 3-5 一般矩形绘制

（2）带倒角的矩形

输入命令→输入 C（改变为倒角设置）→指定第一个倒角距离→指定第二个倒角距离→指定第一个角点→指定另一个角点，结果如图 3-6 所示。

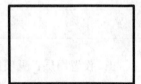

思考：若要绘制带不等边倒角的矩形如何操作？

结论：操作方法不变，结果如图 3-7 所示。

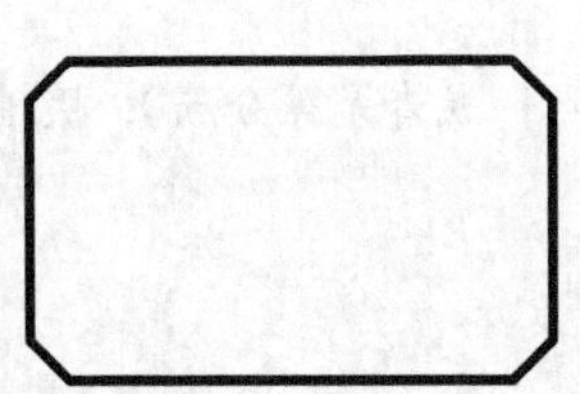

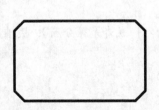

图 3-6 带倒角矩形绘制

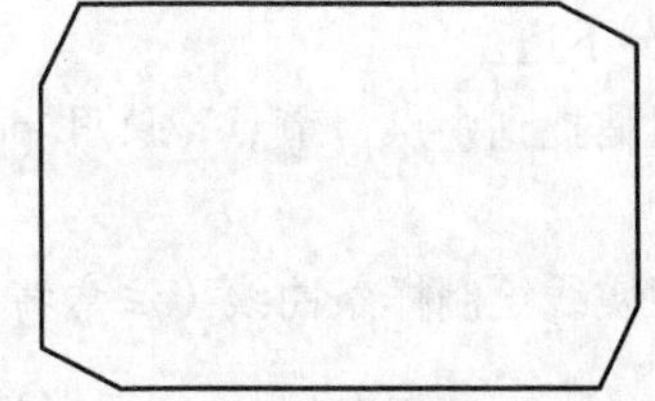

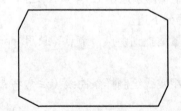

图 3-7 带不等边倒角矩形绘制

（3）带圆角的矩形

输入命令→输入 F（改变为圆角设置）→指定圆角半径→指定第一个角点→指定另一个角点，结果如图 3-8 所示。

（4）带线宽的矩形

输入命令→输入 W（改变为宽度设置）→指定图线宽度→指定第一个角点→指定另一个角点，结果如图 3-9 所示。

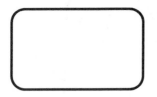

图 3-8　带圆角矩形绘制

图 3-9　带线宽矩形绘制

3. 绘制样条曲线

样条曲线是通过一系列给定点的光滑曲线，如波浪线、正弦曲线等。

- 菜单栏："绘图"→"样条曲线"。
- 工具栏：单击"样条曲线"按钮。
- 命令栏：输入"SPLINE"命令。

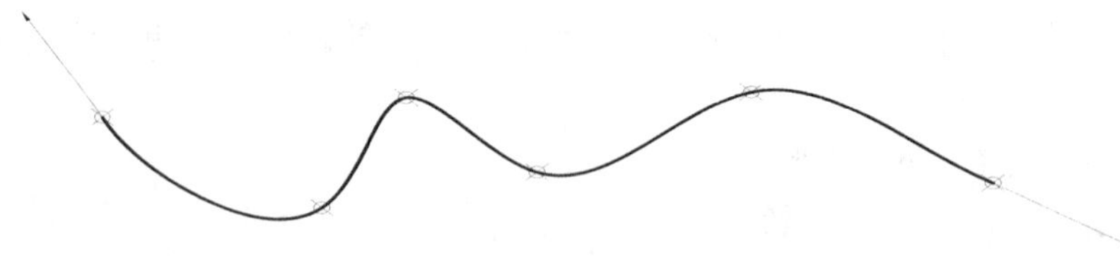

图 3-10　绘制样条曲线示例

如果绘制首尾相连的样条曲线，输入 C（闭合），则系统提示：指定终点切向。

任务 1　解决方案

1. 设置图层：见项目 1 任务 2 解决方案。

2. 用细实线绘制矩形。单击"直线"按钮，选择左下角点，鼠标向右输入 100，回车；鼠标向上输入 25，回车；鼠标向左输入 100，回车；鼠标向下输入 25，回车。

3. 将上下两条边作 12 等分。"绘图"菜单栏→"点"→"定数等分"→选择上边→输入 12，重复操作等分下边。

4. 设置捕捉到中点、节点（使用 point 命令绘制的点，或者是等分点），极轴追踪的增量角为 45°。

5. 用粗实线绘制样条曲线（注意端点切线方向的确定）。

任务 2　用圆和正多边形命令绘制平面图形

任务要求

设置图层，并绘制如图 3-11 所示图形。

AutoCAD 可精确绘制 3～1 024 边数的正多边形（均为封闭实体），并提供边长、内接于圆、外切于圆 3 种绘制方法。

- 菜单栏：“绘图”→“多边形”。
- 工具栏：单击“多边形”按钮。
- 命令栏：输入“POLYGON”命令。

（1）边长方式

输入命令→输入边数：6（默认为 4）→输入 E（改变为边长方式）→指定边的第一个端点：（1）→指定边的第二个端点：（2）。本例 1 点在左，2 点在右，在封闭线框中为逆时针方向。

结果如图 3-12 所示。

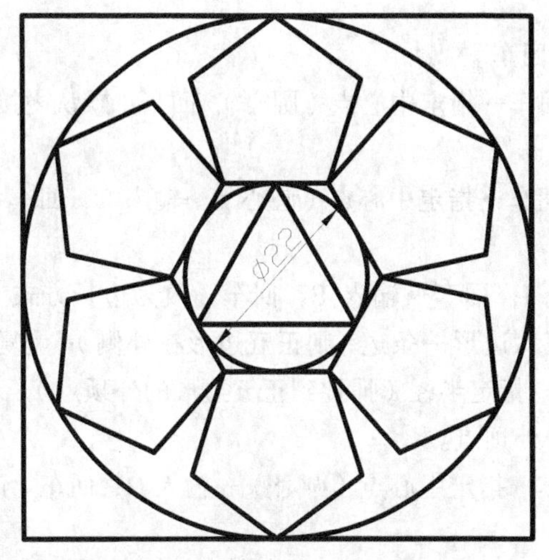

图 3-11　圆和正多边形

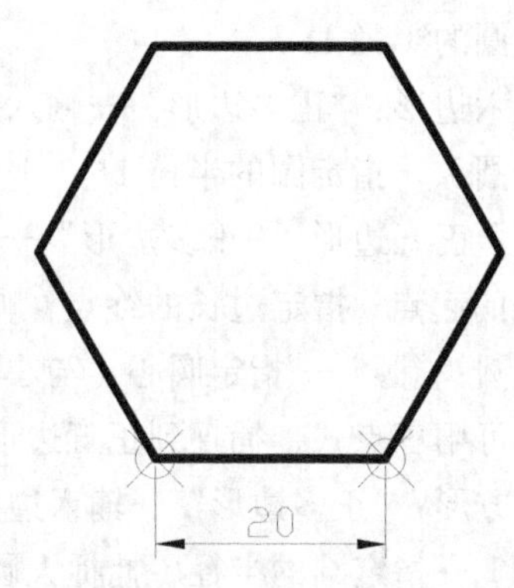

图 3-12　边长方式绘制多边形

（2）内接于圆方式

输入命令→输入边数：（默认为 4）→指定多边形中心点→直接回车（因默认为内接于圆方式）→指定圆的半径。

结果如图 3-13 所示。

（3）外切于圆方式

输入命令→输入边数：（默认为 4）→指定多边形中心点→输入 C（改变为外切于圆方式）→指定圆的半径。

结果如图 3-14 所示。

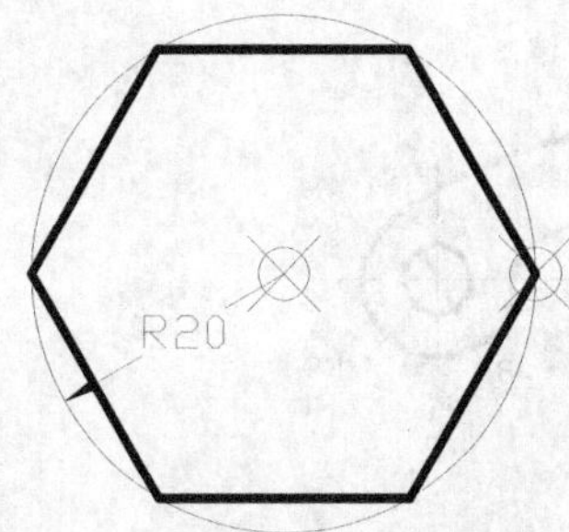

图 3-13　内接于圆方式绘制多边形

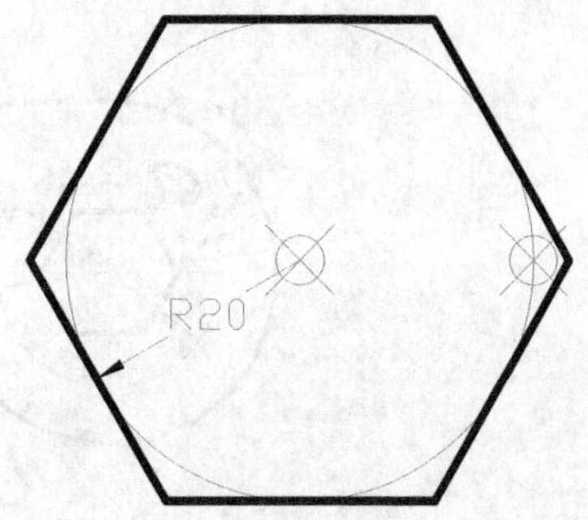

图 3-14　外切于圆方式绘制多边形

任务 2 解决方案

图形分析：因为只有一个尺寸（小圆直径），故从小圆开始绘制。

1. 完成相关设置

设置图层。
设置对象捕捉：端点、圆心。
设置极轴追踪。

2. 从小圆开始绘制各基本图形。

小圆："圆"→指定圆心→输入半径 11，回车。

正三角形："正多边形"→输入边数 3，回车→指定中心点（圆心），回车（默认内接于圆）→指定圆的半径 11。

正六边形："正多边形"→输入边数 6，回车→指定中心点（圆心）→输入 C，回车（改为外切于圆）→指定圆的半径 11。

6 个正五边形："正多边形"→输入边数 5，回车→输入 E，回车（改为边长方式）→指定边长的起点，指定边长的终点（顺时针沿正六边形一条边，则正五边形在外侧）；重复 6 次。

大圆："圆"→指定圆心（与小圆同心）→指定半径（捕捉到正五边形的外顶点）。

也可用三点式，捕捉到正五边形任意 3 个外顶点。

正方形："正多边形"→输入边数 4，回车→指定中心点（圆心）→输入 C，回车（改为外切于圆）→指定圆的半径（捕捉大圆半径）。

任务 3 用圆弧和椭圆弧命令绘制平面图形

任务要求

设置图层，并绘制如图 3-15 所示图形。

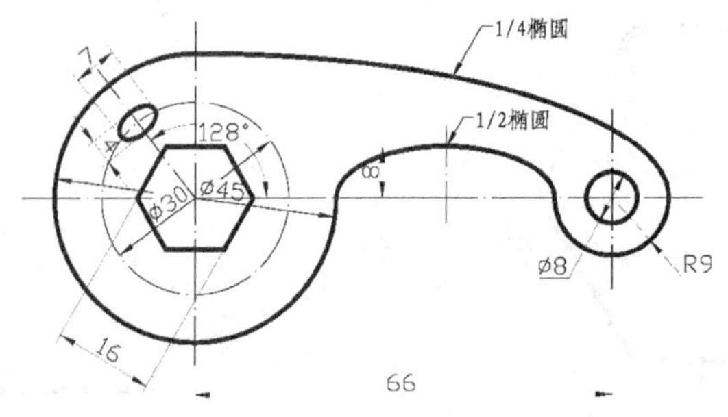

图 3-15 圆弧和椭圆

1. 绘制圆弧

圆弧的绘制，推荐采用菜单栏下拉菜单的子菜单，如图 3-16 所示。

以下一一介绍子菜单中的 11 种绘制圆弧的方法。

（1）三点方式

“绘图”→“圆弧”→“三点”。

指定圆弧的起点：（点 a）

指定圆弧的第二点：（点 b）

指定圆弧的端点：（点 c）

结果如图 3-17 所示。a 点为圆弧逆时针起点（以下均同）。

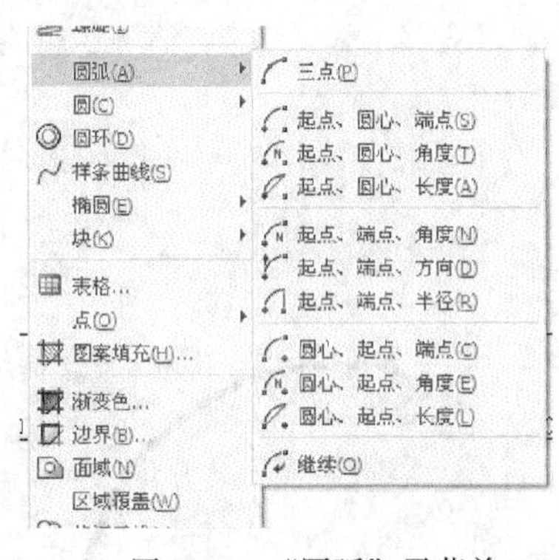

图 3-16 “圆弧”子菜单

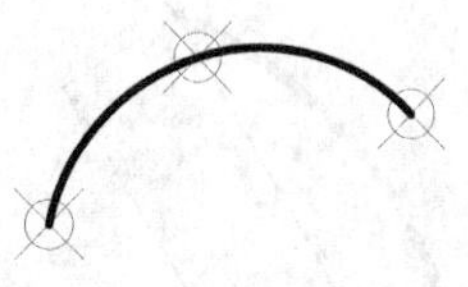

图 3-17 三点方式绘制圆弧

（2）起点、圆心、端点方式

“绘图”→“圆弧”→“起点、圆心、端点”。

指定圆弧的起点：（点 a）

指定圆弧的圆心：（点 o）

指定圆弧的端点：（点 b）

结果如图 3-18 所示。

（3）起点、圆心、角度方式

“绘图”→“圆弧”→“起点、圆心、角度”。

指定圆弧的起点：（点 a）

指定圆弧的圆心：（点 o）

指定圆弧的包含角：（90°）

结果如图 3-19 所示。

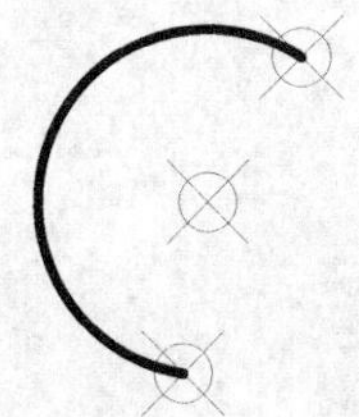

图 3-18 起点、圆心、端点方式绘制圆弧

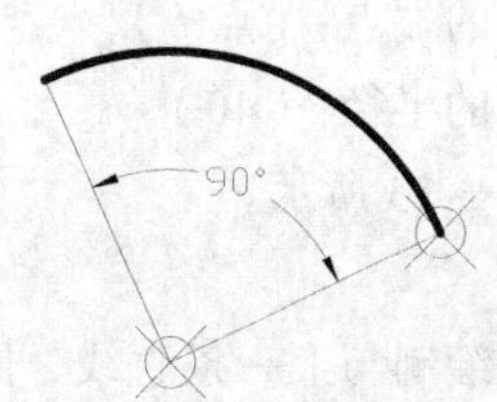

图 3-19 起点、圆心、角度方式绘制圆弧

（4）起点、圆心、长度方式

“绘图”→“圆弧”→“起点、圆心、长度”。

指定圆弧的起点：（点 *a*）

指定圆弧的圆心：（点 *o*）

指定圆弧的弦长：（100）

注：圆弧的弦长为正，是逆时针从起点到终点的劣弧；圆弧的弦长为负，则是顺时针从起点到终点的优弧。

结果如图 3-20 所示。

（5）起点、端点、角度方式

“绘图”→“圆弧”→“起点、端点、角度”。

指定圆弧的起点：（点 *a*）

指定圆弧的端点：（点 *b*）

指定圆弧的角度：（120°）

结果如图 3-21 所示。

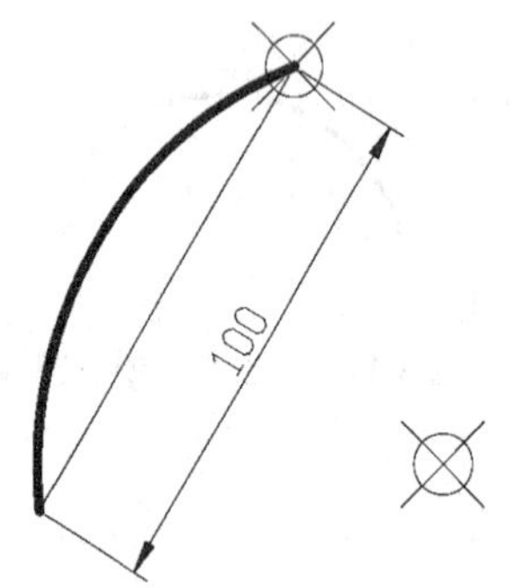

图 3-20　起点、圆心、长度方式绘制圆弧

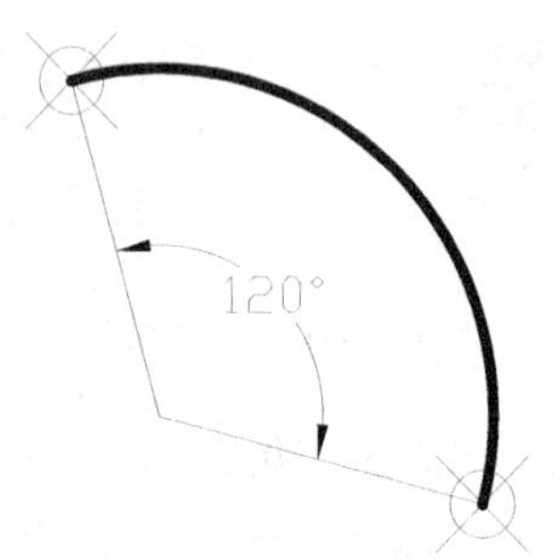

图 3-21　起点、端点、角度方式绘制圆弧

（6）起点、端点、方向方式

“绘图”→“圆弧”→“起点、端点、方向”。

指定圆弧的起点：（点 *a*）

指定圆弧的端点：（点 *b*）

指定圆弧起点的切线：（切线方向上的点）

结果如图 3-22 所示。

（7）起点、端点、半径方式

“绘图”→“圆弧”→“起点、端点、半径”。

指定圆弧的起点：（点 *a*）

指定圆弧的端点：（点 *b*）

指定圆弧的半径：（40）

结果如图 3-23 所示。

（8）继续

该方式是绘制与上一条直线、圆弧或多段线相切的圆弧。

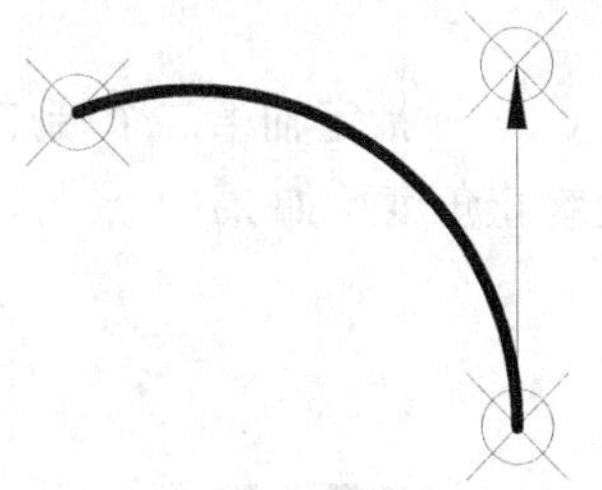
图 3-22 起点、端点、方向方式绘制圆弧

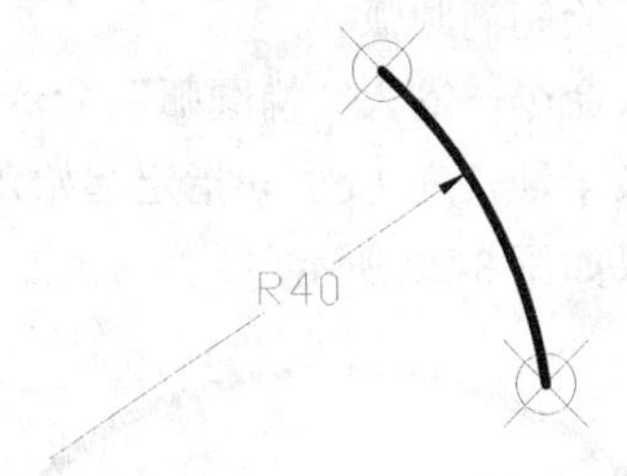

图 3-23 起点、端点、半径方式绘制圆弧

结果如图 3-24 所示。

此外，还有“圆心、起点、端点方式”，“圆心、起点、角度方式”以及“圆心、起点、长度方式”，与（2）、（3）、（4）方式类似，只是操作顺序变化而已。

图 3-24 继续方式绘制圆弧

2. 绘制椭圆和椭圆弧

AutoCAD 可以分别采用轴端点方式、中心点方式、旋转角方式绘制椭圆及椭圆弧。

- 菜单栏：“绘图”→“椭圆”。
- 工具栏：单击“椭圆”按钮。
- 命令栏：输入“ELLIPSE”命令。

（1）轴端点方式

输入命令→指定轴端点（*a*）→指定轴第二个端点（*b*）→指定另一条半轴长度（*c*）。

结果如图 3-25 所示。

（2）中心点方式

输入命令→输入 C（改变为中心点方式）→指定中心点（*o*）→指定轴端点（*a*）→指定另一半轴端点（*c*）。

结果如图 3-26 所示。

图 3-25 轴端点方式绘制椭圆

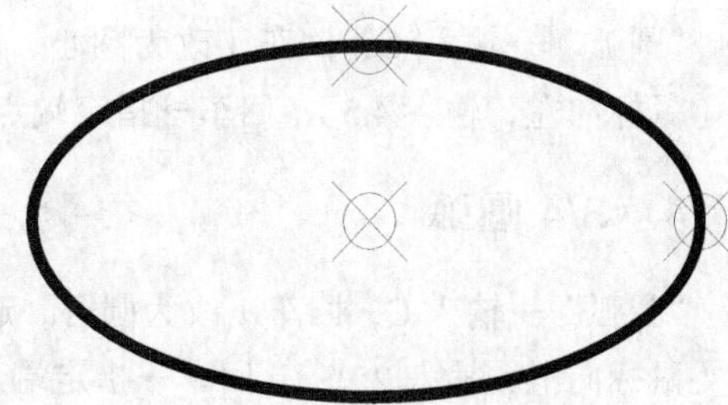
图 3-26 中心点方式绘制椭圆

（3）旋转角方式

输入命令→指定轴端点（*a*）→指定轴第二个端点（*b*）→输入 R（改变为旋转角方式）→指定旋转角度（45）。

结果如图 3-27 所示。

（4）绘制椭圆弧

输入命令→输入“椭圆弧”命令→指定椭圆弧轴端点（*a*）→指定轴第二个端点（*b*）→指定另一条半轴长度（*c*）→指定起始角度（如 30°）→指定终止角度（如 210°）。

结果如图 3-28 所示。

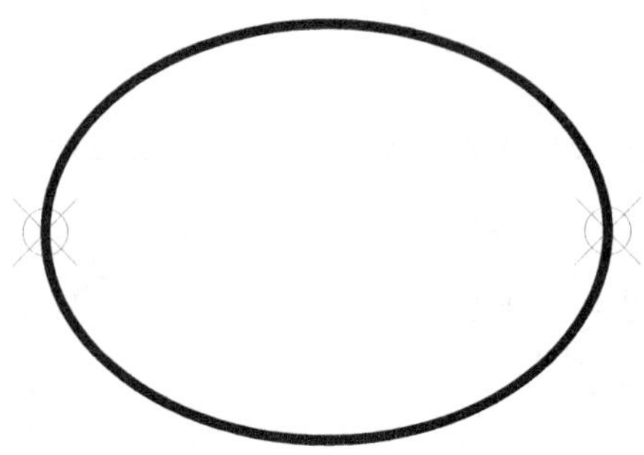

图 3-27　旋转角方式绘制椭圆

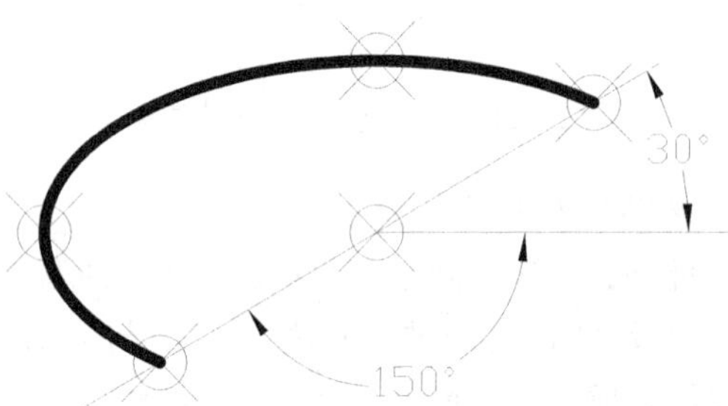

图 3-28　轴端点方式绘制椭圆弧

任务 3　解决方案

图形分析：图形由一个圆、一个 1/2 圆弧、一个 3/4 圆弧、一个 1/4 椭圆弧、一个 1/2 椭圆弧、一个正六边形和一个椭圆构成，定位尺寸为 66、128° 和 ϕ30。

1. 基准线

用点划线绘制，水平线长约 110，两条垂线分别长约 55 和 25，间距 66；128° 线需设置附加角绘制，长约 25；以左端交点为圆心，以 15 为半径画圆。

2. 圆

“圆”→指定圆心（基准线右端交点）→输入半径 4，回车。

3. 1/2 圆弧

“圆弧”→输入 C，回车（改为圆心、起点、端点方式）→指定圆心（ϕ8 圆心）→指定起点（鼠标向左，输入 4.5），回车→指定端点，鼠标向右，单击鼠标。

4. 3/4 圆弧

“圆弧”→输入 C，回车（改为圆心、起点、端点方式）→指定圆心（ϕ30 圆心）→指定起点（鼠标向上，输入 22.5），回车→指定端点，鼠标向右，单击鼠标。

5. 1/4 椭圆弧

“椭圆弧”→输入 C，回车（改为中心点、轴端点、轴端点方式）→指定中心点（ϕ30 圆心）→指定轴端点（鼠标向右，追踪 1/2 圆弧右端点）→指定轴端点（鼠标向上，追踪 3/4 圆弧上端点）→指定起点方向，鼠标向右，单击鼠标→指定端点方向，鼠标向上，单击鼠标。

6. 1/2 椭圆弧

“椭圆弧”，回车（默认选项）→指定轴端点（3/4 圆弧右端点）→指定轴的另一个端点（鼠标向右，追踪 1/2 圆弧左端点）→指定另一条轴端点（鼠标向上，输入 8）→指定起点方向，鼠标向右，单击鼠标→指定端点方向，鼠标向左，单击鼠标。

7. 正六边形

“正多边形”→输入边数 6，回车→指定中心点（圆心）→输入 C，回车（改为外切于圆）→指定圆的半径 8。

8. 椭圆

“椭圆”→输入 C，回车（改为中心点、轴端点、轴端点方式）→指定中心点（$\phi 30$ 与 128°线的交点）→指定轴端点（@2<128）→指定另一条半轴长度（输入 3.5）。

任务 4 绘制多段线和多线

任务要求

绘制如图 3-29 所示的多段线和多线图形。

其中：多段线圆弧外径为 100，线宽为 10，箭头左宽 20，右宽 0。

多线则分别用实线、点划线、虚线和双点划线表示空调线、电灯线、电话线和网线，各线之间相距 4 毫米。

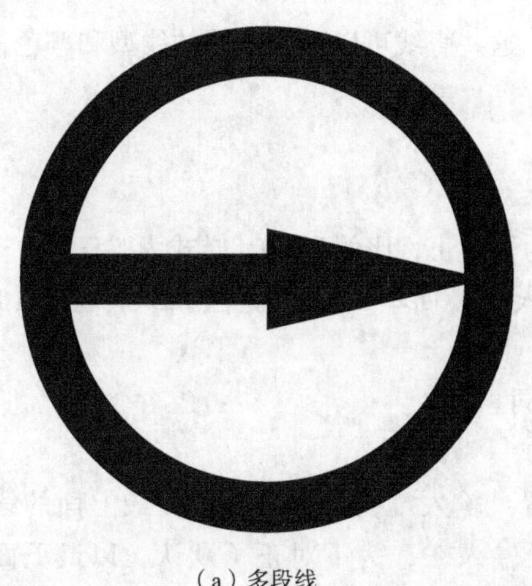

（a）多段线　　（b）多线

图 3-29　多段线和多线

1. 绘制多段线

多段线是由一组等宽或不等宽的直线或圆弧组成的实体（整体）。

- 菜单栏："绘图" → "多段线"。
- 工具栏：单击"多段线"按钮。
- 命令栏：输入"PLINE"命令。

推荐使用工具栏，操作较方便。在指定起点后，显示当前线宽为0，命令栏给出的提示为：指定下一点或【圆弧（A）/半宽（H）/长度（L）/放弃（U）/宽度（W）】

各选项说明如下。

指定下一点：在当前线宽下确定直线的终点。

圆弧（A）：输入A，将绘制直线改为绘制圆弧。

系统提示：指定圆弧端点或【角度（A）/圆心（CE）/闭合（CL）/方向（D）/半宽（H）/直线（L）/半径（R）/第二点（S）/放弃（U）/宽度（W）】

其中：角度（A）：指定圆弧的圆心角，正值逆时针绘制，负值顺时针绘制。

圆心（CE）：指定圆弧的圆心。

闭合（CL）：与起点相连，形成闭合多段线。

方向（D）：确定圆弧起点切线方向。

直线（L）：将绘制圆弧改为绘制直线。

半径（R）：指定圆弧半径。

第二点（S）：输入第二点绘制半圆弧。

半宽（H）：确定图线的半宽（起点、终点分别输入）。

长度（L）：指定绘制的直线长度，其方向与前一段相同（直线）或相切（圆弧）。

放弃（U）：取消上一段的绘制。

宽度（W）：确定图线的宽度。

2. 绘制多线

多线是两条或两条以上互相平行的直线，这些直线可以具有不同的线型和颜色，用于建筑图中的墙体或电气图中的线路等。

- 菜单栏："绘图" → "多线"。
- 命令栏：输入"MLINE"命令。

输入命令→命令栏显示当前设置：对正为下对正，比例为20，样式为"三线"→指定起点→鼠标向右，输入90，回车→鼠标向下，输入60，回车→鼠标向右上25°，输入100，回车→鼠标向上，输入120，回车→输入C（闭合），回车。

结果如图3-30所示，与绘制直线方法相同。

（1）多线的对正

在指定起点时，可输入J改变对正设置：输入T，为上对正（以最上面的线为依据转折）；输入Z，为无对正（以中心为转折）；输入B，为下对正（默认，以最下面的线为依据转折）。

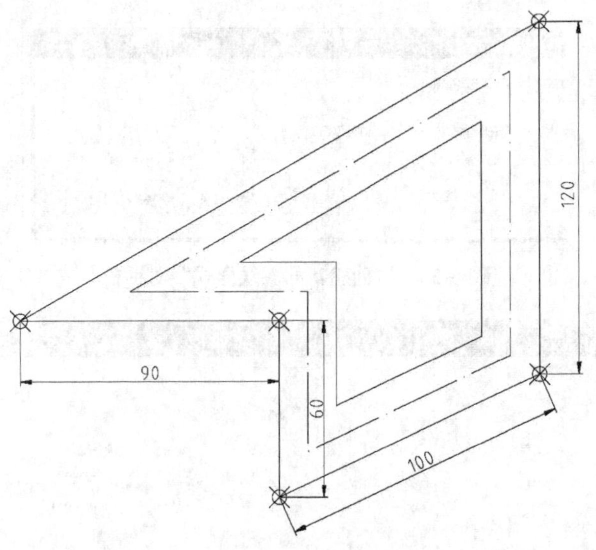

图 3-30　绘制多线示例

图 3-31 表示不同对正情况下，输入相同线形要素时的不同结果。

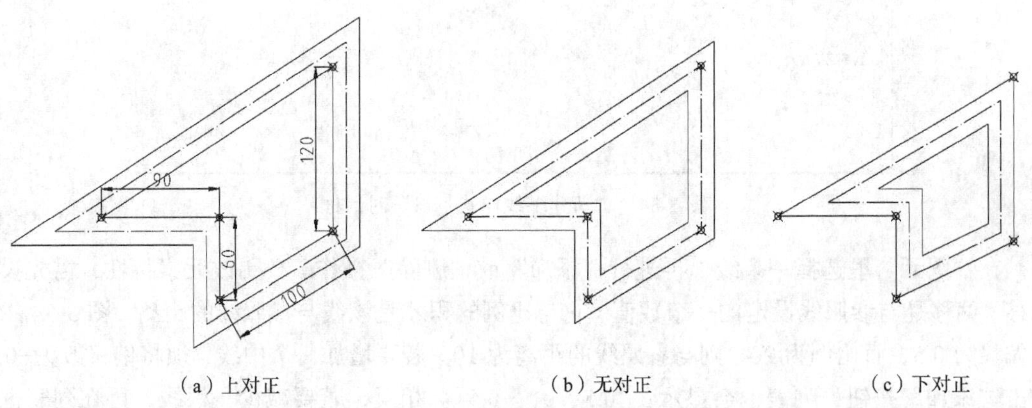

（a）上对正　（b）无对正　（c）下对正

图 3-31　绘制多线不同对正示例

（2）多线样式的设置

菜单栏：“格式” → “多线样式”。

弹出“多线样式”对话框，如图 3-32 所示。这里，既可以设置多线样式,也可以选择原来就有的多线样式,或对原有多线样式进行更改。

在“样式”栏输入要设置的多线名称，单击“加载”按钮，使之成为“当前”多线样式名。

单击“新建”按钮，弹出“创建新的多线样式”对话框，如图 3-33 所示。在“新样式名”里输入“11”，单击“继续”按钮，打开“新建多线样式：11”对话框，如图 3-34 所示。

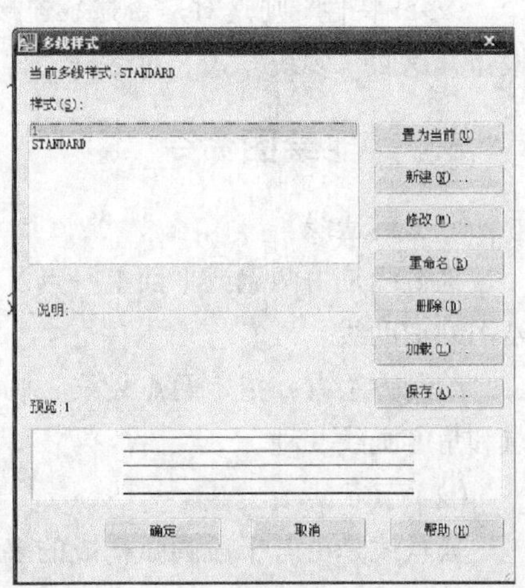

图 3-32　“多线样式”对话框

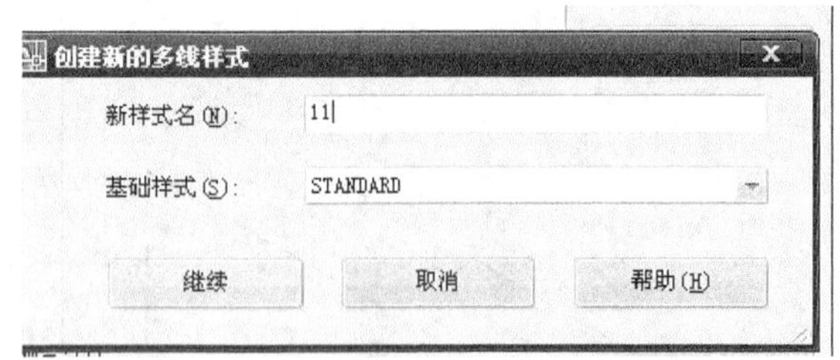

图 3-33　“创建新的多线样式”对话框

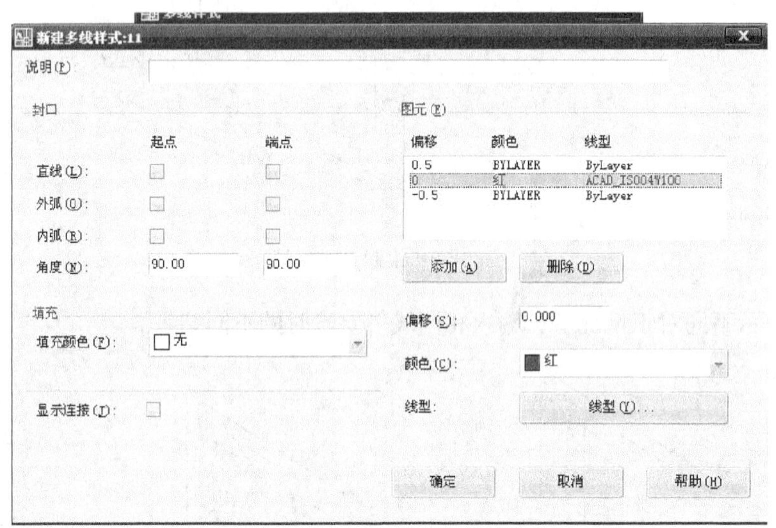

图 3-34　“新建多线样式：11”对话框

在“图元”里选择一条线，再进行“添加”或“删除”操作。要更改元素特性，需先设置偏移。偏移是与参照线设定的一个数值，它与比例的积才是该线与参照线的距离。图 3-34 中显示偏移为 0.5，而比例为 20，则与参照线的距离为 10。若要增加一个中线，须将偏移改为−0.5，单击“添加”按钮，列表框会显示：“0.5，0，−0.5”。相反，若要减少一根线，可在列表框选中该线后，单击“删除”按钮。各线还可更改颜色和线型。

“多线特性”则是对是否显示连接、是否封口、是否填充进行设置，设置完后，单击“确定”按钮，返回“多线样式”对话框，再单击“确定”按钮，完成“多线样式”的设置。

3. 其他绘图命令

（1）构造线

构造线是由两点或平面上一点及一定方向确定的，向两个方向无限延长的直线，一般用作绘图的辅助线。

绘制方法有：指定两点划线、画水平构造线、画垂直构造线、画构造线的平行线、指定一点和角度画线 5 种。

（2）云状线

云状线是由若干段圆弧构成的多段线，又分封闭和不封闭两种。封闭的还可分为外凸和内凸两种。

任务 4　解决方案

1. 多段线

因为要求用多段线绘制，故不能采用圆环的绘制方法。而多段线不能绘制整圆，故用两段线宽为 10 的半圆弧绘制。本解决方案为从左向右画半圆弧，再向左画半圆弧，最终接箭头（等宽和不等宽直线），四段为同一多段线。当然，也可以先画箭头再画圆弧，需要注意的是：多段线的圆弧同样是逆时针绘制，且受起点切线方向限制。

单击“多段线”按钮，指定起点→输入 A（转入绘制圆弧）→输入 W（设置线宽）→起点 10→端点 10→输入 D(指定起点切线方向 270°)→鼠标水平向右，输入 90（外径 100，减去两个半宽）→鼠标水平向左到起点，单击左键确定→输入 L（转入绘制直线）→鼠标水平向右，捕捉到圆心，单击左键确定→输入 W（设置线宽）→起点 20→端点 0→鼠标水平向右，捕捉到圆弧右端点，单击左键确定→单击右键，选择“确定”，结束绘图。

注：按上述方式作图，整个图样是一个多段线的整体。有人建议本图圆环部分用圆环命令作图（外径 100，内径 80），这里不推荐，因为那是另一个概念。

2. 多线

（1）设置多线样式：以 0 线为基准，分别偏移 0.1、0.3、−0.1、−0.3 添加图元，并分别将线型改为实线、点划线、虚线和双点划线；将其他图元删除。

（2）单击“绘图”菜单→“多线”→输入 J（改变对齐方式）→输入 Z（无对齐）→指定起点→指定端点。

巩固与拓展

1. 绘制一个两轴长分别为 100 及 60 的椭圆

再以上半椭圆的中点和下半椭圆的四分之一、四分之三点为顶点绘制三角形，并绘制三角形的内切圆，如图 3-35 所示。

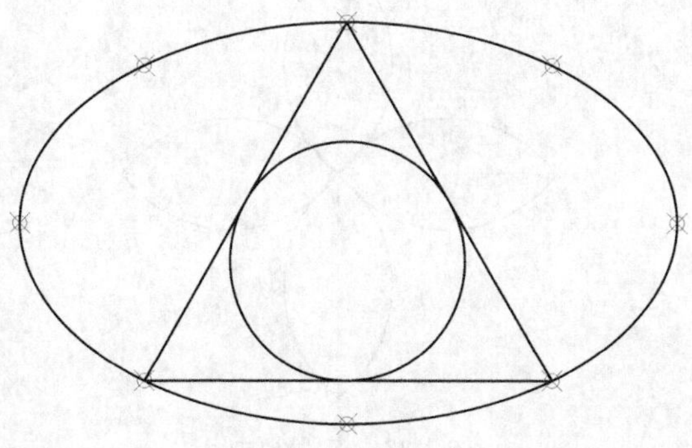

图 3-35　题 1 图

2. 如图 3-36 所示，绘制一个长 60、宽 30 的矩形

在其形状中心绘制一个半径为 10 的圆；在矩形下边左右各 1/8 处绘制圆的切线；再绘制一个半径为 5 的同心圆。

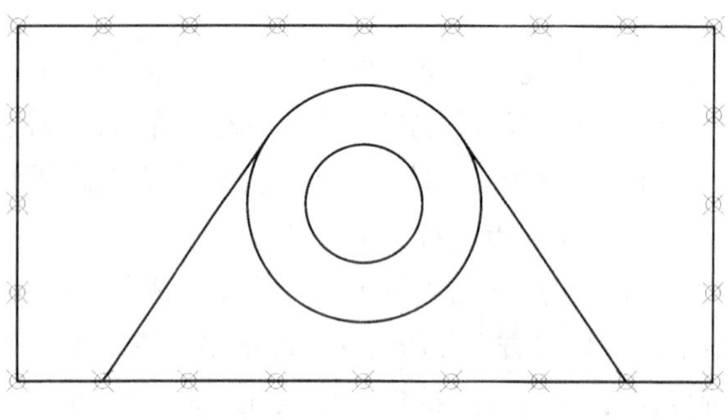

图 3-36　题 2 图

3. 绘制一个三角形 *ABC*，*AB* 长 90，∠*ABC*=30°，*BC* 长 70；绘制 *AB* 边的高 *CD*，再作 *DBC* 的内切圆及 *ABC* 的外接圆，如图 3-37 所示。

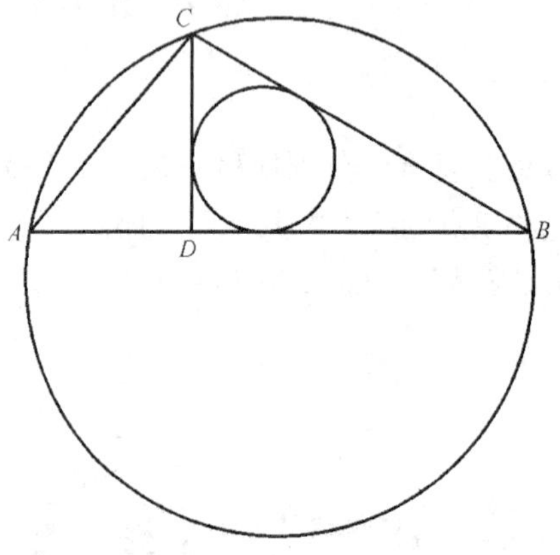

图 3-37　题 3 图

4. 绘制两条长度为 80 的垂直平分线，分别以其端点和交点为圆弧端点绘制多段线，圆弧半径为 35，如图 3-38 所示（要求整个四叶花图样是一个多段线的整体）。

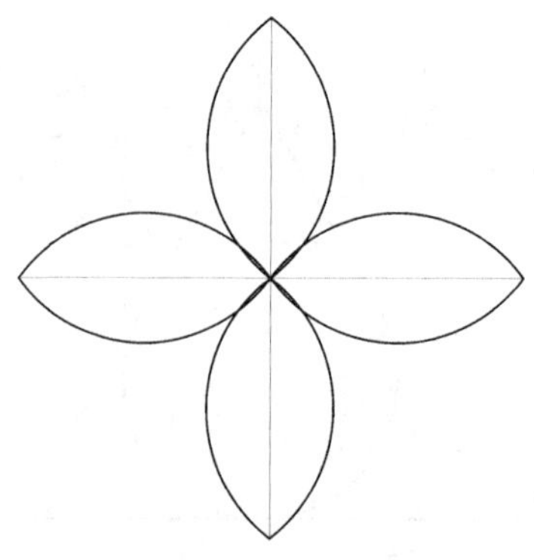

图 3-38　多段线图形

5. 绘制两条等长的直线形成一个锐角，再将此锐角五等分。

提示：用“起点、圆心、端点”方法绘制圆弧，再将该弧五等分，作等分点与锐角顶点连线。

6. 绘制如图 3-39 所示零件图，并将它们存盘，以备后续学习所用（不标注尺寸）。

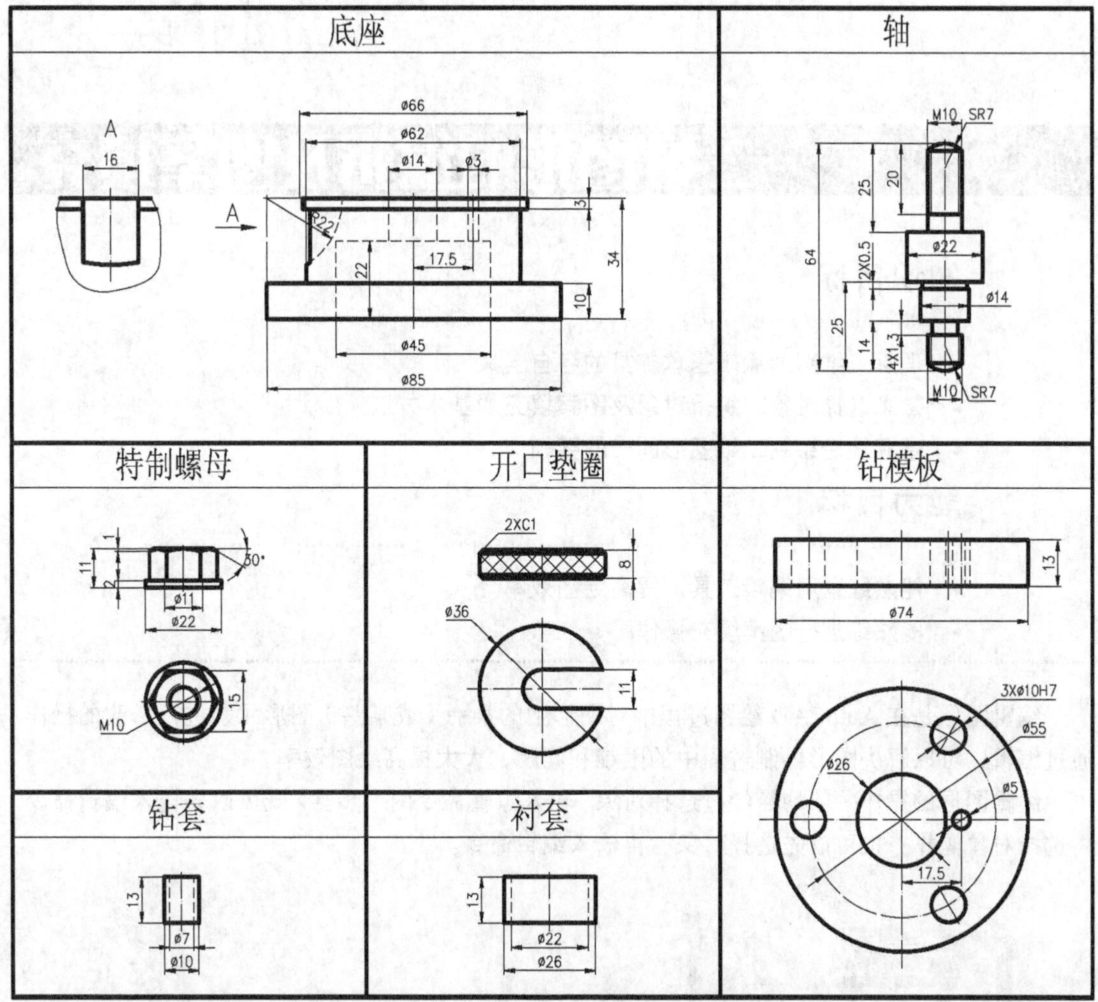

图 3-39　题 6 图

注：1. 钻模板的高为 13。

2. 底座中，R22 的圆心在Φ85 左侧轮廓线的延长线上。

项目 4

二维图形的编辑及图案填充

知识目标

- 理解二维图形编辑基本工具的各自含义
- 熟悉选择对象、编辑对象及图案填充的基本方法
- 掌握快捷绘制二维图形的一般要领

能力目标

- 能熟练运用编辑工具，提高绘图效率
- 能熟练进行图案填充操作

编辑图形是在 AutoCAD 绘图过程中对图形中的某一（或某些）图形元素进行修改的操作。通过编辑，可以解决图形绘制过程中的困难和问题，大大提高绘图效率。

编辑图形的操作一般均需经过选择对象、输入编辑命令两个步骤。既可以先输入编辑命令，再选择对象操作；也可以先选择对象，再输入编辑命令。

任务 1 运用编辑命令绘图

任务要求

采取恰当的方法绘制如图 4-1 所示图形。其中，（b）图中倾斜线与水平线成 30° 夹角。

1. 选择对象

选择对象的方式很多，这里推荐如下几种。

（1）直接单击对象方式

用于要选择的对象较少，且对象较大。

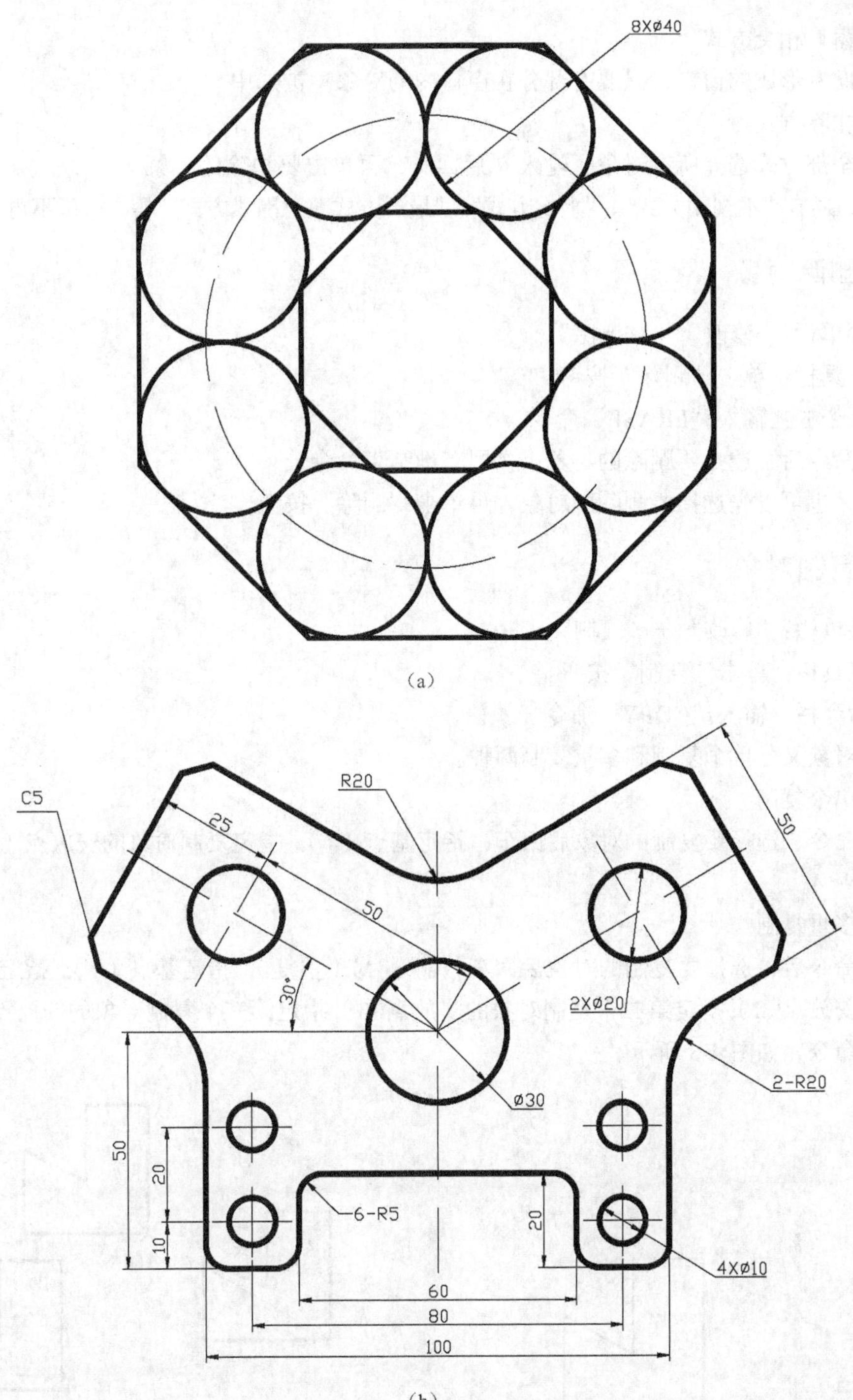

图 4-1　运用编辑命令绘图

（2）全部方式

需选择绘图区域内所有对象，输入“ALL”，回车。

（3）窗口内部方式

从左向右形成的窗口，全部在窗口内的对象被选中。

（4）窗口相交方式

从右向左形成的窗口，只要有部分在窗口内的对象均被选中。

（5）扣除方式

先用全部方式选择所有对象，输入 R 后回车，再单击要扣除的对象。

此外，还有“不规则方式”、“上次方式”、“最后方式”、“围线方式”等，这里不再详细介绍。

2. 删除对象

- 菜单栏：“修改”→“删除”。
- 工具栏：单击“删除”按钮。
- 命令栏：输入“ERASE”命令。

输入命令后，选择要删除的对象，按回车键结束命令。

当然，也可以先选择要删除的对象，再单击“删除”按钮。

3. 复制对象

- 菜单栏：“修改”→“复制”。
- 工具栏：单击“复制”按钮。
- 命令栏：输入“COPY”命令。

复制对象又分单个复制和多重复制两种。

（1）单个复制

输入命令，选择要复制的对象后回车，指定基点（1），指定复制对象的安放点（2），如图 4-2 所示。

（2）多重复制

输入命令后，选择要复制的对象后回车，输入 M（重复），指定基点（1），指定第一个复制对象的安放点（2）；指定第二个复制对象的安放点（3）；指定第三个复制对象的安放点（4）……回车结束命令，如图 4-3 所示。

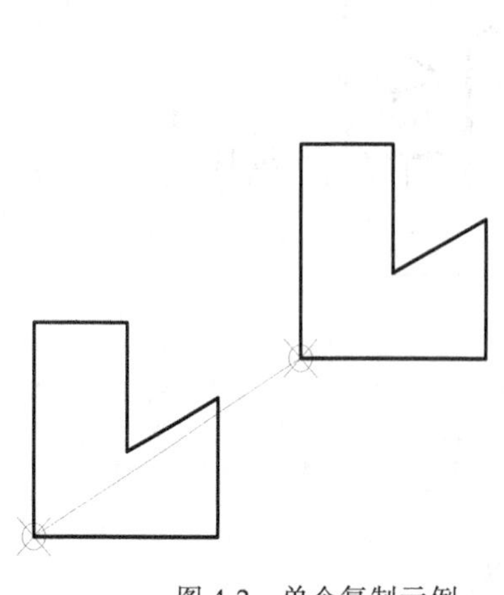

图 4-2　单个复制示例

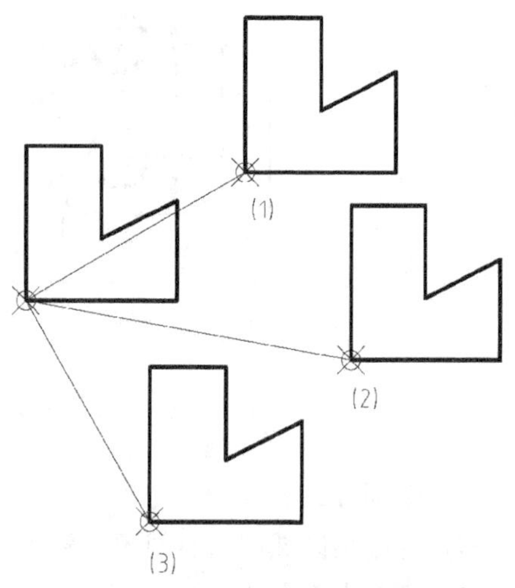

图 4-3　多重复制示例

4. 镜像对象

镜像对象也是一种复制，只不过与原图形对称。当绘制的图形对称时，可以只画其一半，然后，利用镜像功能复制出另一半来。

- 菜单栏："修改"→"镜像"。
- 工具栏：单击"镜像"按钮。
- 命令栏：输入"MIRROR"命令。

输入命令，选择要镜像的对象后回车，指定镜像线的第一点；指定镜像线的第二点；直接按回车键结束命令，如图 4-4 所示，原对象 P1 和新对象 P2 均在。若输入 Y，则删除原对象 P1，保留新对象 P2。

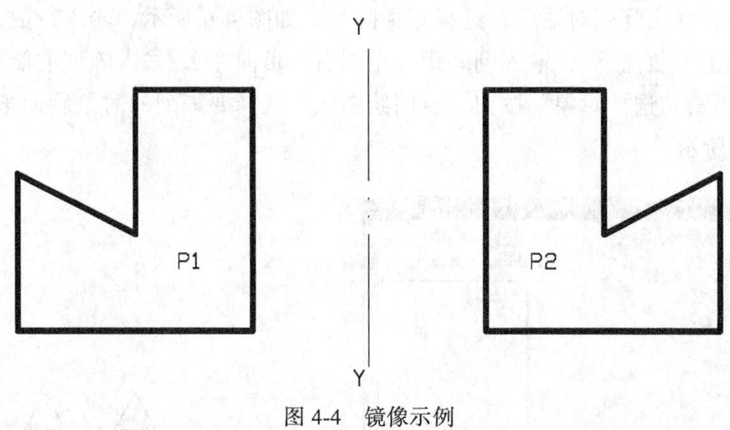

图 4-4 镜像示例

5. 偏移对象

偏移是对对象的另一种复制：它将指定的直线、圆、圆弧等对象做同心偏移复制，根据偏移的距离，原对象弯曲趋势不变，但大小发生改变。直线作为特例，没有弯曲趋势，因此，相当于平行复制。

- 菜单栏："修改"→"偏移"。
- 工具栏：单击"偏移"按钮。
- 命令栏：输入"OFFSET"命令。

偏移对象又分指定偏移距离方式和指定通过点方式两种。

指定偏移距离方式：输入命令后，指定偏移距离，选择要偏移的对象，确定偏移所在的一侧（P1）；继续执行偏移命令或回车结束命令。

指定通过点方式：输入命令后，输入 M（转入指定通过点方式），选择要偏移的对象，指定通过点，继续执行偏移命令或回车结束命令。

结果如图 4-5 所示。

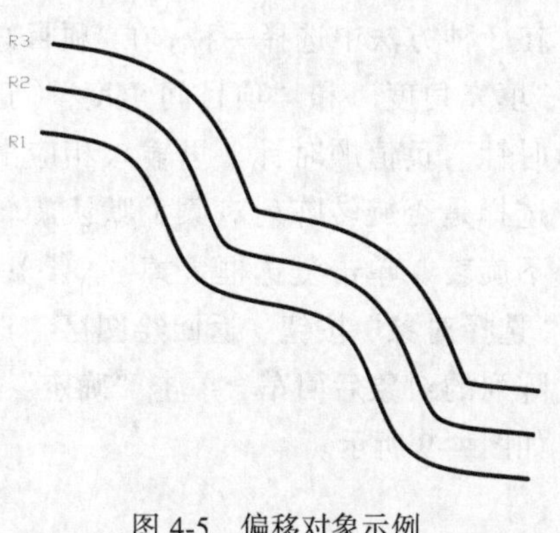

图 4-5 偏移对象示例

需要注意的是：图 4-5 中当偏移到 R3 时，已不再是连续的样条曲线了，出现两个拐点，如果要继续偏移，必须分别进行。必要时，也可以将其转换为多段线，则可继续偏移（详见项目 4 任务 3 中的编辑多段线）。

6. 阵列对象

阵列对象是将图形元素按行、列或圆周等距地批量复制。

- 菜单栏："修改" → "阵列"。
- 工具栏：单击"阵列"按钮。
- 命令栏：输入"ARRAY"命令。

阵列又分矩形阵列和环形阵列两种。

（1）矩形阵列

输入命令后，弹出阵列对话框，选择矩形阵列，如图 4-6 所示，输入行数，输入列数，输入行间距（正向上，负向下），输入列间距（正向右，负向左），输入阵列的旋转角度（行与水平线的夹角），单击"选择对象"按钮，返回绘图区，选择要阵列的对象后回车，单击"确定"按钮，如图 4-7 所示。

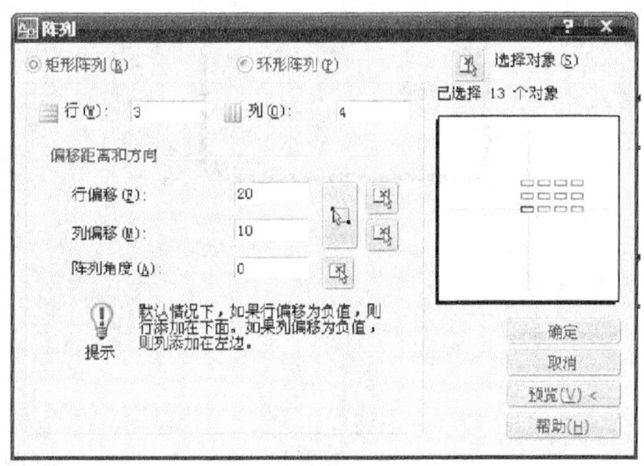

图 4-6 "矩形阵列"对话框

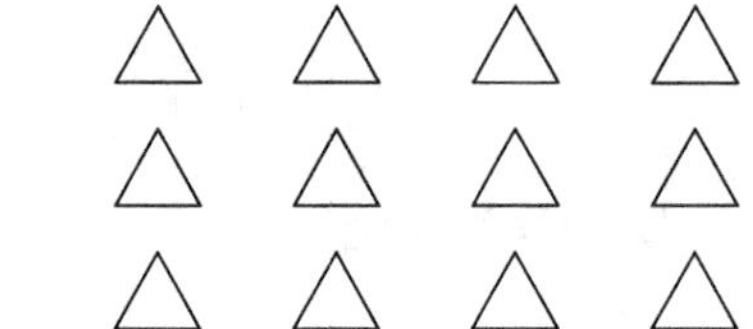

图 4-7 矩形阵列示例

（2）环形阵列

输入命令后，弹出阵列对话框，选择环形阵列，如图 4-8 所示单击"拾取点"，返回绘图区，选择环形阵列中心点，在 3 种方法中选择一种，在"项目总数"、"填充角度"和"项目间角度"（正值逆时针，负值顺时针）里输入相应的值；选择是否旋转阵列对象（默认旋转，如不旋转，单击复选框去掉"√"）；单击"选择对象"按钮，返回绘图区，选择要阵列的对象后回车，单击"确定"按钮，如图 4-9 所示。

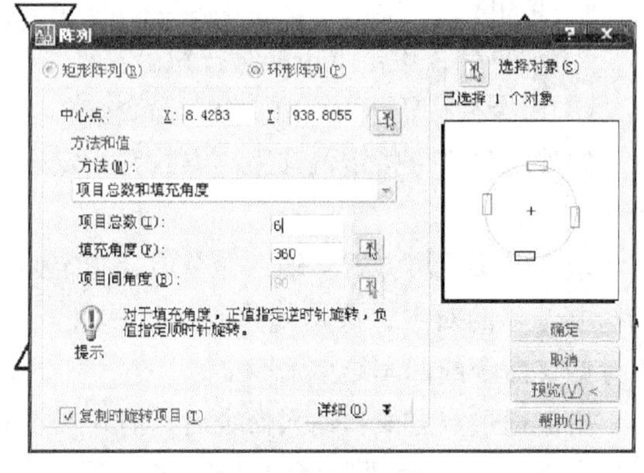

图 4-8 "环形阵列"对话框

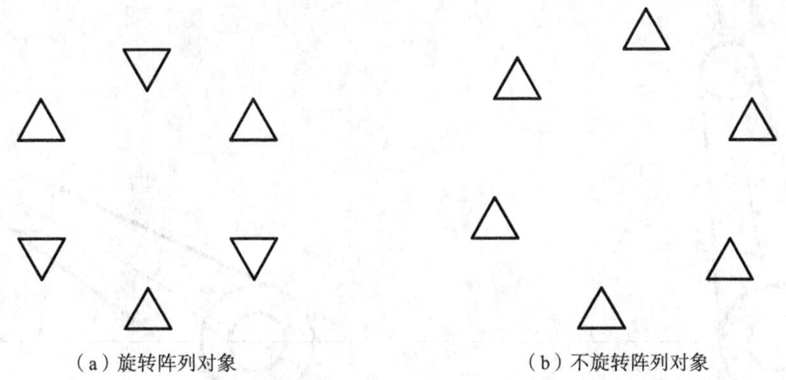

（a）旋转阵列对象　　（b）不旋转阵列对象

图 4-9　环形阵列示例

7. 移动对象

移动操作是将某一图形对象不改变其大小和形状，从一点移动到另一点的操作。

- 菜单栏：“修改”→“移动”。
- 工具栏：单击“移动”按钮。
- 命令栏：输入“MOVE”命令。

移动又有选择基点法和输入移动位置法两种。

选择基点法：输入命令后，选择要移动的对象，回车，指定基点，指定第二点，回车，结束命令。

输入移动位置法：输入命令后，选择要移动的对象，回车，输入对象将要移动到的位置的相对坐标，回车，结束命令，如图 4-10 所示。

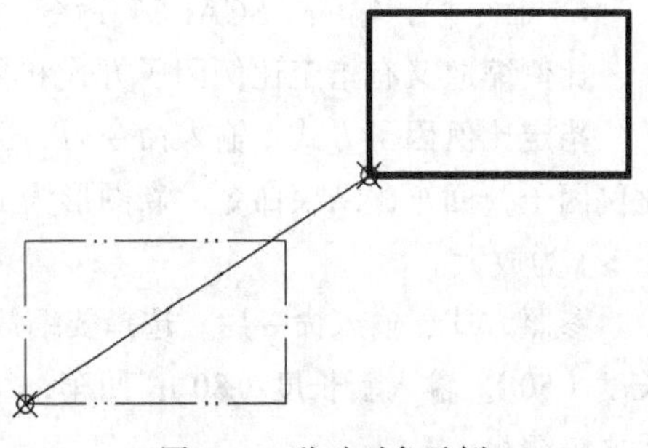

图 4-10　移动对象示例

8. 旋转对象

将某一图形对象不改变其大小和形状，只是绕某一点旋转一个角度的操作。

- 菜单栏：“修改”→“旋转”。
- 工具栏：单击“旋转”按钮。
- 命令栏：输入“ROTATE”命令。

旋转又有指定旋转角度方式和参照方式两种。

指定旋转角度方式：输入命令后，选择要旋转的对象，回车，指定旋转基点，指定旋转角度（如 60，正值逆时针，负值顺时针），回车，结束命令，如图 4-11 所示。

参照方式：输入命令后，选择要旋转的对象，回车，输入 R（转变为参照方式），指定参考角度（80），输入新角度（30），回车结束命令，如图 4-12 所示。

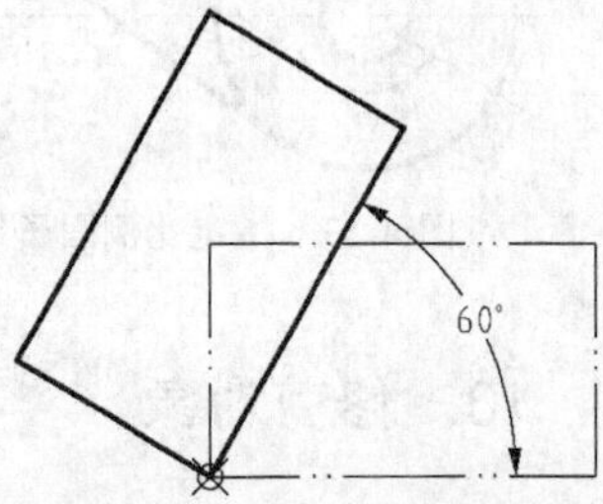

60°

图 4-11　指定旋转角度示例

9. 比例缩放对象

将某一图形元素按比例放大或缩小的操作。

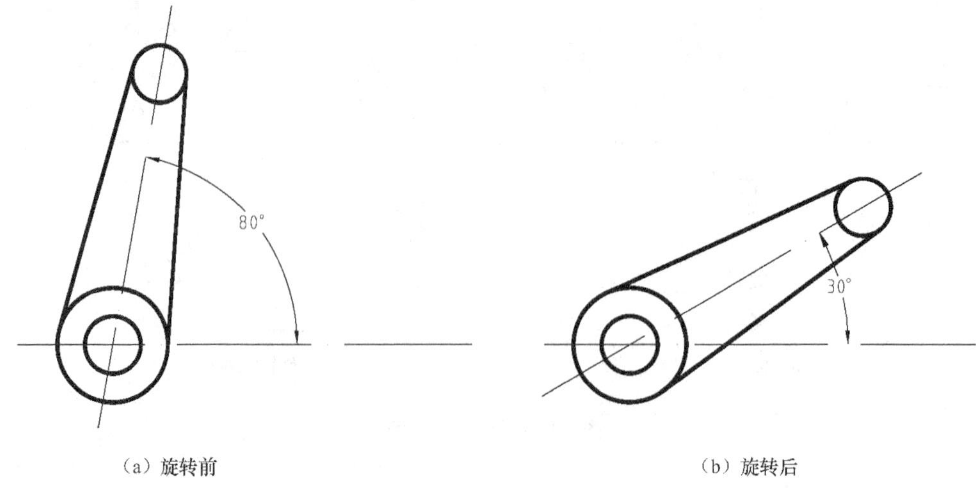

（a）旋转前

（b）旋转后

图 4-12　参照方式旋转示例

- 菜单栏："修改" → "缩放"。
- 工具栏：单击"缩放"按钮。
- 命令栏：输入"SCALE"命令。

比例缩放又有指定比例因子方式和参照方式两种。

指定比例因子方式：输入命令后，选择要缩放的对象（R1），回车，指定基点（P1），指定比例因子，回车，结束命令。新图形为 R2，如图 4-13 所示。0 < 比例因子 < 1 为缩小；比例因子 > 1 为放大。

参照方式：输入命令后，选择要缩放的对象，回车，输入 R（转变为参照方式），指定参考长度（50），输入新长度（80）；回车，结束命令，如图 4-14 所示。新长度大于原长度为放大，反之为缩小。

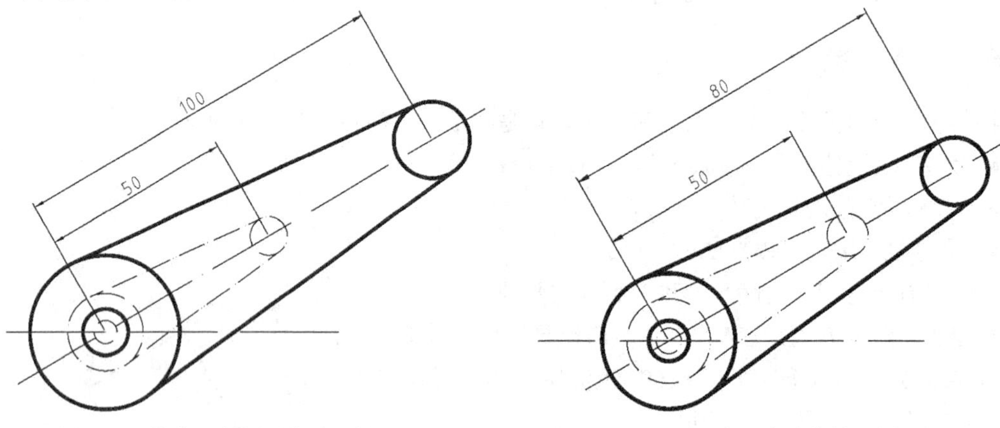

图 4-13　指定比例因子缩放示例

图 4-14　参照方式缩放示例

10. 修剪对象

将图形中某一边界之外的部分切除的操作。

- 菜单栏："修改" → "修剪"。
- 工具栏：单击"修剪"按钮。

- 命令栏：输入“TRIM”命令。

输入命令后，选择剪切的边界，选择要剪切的对象（若同时按住上档键，则为选择要延伸的对象），回车，结束命令，如图 4-15 所示。如果要修剪的对象与边界无交点，即使有边界延长线之外的部分，也不会被修剪。

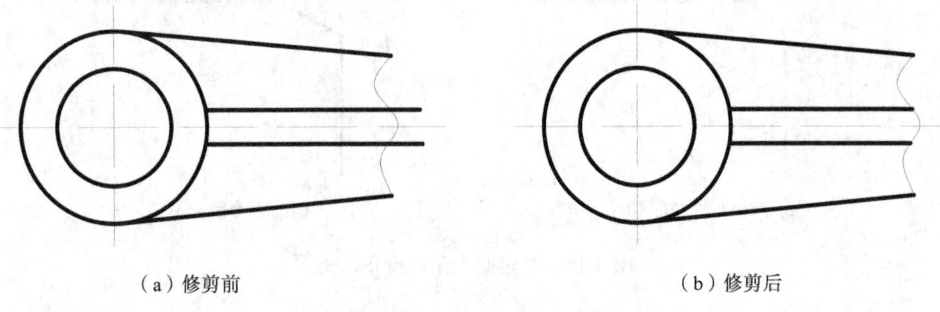

（a）修剪前　　（b）修剪后

图 4-15　修剪对象示例

11. 延伸对象

将图形中部分图线延伸到某一边界之处的操作。

- 菜单栏：“修改”→“延伸”。
- 工具栏：单击“延伸”按钮。
- 命令栏：输入“EZTEND”命令。

输入命令后，选择延伸的边界，选择要延伸的对象（若同时按住上档键，则为选择要剪切的对象），回车，结束命令，如图 4-16 所示。与修剪不同，要延伸的对象，可以延伸到边界线延伸趋势所到之处。

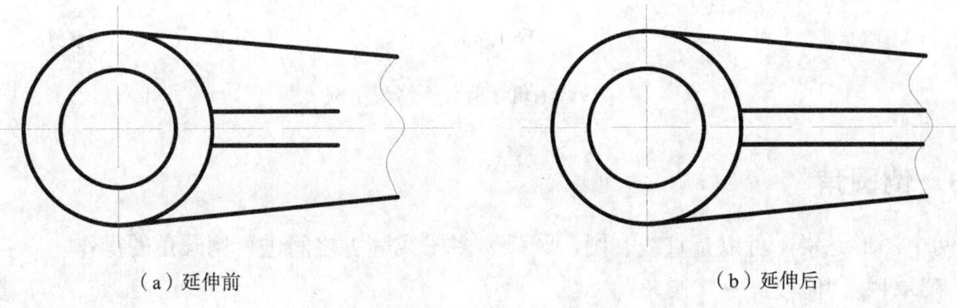

（a）延伸前　　（b）延伸后

图 4-16　延伸对象示例

12. 倒角

将两条相交的直线或多段线进行倒角的操作。

- 菜单栏：“修改”→“倒角”。
- 工具栏：单击“倒角”按钮。
- 命令栏：输入“CHAMFER”命令。

倒角又有给定两个距离和给定一个距离一个角度两种方式。

给定两个距离：输入命令后，输入 C（设定距离），指定第一个距离，指定第二个距离，选择第一条直线，选择第二条直线，结果如图 4-17 所示。

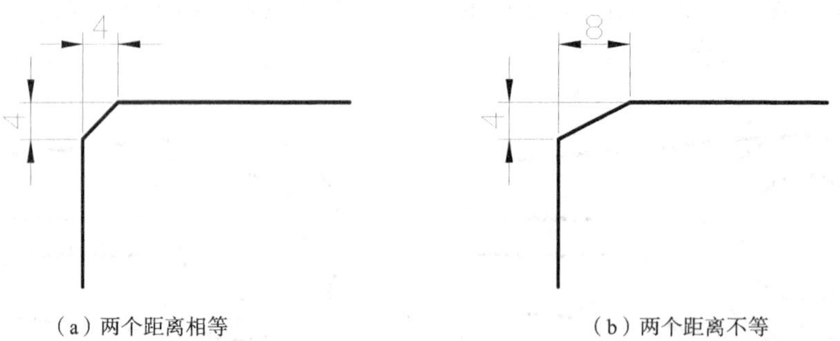

（a）两个距离相等

（b）两个距离不等

图 4-17　给定两个距离倒角示例

给定一个距离一个角度：输入命令后，输入 A（设定距离、角度），指定第一个距离，指定另一条直线的倒角角度，选择第一条直线，选择第二条直线，结果如图 4-18 所示。

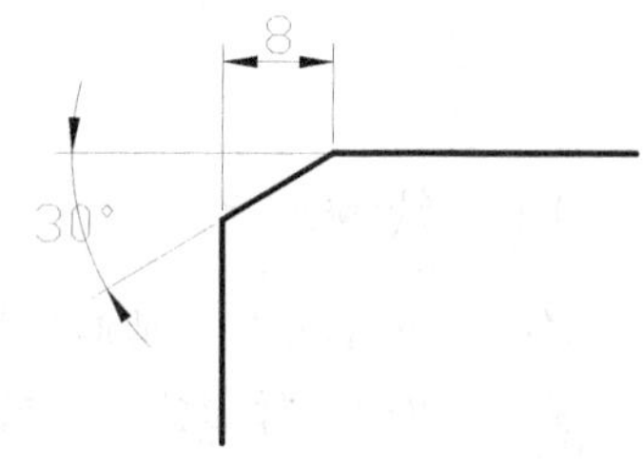

图 4-18　给定距离、角度倒角示例

如果对多段线倒角，在选择直线时先输入 P（改变为多段线）。

倒角还有修剪与不修剪之分，默认为修剪，若在选择直线前输入 N，则为不修剪，如图 4-19 所示。

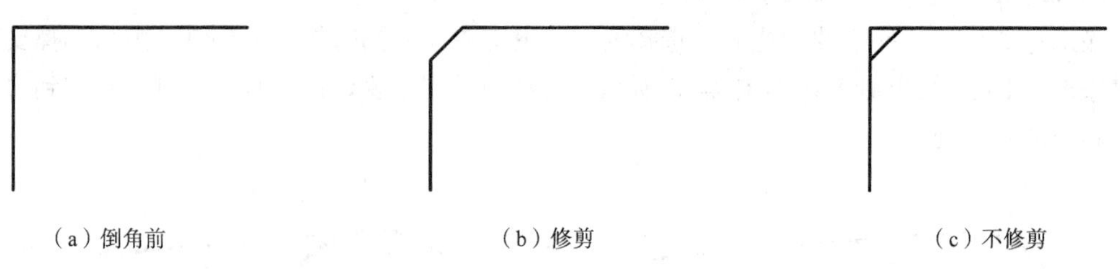

（a）倒角前

（b）修剪

（c）不修剪

图 4-19　倒角修剪与不修剪示例

13. 倒圆角

将两个图形元素（可以是直线、圆、圆弧、多段线等）之间进行倒圆角的操作。

- 菜单栏：“修改”→“圆角”。
- 工具栏：单击“圆角”按钮。
- 命令栏：输入“FILLET”命令。

输入命令后，输入 R（设定圆角半径），输入半径值，选择第一个对象，选择第二个对象，结果如图 4-20 所示。

倒圆角操作中，多段线的操作及是否修剪，与倒角类似。

同时，倒圆角还广泛用于圆弧连接，大大提高了绘图效率。

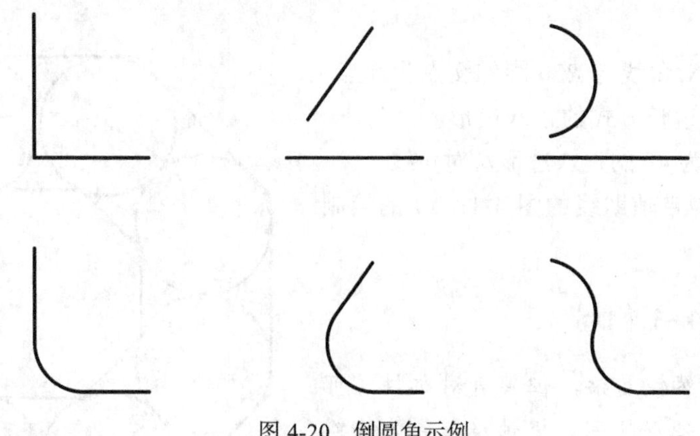

图 4-20 倒圆角示例

14. 分解对象

前面介绍的矩形、正多边形、多段线等均为实体（类似的还有后边将介绍的块、尺寸、填充等），如果要对它们进行局部的修改，就必须将它们分解成单个的元素。

- 菜单栏："修改"→"分解"。
- 工具栏：单击"分解"按钮。
- 命令栏：输入"EXPLODE"命令。

输入命令后，选择对象，回车结束命令，如图 4-21 所示。

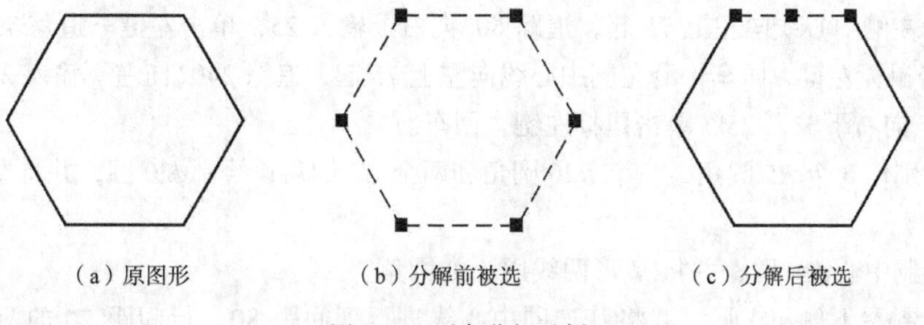

图 4-21 对象分解示例

任务 1 解决方案

1. 绘制图 4-1（a）

分析：全图只有一个尺寸，8 个圆的半径均为 20；由 8 个圆两两相切且均布可知，8 个圆的圆心在一个边长为 40 的正八边形的顶点；外八边形的每条边又是两相邻圆的公切线，所以，外八边形可以采用向外偏移 20 的方法绘制；而内八边形的顶点与 *R*20 圆的交点在正八边形的对称线上，故可作辅助线绘出。

（1）用粗实线绘制边长为 40 的正八边形，并向外偏移 20，绘制外八边形。

（2）用点划线绘制边长为 40 的正八边形外接圆，过任一顶点作对角线。

（3）过边长为 40 的正八边形任一顶点绘制 *R*20 圆，并以对角线的中点为中心环形阵列，形成 8 个圆。

（4）以相邻两对角线与 R20 圆的交点为起点、端点，用粗实线作边长方式的正八边形。

（5）删除边长为 40 的正八边形及对角线。

图 4-22 所示为带辅助线的图 4-1（a）的绘制过程图。

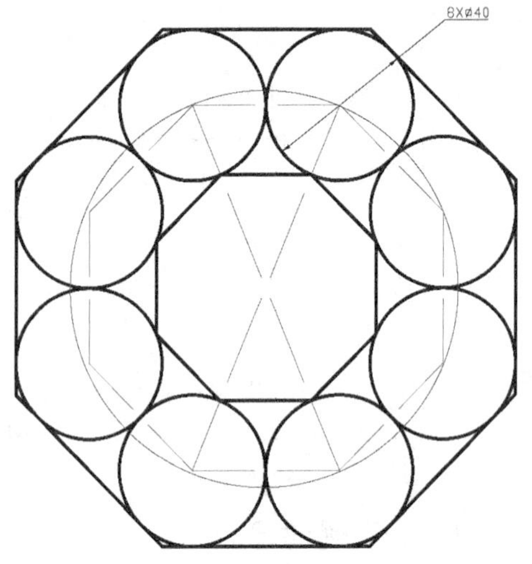

图 4-22　带辅助线的绘制过程图

2. 绘制图 4–1（b）

分析：图形虽然较复杂，但具有对称性，可以用镜像、圆角、矩形阵列、极轴追踪等方法绘制。

（1）用点划线绘制对称线，长约 100；捕捉其中点作为图形中心，追踪 150° 绘制长约 80 的左侧中心线；在左侧中心线上距图形中心 50（ϕ20 圆的圆心），追踪 60° 绘制垂线并反向延长；在图形中心向左 40、向下 20（40）处分别绘制ϕ10 圆的垂向中心线和水平中心线。

（2）用粗实线绘制左半边轮廓线：沿图形中心向下输入 30，单击左键，向左输入 30，单击鼠标左键→向下输入 20，单击鼠标左键→向左 20，单击鼠标左键→向上 50，单击鼠标左键，回车。

（3）沿左侧中心线向左上 75 起，追踪 60° 向右上输入 25，单击左键→追踪 330° 向右下输入 50，单击鼠标左键，回车；沿左侧中心线向左上 75 起，追踪 240° 向左下输入 25，单击左键→追踪 330° 向右下输入 25，单击鼠标左键，回车。

（4）分别作 3 个 R5 圆角，一个 R20 圆角和两个 C5 倒角；绘制ϕ20 圆，并将左侧所有图线镜像到右侧。

（5）绘制中心ϕ30 圆，并将 V 形两线用 R20 圆角。

（6）绘制左下侧ϕ10 圆，并将其连同中心线进行列间距 80、行间距 20 的两行两列矩形阵列。

（7）调整点划线，以伸出图形 3mm～5mm 为宜。

任务 2　编辑多线

任务要求

绘制一个 100×80 的矩形，在矩形的中心绘制两条相交多线，多线的类型为三线，且多线的每两个元素的间距为 10，中间为红色点划线，两侧为黑色细实线，最后，编辑两相交多线在中间断开。完成后的图形如图 4-23 所示。

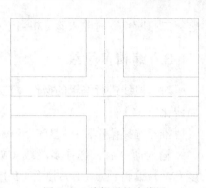

图 4-23 编辑后的多线图

1. 拉伸对象

用窗口方式选择对象，当图形元素全部在窗口内时，结果为移动对象；当局部在窗口内时，则为拉伸对象。操作的结果：使窗口内的图形元素及图线端点的位置，由基点 *P*1 平行移动到第二点 *P*2。

- 菜单栏："修改" → "拉伸"。
- 工具栏：单击"拉伸"按钮。
- 命令栏：输入"STRETCH"命令。

输入命令后，用窗口方式选择对象，回车，指定基点 *P*1，指定第二点 *P*2，结果如图 4-24 所示。

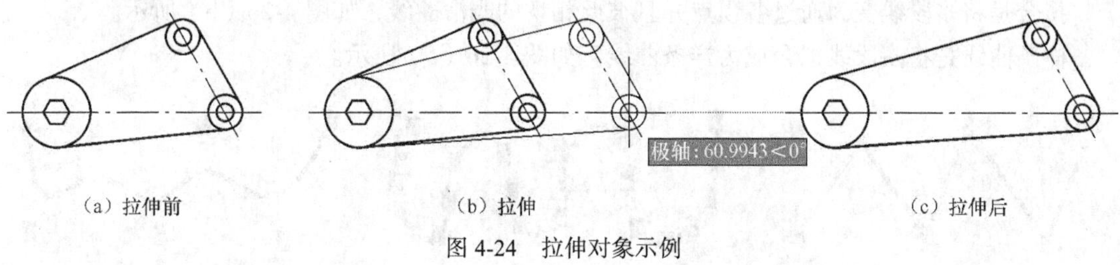

（a）拉伸前　（b）拉伸　（c）拉伸后

图 4-24 拉伸对象示例

2. 打断对象

删除图形对象上两点间的部分，或将图形对象在某点分为两部分的操作。

- 菜单栏："修改" → "打断"。
- 工具栏：单击"打断"按钮。
- 命令栏：输入"BREAK"命令。

输入命令后，指定第一打断点（*a*），指定第二打断点（*b*），结果如图 4-25 所示。

打断的对象可以是直线，也可以是圆或圆弧。对于后者，被删除的一定是逆时针从第一点到第二点之间的部分，如图 4-25 所示。

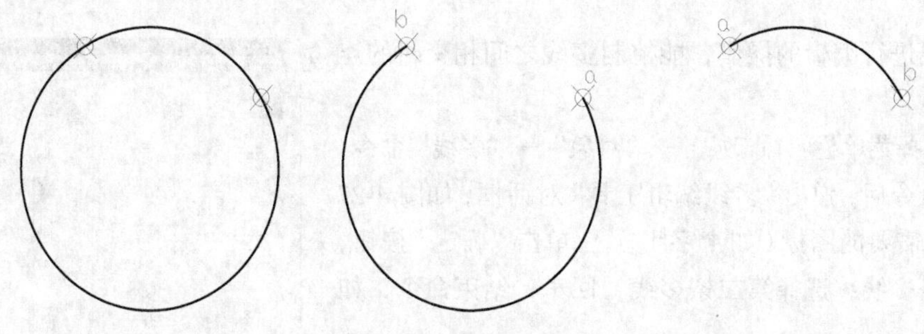

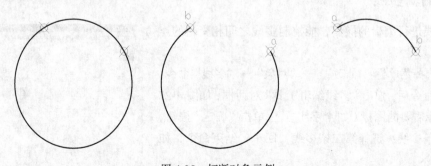

图 4-25 打断对象示例

如果第二打断点不在对象上，系统会自动选定该点的垂足为第二打断点。

如果要将图形对象在某点分为两部分，可在工具栏选择"打断于点"按钮，或在提示"指定第二打断点”时输入@（相当于第二打断点与第一打断点重合），回车。

3. 编辑多段线

对多段线进行编辑的操作，包括多段线的打开、合并、宽度变化、拟合、样条曲线化、非曲线化等。

推荐选择菜单栏：“修改”→“对象”→“多段线”命令。

输入命令后，选择多段线（如果为多条输入 M），输入选项【打开（O）/合并（J）/宽度（W）/编辑顶点（E）/拟合（F）/样条曲线（S）/非曲线化（D）/线型生成（L）/放弃（U）】。

其中：

打开是将闭合多段线的封闭线删除，形成不封口的多段线，反之，闭合则是添加封闭线，形成封闭的多段线。

合并是将与多段线相连的其他直线、圆弧、多段线合并成一条多段线（必须是不封闭的）。

拟合是将多段线变为通过各顶点并且彼此相切的光滑曲线，如图 4-26（b）所示。

样条曲线是将多段线拟合成为样条曲线，如图 4-26（c）所示。

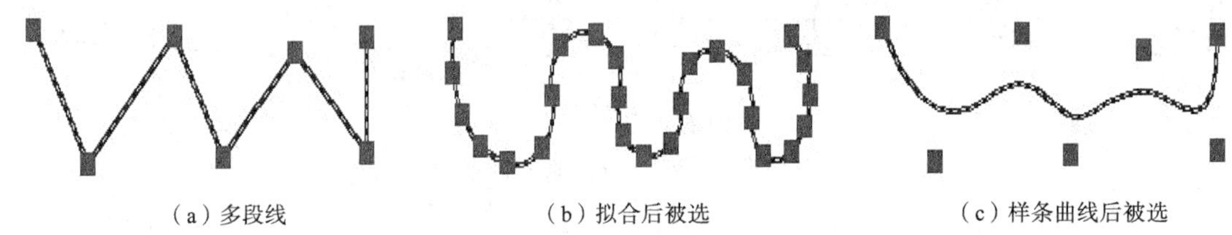

（a）多段线　（b）拟合后被选　（c）样条曲线后被选

图 4-26　多段线拟合、样条曲线示例

由图形所显示的夹点知：

多段线通过夹点，且刚好在夹点处转折。

拟合后，图线依然通过原来的夹点，但已成为一条连续的曲线，相应的，夹点增加，不再有转折点。

成为样条曲线后，图线的夹点数量、位置不变，除首尾通过夹点之外，其他点不再通过夹点，夹点只是起到表示这条连续曲线变化趋势的作用。

4. 编辑多线

对多线进行编辑的操作，能控制多线之间相交时的连接方式。

推荐选择菜单栏：“修改”→“对象”→“多线”命令。

输入命令后，弹出“多线编辑工具”对话框，如图 4-27 所示。选择需要的图标（如十字闭合），单击“确定”按钮，选择第一条多线，选择第二条多线，回车，结束命令，如图 4-28 所示。

各图标功能如下。

十字闭合图标：形成封闭的十字交叉口，第一条多线断开，第二条多线保持原状。

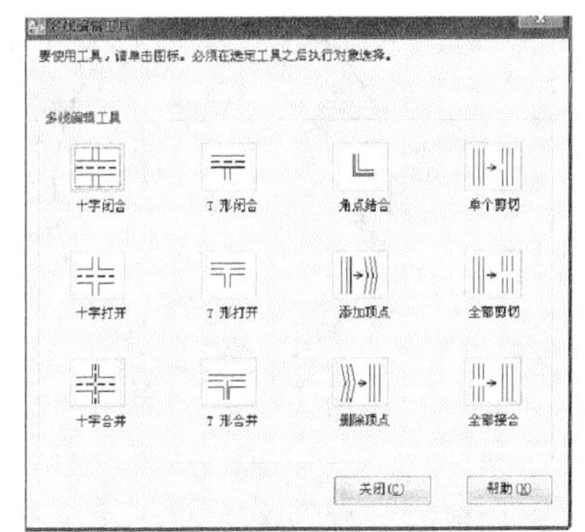

图 4-27　“多线编辑工具”对话框

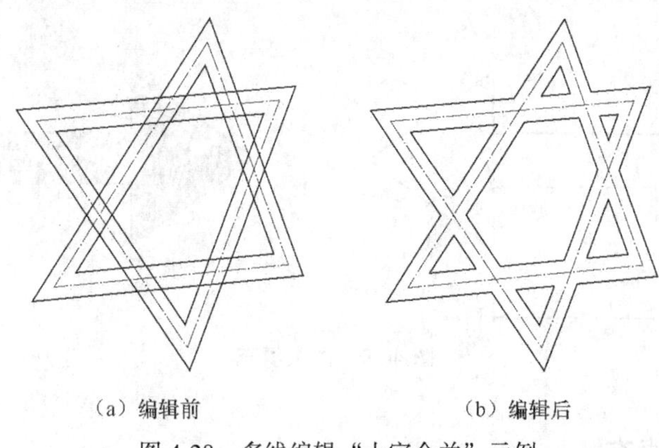

（a）编辑前　　（b）编辑后

图 4-28　多线编辑“十字合并”示例

十字打开图标：形成开放的十字交叉口，第一条多线断开，第二条多线的外边线断开，内部线保持原状。

十字合并图标：形成汇合的十字交叉口，两条多线的外边线断开，内部线保持原状。

T 形闭合图标：形成封闭的 T 形交叉口，第一条多线断开，第二条多线保持原状。

T 形打开图标：形成开放的 T 形交叉口，第一条多线断开，第二条多线的外边线断开，内部线保持原状。

T 形合并图标：形成汇合的 T 形交叉口，两条多线的外边线断开，内部线保持原状。

角点结合图标：两条多线相交成角连接。

其他图标还有：添加顶点、删除顶点、单个剪切、全部剪切、全部结合。

任务 2　解决方案

1. 绘制 100×80 矩形。

2. 设置多线样式：默认多线样式为两线，偏移分别为 0.5，−0.5（乘以比例 20，两线间距为 20 毫米）；在默认多线样式的基础上，新建“三线”样式，以 0.5 线为基准，分别偏移“−0.5”添加“0”图元，并将其线型改为点划线，颜色改为红色。

3. 单击“绘图”菜单→“多线”→输入 J（改变对齐方式）→输入 Z（无对齐）→分别捕捉矩形水平线中点和垂线中点作互相垂直的两多线。

4. 单击“修改”菜单→“对象”→“多线”→弹出“多线编辑工具”对话框→选择“十字合并”→分别单击水平和垂直多线，完成多线编辑。

任务 3　图案填充

任务要求

用红色线绘制双向箭头的轮廓；再用绿色进行填充，要求轮廓线可见，图形尺寸如图 4-29 所示。

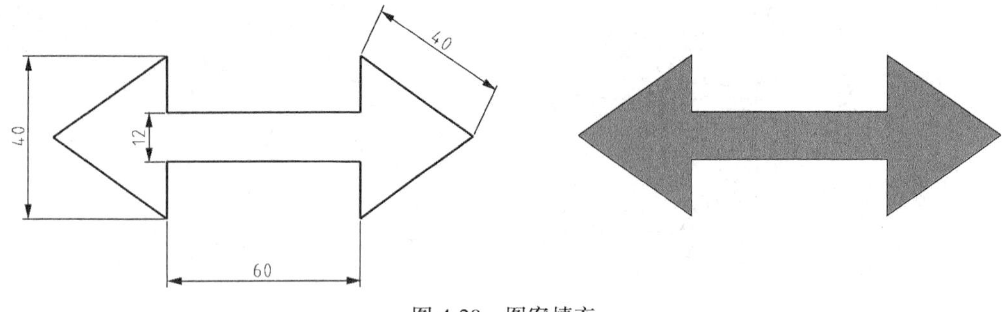

图 4-29 图案填充

1. 创建图案填充

机械图样中的剖面符号，用不同的图案表示不同的材质，这些图案的绘制在 AutoCAD 中称为图案填充。

创建图案填充则是设置填充的图案、角度、比例等参数，最终完成填充操作的过程。

- 菜单栏："绘图"→"图案填充"。
- 工具栏：单击"图案填充"按钮。
- 命令栏：输入"BHATCH"命令。

输入命令后，弹出"图案填充和渐变色"对话框，有"图案填充"和"渐变色"两个选项卡，如图 4-30 所示。

（1）"图案填充"选项卡

类型：分预定义、用户定义和自定义 3 种，对于机械制图而言，预定义就足够了。

图案：可用下拉列表框，也可以用"填充图案选项板"选择，如图 4-31 所示。

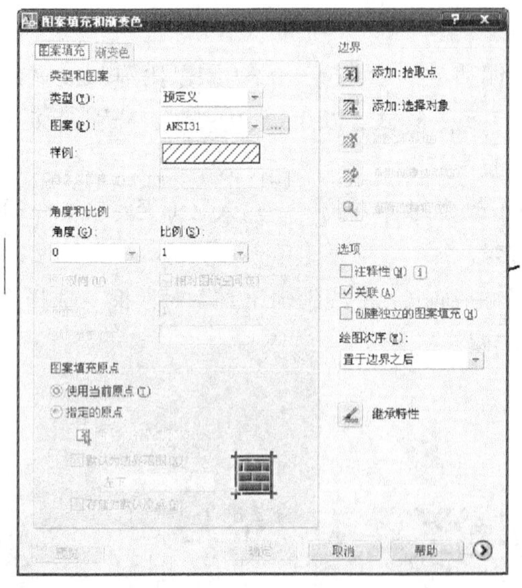

图 4-30 "图案填充"对话框

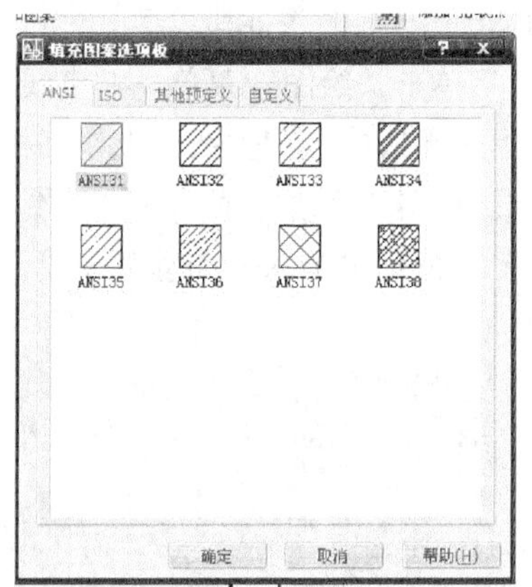

图 4-31 填充图案选项板

角度：实际填充图案与"填充图案选项板"上图案之间的夹角（逆时针为正）。

比例：实际填充图案大小与"填充图案选项板"上图案大小之间的比值。

关联和不关联：关联表示填充图案随边界的变化而变化；不关联则表示填充图案不随边界变化而变化，如图 4-32 所示。

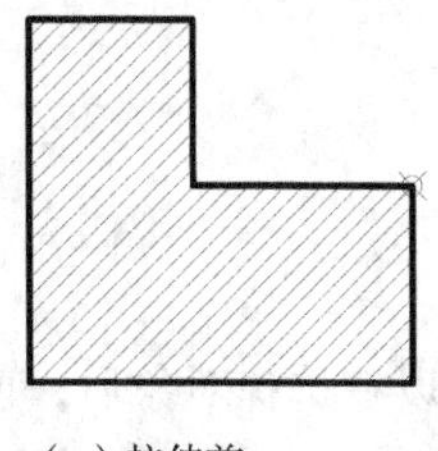

（a）拉伸前

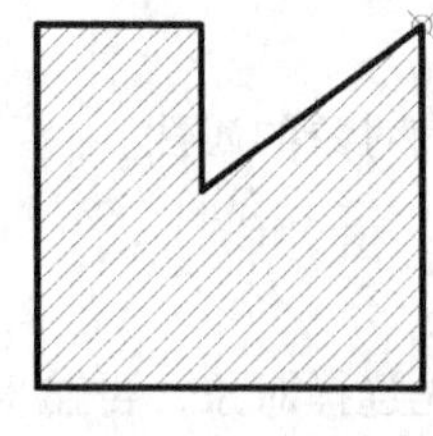

（b）关联的拉伸

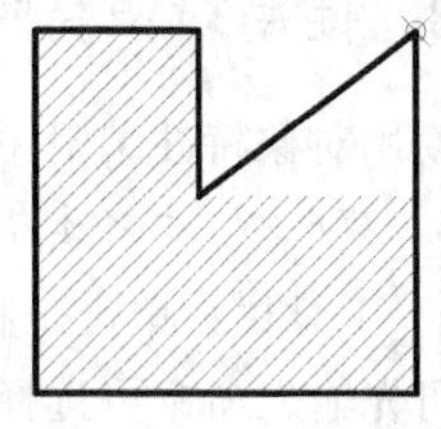

（c）不关联的拉伸

图 4-32　关联和不关联示例

（2）“渐变色”选项卡

用于以渐变色方式填充颜色，如图 4-33 所示。

渐变色填充又有“单色”和“双色”两种，前者是单色的浓淡变化，后者则是在两种颜色之间逐渐过渡。下方的 9 个图像按钮用于选择色调变化的分布状况，包括横向变化、环形变化以及垂向变化等。

如果选择单色，而又不需要有浓淡的变化，可以选择将着色滑块居中，这样，填充区域会均匀填充同一色调。

特殊说明：与 AutoCAD 2005 及以前版本相比，这里没有了“高级”选项卡，且渐变色的填充在选择了填充边界后，也无需回到“图案填充”选项卡，直接单击“确认”、“确定”按钮即可。

至于“高级”选项卡的功能，这里在单击“确认”按钮以后，用“删除边界”的方式来完成。

2. 编辑图案填充

编辑图案填充是对已填充的图案进行修改。

推荐选择菜单栏：“修改”→“对象”→“图案填充”命令。

输入命令后，选择需要修改的填充图案，弹出“图案填充编辑”对话框，如图 4-34 所示（与“边界图案填充”对话框同）。

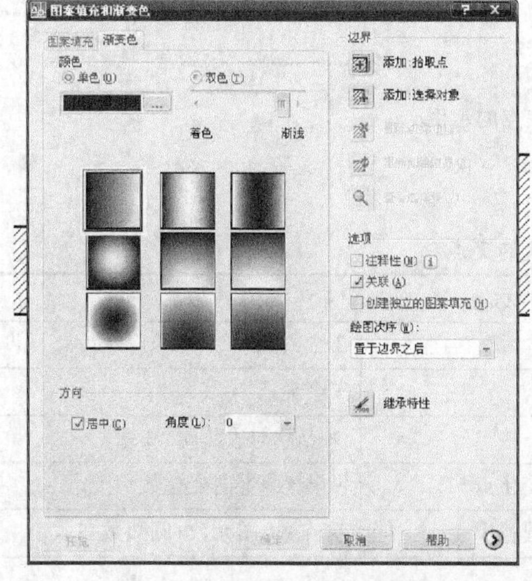

图 4-33　“渐变色”选项卡示例

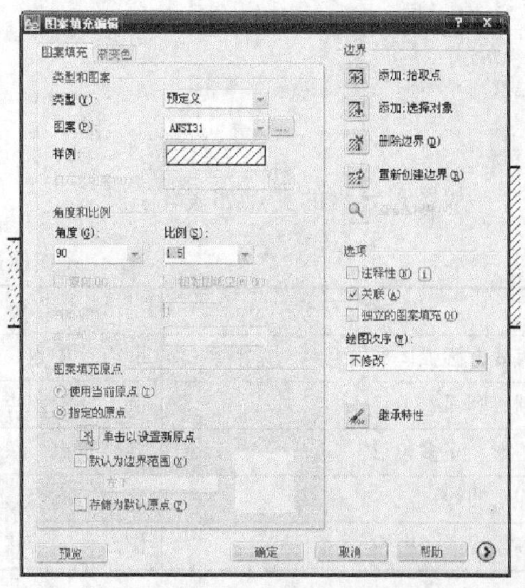

图 4-34　“图案填充编辑”对话框

重新选择“图案”、“角度”、“比例”等，单击“确定”按钮结束命令。

3. 使用对象特性编辑

使用对象特性编辑用于修改或查询对象的属性。

- 菜单栏：“修改”→“特性”。
- 工具栏：单击“特性”按钮。

可先输入命令再选择对象；也可先选择对象，再输入命令；还可以在选择对象后，使用右键快捷菜单。

输入命令后，弹出“特性”对话框，可以对相关属性进行修改，如图 4-35 所示。

对话框包括：“基本”选项组、“三维效果”选项组、“打印样式”选项组、“视图”选项组及“其他”选项组。

“基本”选项组包含“颜色”、“图层”、“线型”、“线型比例”、“线宽”、“厚度”等属性。

“三维效果”选项组包含“材质”、“阴影显示”等属性。

“打印样式”选项组包含“打印样式”、“打印样式表”、“打印表附着到”、“打印表类型”等属性。

“视图”选项组则包含圆心的三向坐标等。

图 4-35 “特性”对话框

4. 夹点及其设置

在没有执行任何命令的情况下，用鼠标选择对象后，这些对象上出现若干个蓝色小方格，这些小方格称为对象的特征点，又称夹点，如图 4-36 所示。

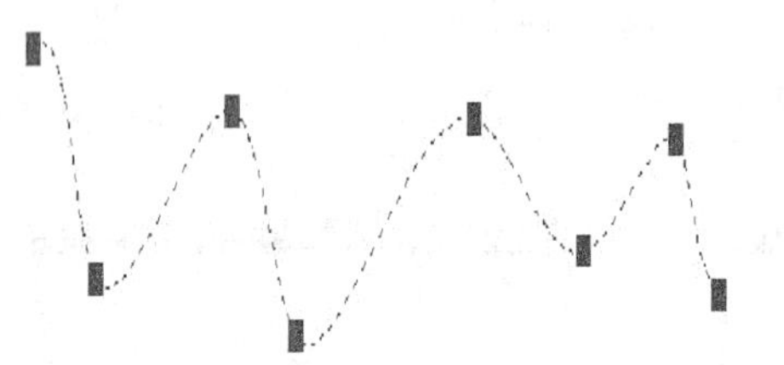

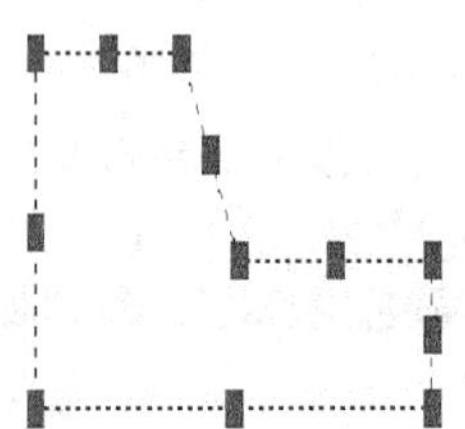

图 4-36 显示夹点的示例

一般图形元素的夹点如表 4-1 所示。

表 4-1 一般图形元素的夹点

图形元素	夹点显示	说明
直线，圆弧、椭圆弧	起点、中点、端点	3 个夹点
圆、圆弧	圆心、象限点	5 个夹点
矩形、正多边形	各转折点	夹点数与边数同
样条曲线	起点、端点、走向变化点	夹点数=走向变化数+1
多段线	图形元素连接点、圆弧中点	夹点数=图元数+圆弧数+1

夹点功能的设置推荐选择菜单栏："工具"→"选项"命令。

输入命令后，弹出"选项"对话框，单击"选择集"选项卡，如图 4-37 所示。

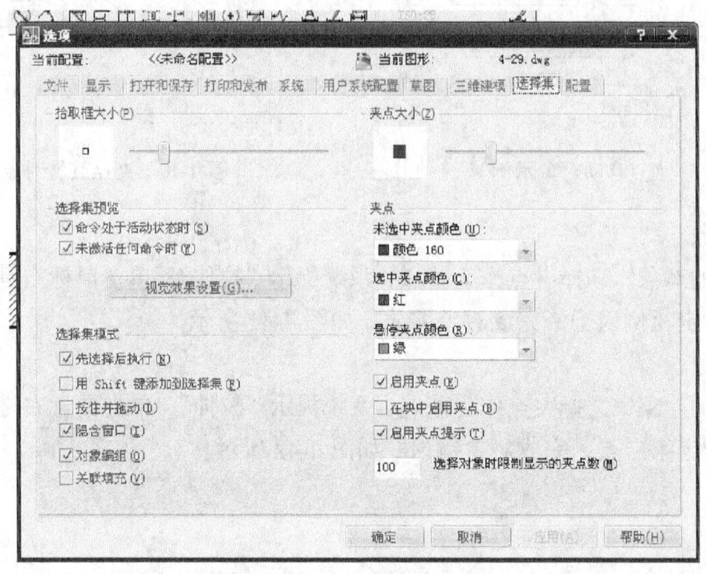

图 4-37 "选择集"选项卡

分别用滑动标尺、下拉列表框或复选框来确定：夹点的大小、颜色和显示方式等。

5. 用夹点功能编辑对象

（1）拉伸对象

选择要拉伸的对象，选择夹点作为基点，系统提示"拉伸"；移动鼠标到目标点，如图 4-38 所示。夹点位置变化，而所在图线的另一端及其他图线不变。

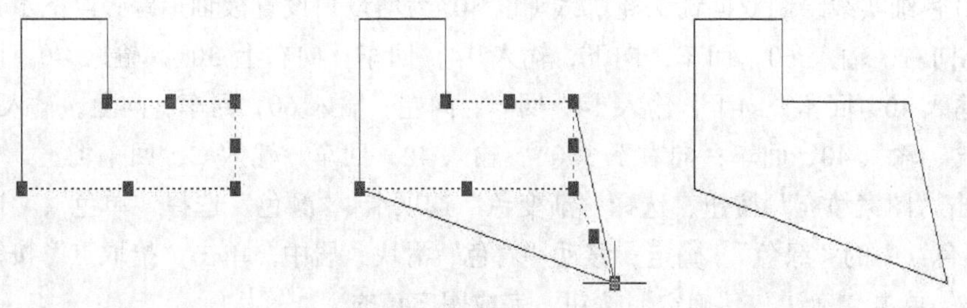
图 4-38 夹点拉伸对象示例

（2）移动对象

选择要移动的对象，选择夹点作为基点，系统提示"拉伸"；单击鼠标右键，在快捷菜单上选择"移动"；移动鼠标到目标点，如图 4-39 所示。

（3）旋转对象

选择要拉伸的对象，选择夹点作为基点，系统提示"拉伸"；单击鼠标右键，在快捷菜单上选择"旋转"；指定旋转角度，完成对象旋转，如图 4-40 所示。

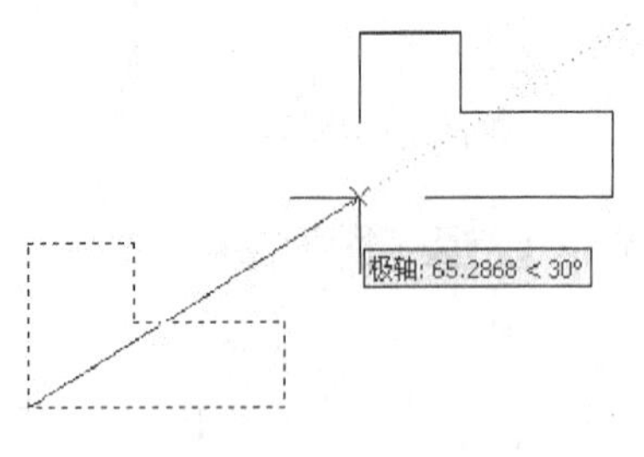

图 4-39　夹点移动对象示例

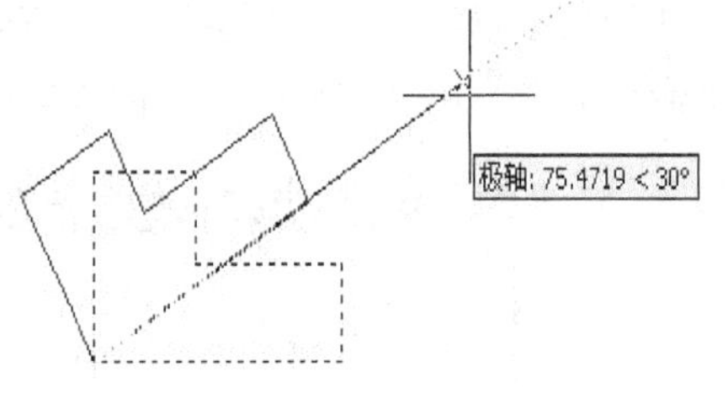

图 4-40　夹点旋转对象示例

（4）缩放对象

选择要缩放的对象，选择夹点作为基点，系统提示“拉伸”；单击鼠标右键，在快捷菜单上选择“缩放”；指定比例因子，完成对象缩放，如图 4-41 所示。

（5）镜像对象

选择要镜像的对象，选择夹点作为基点，系统提示“拉伸”；单击鼠标右键，在快捷菜单上选择“镜像”；指定第二点，完成对象镜像，如图 4-42 所示。

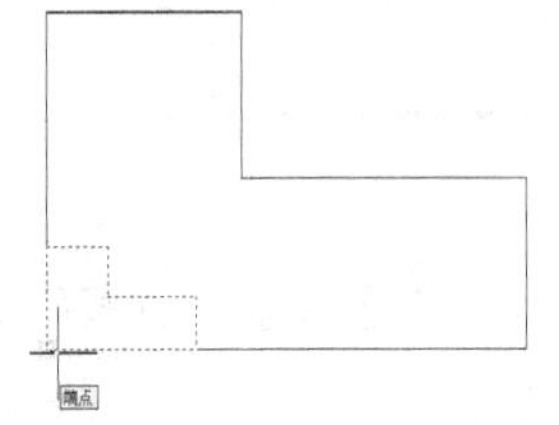

图 4-41　夹点缩放对象示例

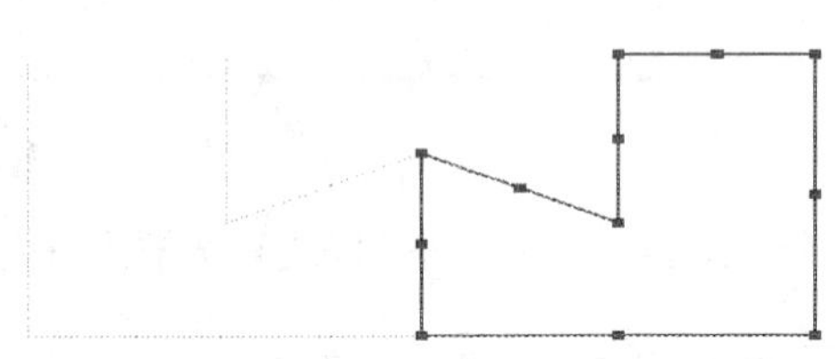

图 4-42　夹点镜像对象示例

任务 3　解决方案

1. 用红色细实线绘制双向箭头轮廓线（以 30° 为增量角设置极轴追踪；以下水平线左端为起点；鼠标向右，输入 60，回车；向下，输入 14，回车；向右上 30°，输入 40，回车；向左上 150°，输入 40，回车；向下，输入 14，回车；向左，输入 60，回车；向上，输入 14，回车；向左下 210°，输入 40，回车；向右下 330°，输入 40，回车；输入 C，回车）。

2. 单击“图案填充”按钮，选择“渐变色”选项卡，“颜色”选择“单色”，“选择颜色”用“索引颜色”中的“绿色”，确定；移动“着色”滑块，居中。单击“拾取点”按钮，选择双向箭头内部，单击“确认”、“确定”按钮，完成图案填充。

巩固与拓展

1. 绘制两个圆，半径分别为 50，100；两圆相距 300。作两圆连接圆弧 $R200$ 及外公切线。再以两圆连心线的中点为圆心绘制一个与 $R200$ 圆弧相切的圆，如图 4-43 所示。

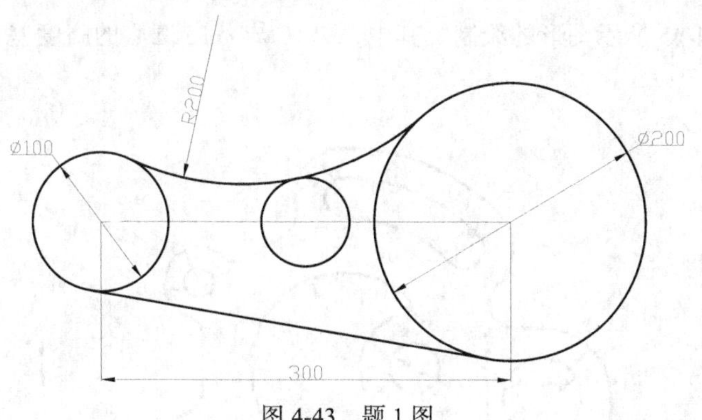

图 4-43　题 1 图

2. 用编辑技巧完成如图 4-44 所示的图形。

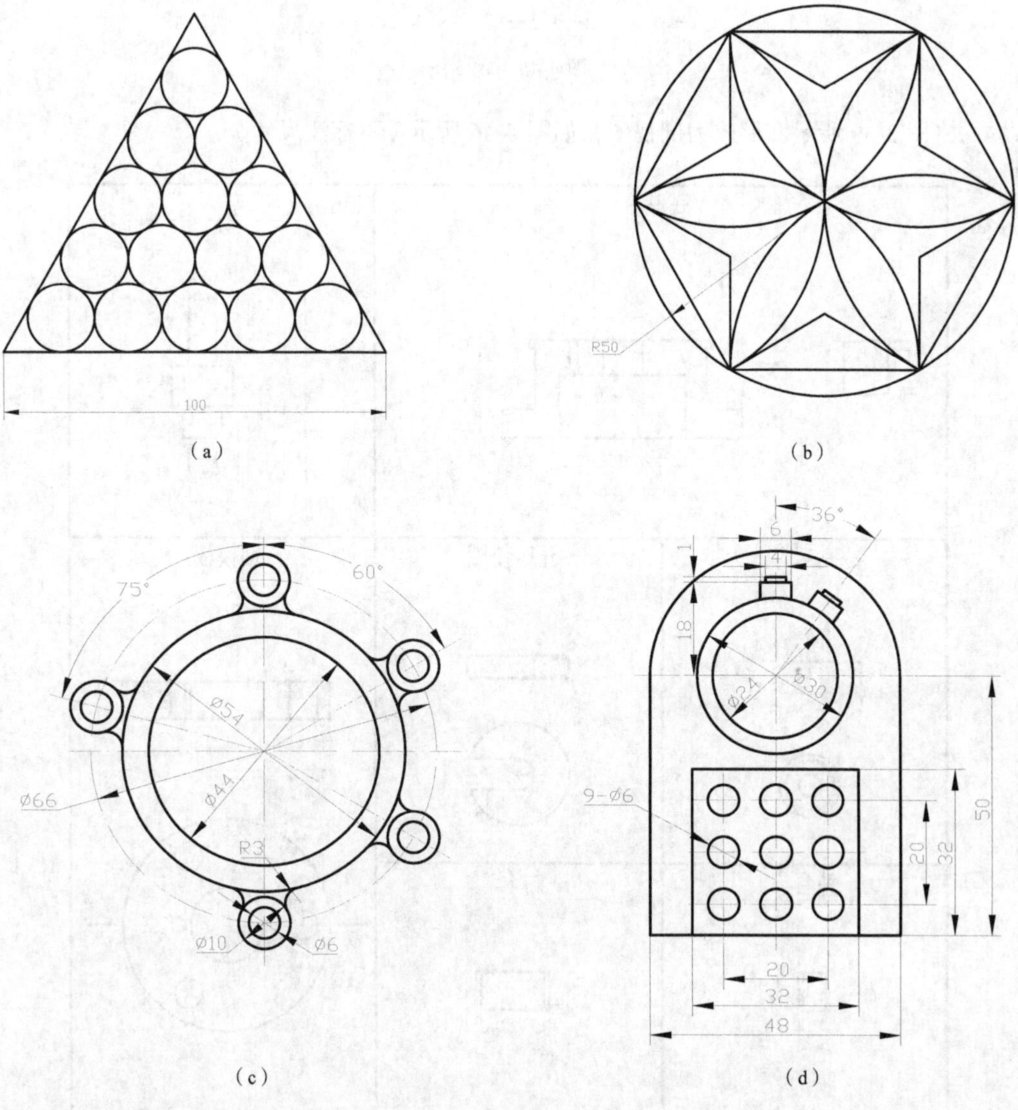

（a）

（b）

（c）

（d）

图 4-44　题 2 图

3. 完成如图 4-45 所示图形的绘制。其中，$\phi 10$ 与 $\phi 16$ 圆心的高度差为 6。

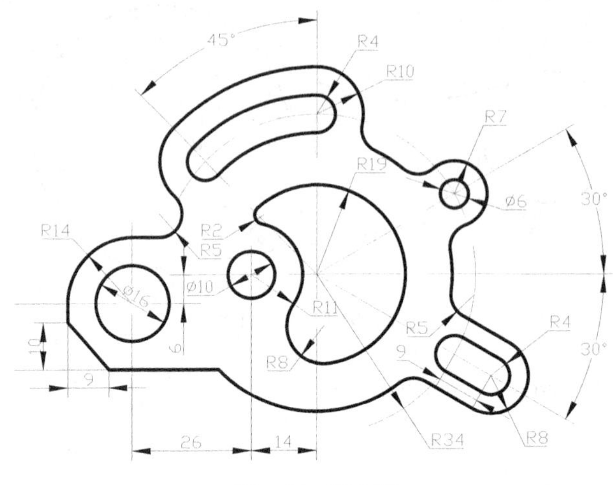

图 4-45　题 3 图

4. 将图 3-39 所示图形改为剖视图，如图 4-46 所示（不标注尺寸）。

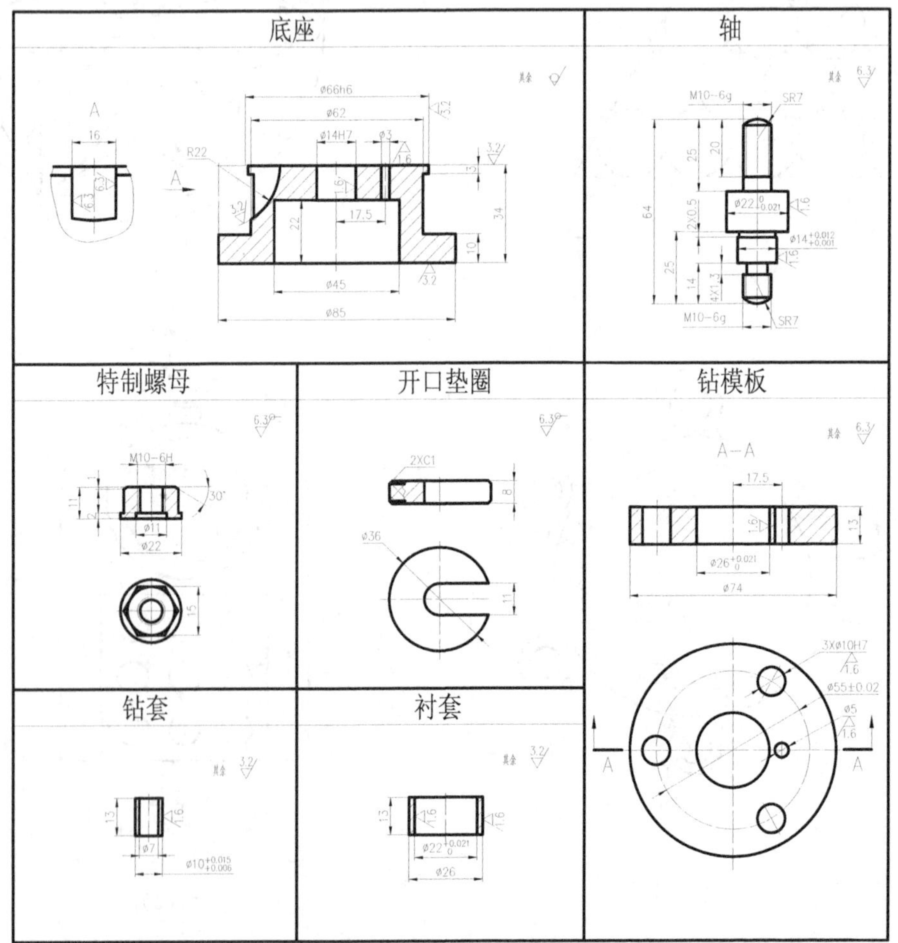

图 4-46　题 4 图

项目5 文字标注与尺寸标注

知识目标

- 熟悉文字样式的用途、设置
- 熟悉各种尺寸标注的意义和规则
- 掌握尺寸标注样式的意义及设置方法

能力目标

- 能熟练进行文字的注写和编辑
- 能熟练进行尺寸标注及公差标注
- 能对尺寸标注进行编辑，使之符合机械制图相关标准

工程图样除了表达对象形状的图形，还需要文字和尺寸，以便看图的人能准确理解其含义，正确地进行加工或安装。文字和尺寸是工程图样的重要的、不可或缺的组成部分。本项目介绍AutoCAD中文字、尺寸样式的设置、标注及编辑。

任务1 向图形或表格中添加文字

任务要求

完成如图5-1所示标题栏的绘制及文字的注写，并以“标题栏”为图名保存。

1. 文字样式的设置

文字样式设置的目的是既要符合国家制图标准的要求，又能方便快捷地调用不同字体、不同大小、不同方向的文字进行注写。

- 菜单栏：“格式”→“文字样式”命令。

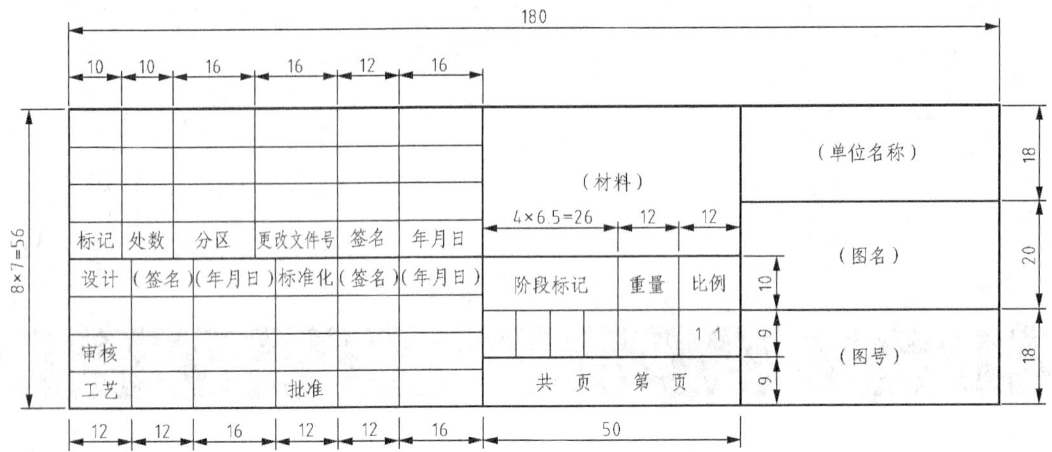

图 5-1　标题栏文字注写

- 工具栏：单击“文字样式”按钮。
- 命令行：输入“STYLE”命令。

命令输入后，弹出“文字样式”对话框，如图 5-2 所示。

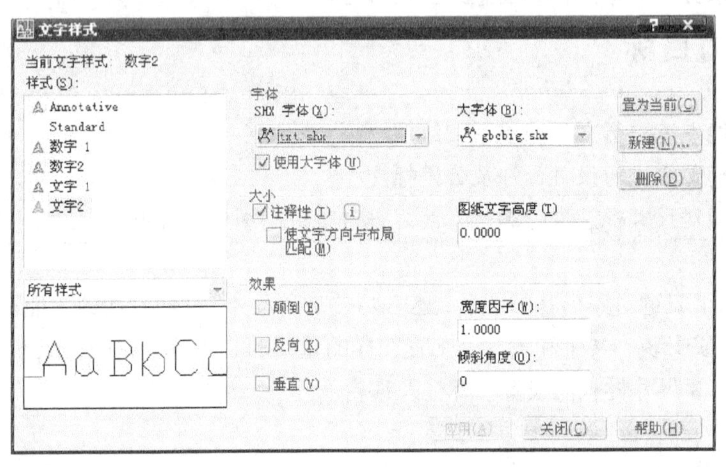

图 5-2　“文字样式”对话框

（1）样式名选项组

样式名选项组用于设置当前的文字样式：建立新的文字样式，或将已有的文字样式更名（或删除）。可分别单击“新建”、“重命名”、“删除”按钮进行设置。

推荐设置“印刷体文字”，“印刷体字母、数字”，“手写体文字、字母、数字”，“特殊图案”等。印刷体、手写体分别用于题头的注写和一般注写。

单击“新建”按钮，弹出“新建文字样式”对话框，如图 5-3 所示。在“样式名”中输入新的名称后，单击“确定”按钮，则在文字样式的“样式名”下拉列表框中被确立。

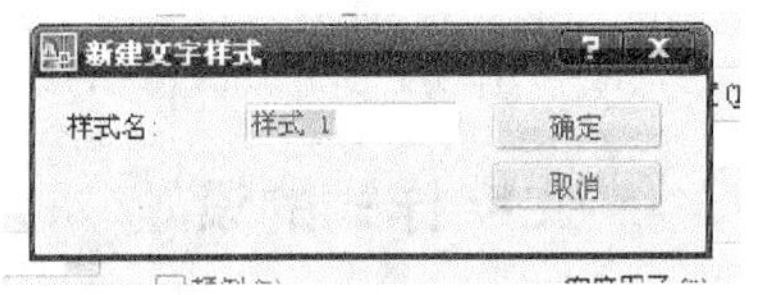

图 5-3　“新建文字样式”对话框

（2）字体选项组

字体选项组用于确定所选文字样式的字体、大小等。

① 字体。

各文字样式所对应的字体推荐如表 5-1 所示。

表 5-1　各文字样式所对应的字体名

文字样式名	字 体 名
印刷体文字	宋体，仿宋体
印刷体字母、数字	Times New Roman
手写体文字、字母、数字	Txt.shx(gbcbig)
特殊图案	Webdings，Wingdings，Wingdings2，Wingdings3

注：表中 shx 字体是编译字体，相对占用信息量较小，一般推荐采用；而印刷体（如宋体、仿宋体、黑体、华文彩云等）字型美观，但占用空间较大，在不需要长期保存的图形文件里可采用。

② 字高。

按字体高度的毫米数为字号确定文字的大小。

但应注意的是：如果在“字体选项组”确定了字高，则只要选择这一文字样式，就只能输入确定字高的文字，所以，一般这里保持字高为“0.000”不变，当需要输入不同字高的文字时，再根据需要输入字高数值为好。而且，如果连续输入相同字高的文字，只要回车确认即可，较之确定字高的设置，灵活性更好。

（3）效果选项组

用于确定一组字体的某种特征，与正常文字相比，表现文字的“颠倒”、“反向”、“倾斜”状况以及宽度变化等。其中，正的倾斜角度形成“正倾斜”，负的倾斜角度则形成“反倾斜”，如图 5-4 所示。

图 5-4　文字“效果”示例

（4）“预览”和“应用”

“预览”用于预览所选文字样式的标注效果。

“应用”则用于确定用户对文字样式的设置。

2. 单行文字的输入

- 菜单栏：“绘图”→“文字”→“单行文字”命令。
- 命令行：输入“DTEXT”命令。

命令输入后，命令行显示当前文字样式和高度，提示指定文字起点或【对正（J）/样式（S）】→提示指定文字高度→提示指定文字的旋转角度→输入文字→按回车结束文字输入。

这时，所指定的起点为输入文字的最左端，样式为文字样式栏所显示的样式。

如果要改变“对正”或“文字样式”，则须分别输入“J”或“S”。

若输入“J”回车，系统提示：输入选项【对齐（A）/调整（F）/中心（C）/中间（M）/左上（TL）/中上（TC）/右上（TR）/左中（ML）/正中（MC）/右中（MR）/左下（BL）/中下（BC）/右下（BR）】。

各选项含义如下。

对齐（A）：使文字均匀分布在指定的起点和终点之间，其高度和宽度自动调整。

调整（F）：使文字均匀分布在指定的起点和终点之间，其高度保持不变，宽度自动调整。

中心（C）：左右的中点。

中间（M）：上下的中点。

其余的则分别表示指定点在输入文字的不同位置，如图 5-5 所示。

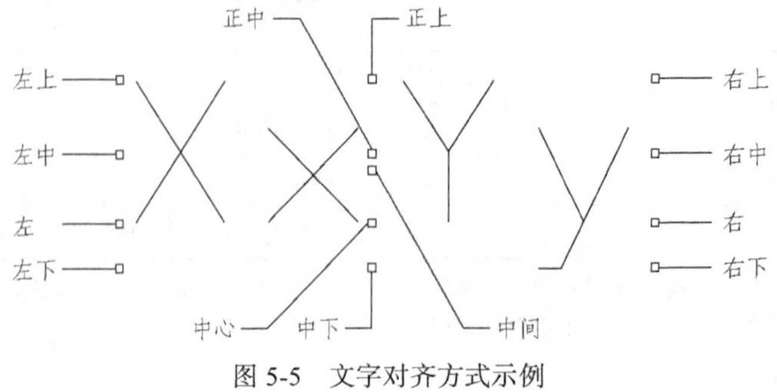

图 5-5　文字对齐方式示例

3. 单行文字的编辑

（1）对文字内容进行修改

- 菜单栏："修改"→"对象"→"文字"→"编辑"命令。
- 直接双击单行文字。
- 单击鼠标右键，选择"编辑"命令。
- 命令行：输入"DDEDIT"命令。

命令输入并选择对象后，所选文字文本框被涂黑，如图 5-6 所示。直接在文本框里进行修改，然后单击鼠标右键，单击"确定"按钮结束编辑。

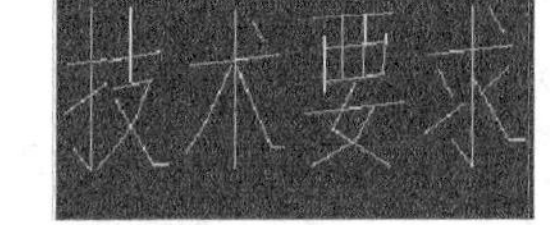

图 5-6　编辑单行文字文本框

（2）对文字高度进行修改

菜单栏："修改"→"对象"→"文字"→"比例"命令。

命令输入后，选择对象→输入基点→指定新高度→回车。

（3）对文字行宽进行修改

菜单栏："修改"→"对象"→"文字"→"对正"命令。

命令输入后，选择对象→输入对正选项→回车。

相对而言，单行文字的编辑操作较多行文字复杂，不如多行文字编辑时内容、字高，包括文字样式，均可以一次性编辑，所以，除非文字须颠倒、反向，一般采用多行文字输入为好。

4. 多行文字的输入

- 菜单栏："绘图"→"文字"→"多行文字"命令。
- 工具栏：单击"多行文字（A）"按钮。
- 命令行：输入"MTEXT"命令。

命令输入后，命令行显示当前文字样式和高度，提示指定第一角点→提示指定对角点或【高度（H）/对正（J）/行距（L）/旋转（R）/样式（S）/宽度（W）】。

这时，弹出"文字格式"对话框，显示多行文字的输入范围、字体、字高、堆叠等信息，如图 5-7 所示。

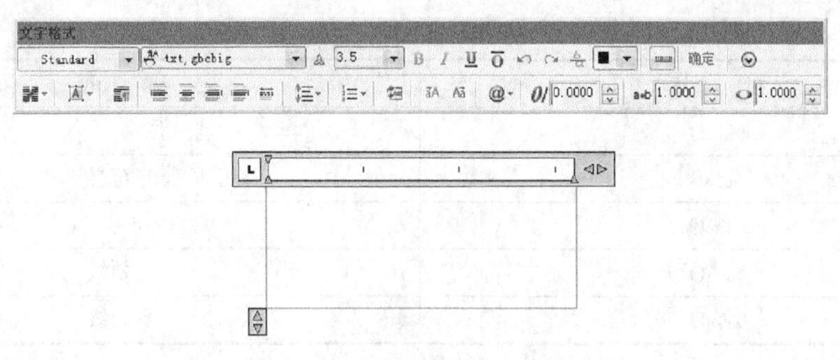

图 5-7 “文字格式”对话框

堆叠：将多行文字从左到右单行排列转化成为分数或公差值形式的工具。如图 5-8 所示，利用“/”、“#”和“^”，分别可以将其前后的字母或数字转化成为用分数线、斜杠分隔或形成上下公差形式。

图 5-8 堆叠形式标注示例

5. 多行文字的编辑

- 菜单栏：“修改”→“对象”→“文字”→“编辑”命令。
- 命令行：输入“DDEDIT”命令。
- 直接双击多行文字。

命令输入并选择对象后，弹出“文字格式”对话框，如图 5-7 所示。这时，不仅可以修改多行文字的内容，还可以改变文字样式、字高以及多行文字的输入范围、排列方式等。

如图 5-9 所示，编辑前为 2.5 号的仿宋体，编辑后则为 3.5 号的宋体。

标记示例　　标记示例

（a）编辑前　　（b）编辑后

图 5-9 多行文字的编辑示例

6. 特殊字符

特殊字符的表达方法如表 5-2 所示。

表 5-2　　特殊字符的表达方法

符　号	功　能
%%D	度（°）
%%P	正负公差符号（±）
%%C	直径符号（ϕ）
%%O	上划线
%%U	下划线

7. 表格中的文字输入

（1）传统的输入法

表格中的文字，一般要求处在表格的正中位置，推荐采用多行文字方法输入。

工具栏：单击“多行文字（A）”按钮→指定第一角点（左下角）→单击鼠标右键→输入 S 设置→输入 MC 正中→指定对角点（右上角）→输入文字→单击“确定”按钮。

如果表格大小相同，可直接复制，然后编辑修改文字。

如果表格大小不同，则需分别作对角线，然后通过捕捉对角线中点复制编辑，如图 5-10 所示。因文字输入为多行文字，可选择后更改其文字内容、字体、字高等。编辑后如图 5-1 所示。

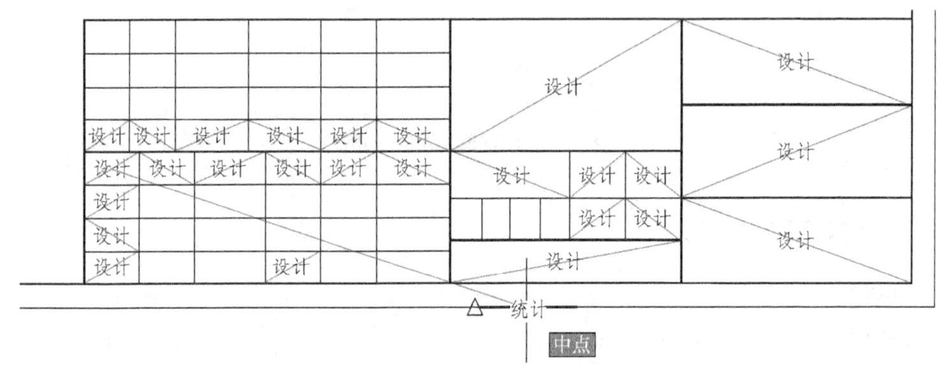

图 5-10　表格大小不同时复制示例

（2）表格功能

利用 AutoCAD 表格功能，用户可以在图形中绘制表格，也可将 Excel 表格复制粘贴到图形中，还可以把图形中的表格输出到 Excel 或其他应用程序中。

① 设置表格样式

- 菜单栏：“格式” → “表格样式”。
- 工具栏：“表格样式”按钮。

命令输入后，弹出如图 5-11 所示“表格样式”对话框。利用对话框对表格样式进行设置、修改或删除。

单击“表格样式”对话框中的“新建”按钮，弹出如图 5-12 所示的“创建新的表格样式”对话框。

在“新样式名”文本框中输入“我的表格”，单击“继续”按钮，弹出如图 5-13 所示的“新建表格样式：副本”对话框。

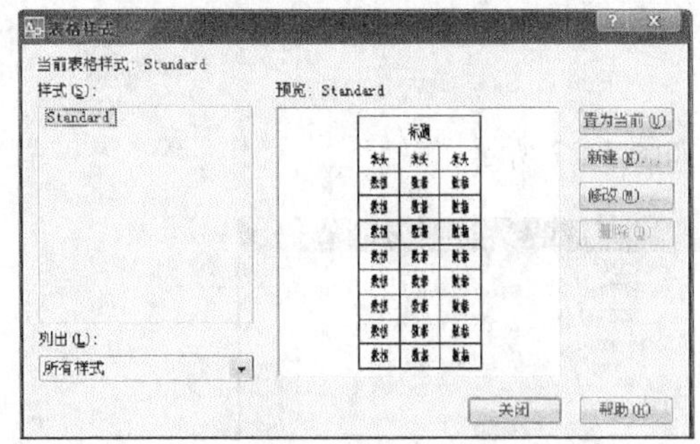

图 5-11 “表格样式”对话框

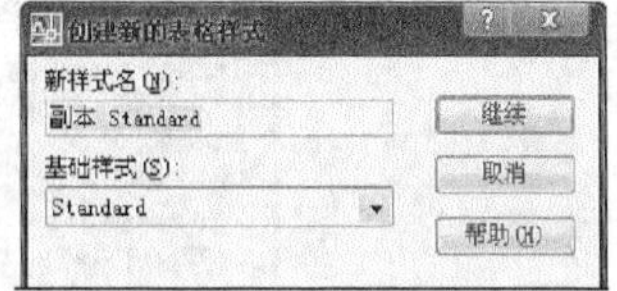

图 5-12 “创建新的表格样式”对话框

在“单元样式”下拉列表框中有“数据”、“表头”和“标题”3 个选项，每个选项都有“基本”、“文字”和“边框”3 个选项卡。

以“数据”选项为例：“基本”和“边框”两个选项卡保留默认设置不变；“文字”选项卡则可根据需要分别改变“字母与文字样式”、“文字高度”、“文字颜色”、“文字角度”等，如图 5-14 所示。

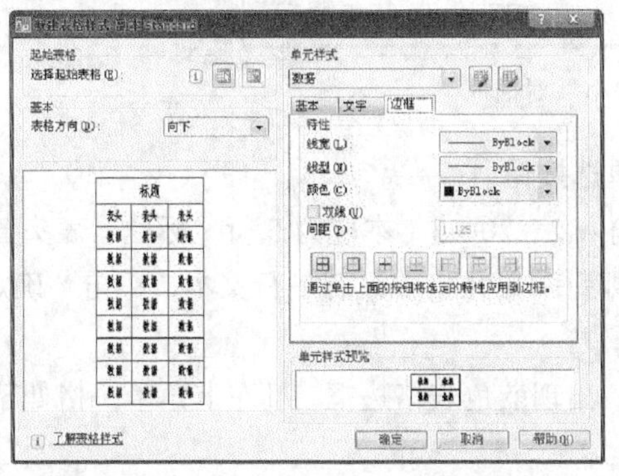

图 5-13 “新建表格样式：副本”对话框

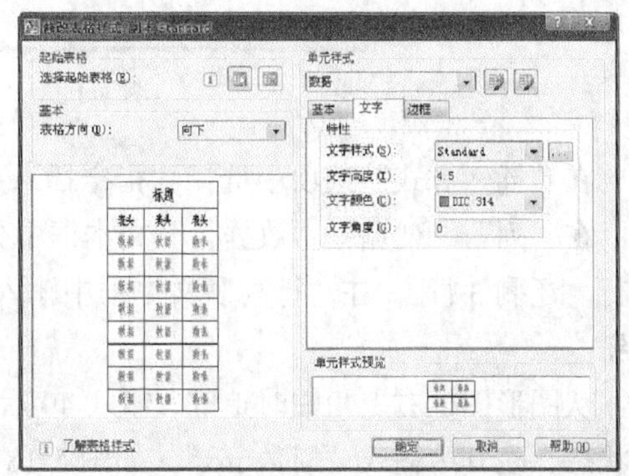

图 5-14 设置“数据”样式的“文字”选项卡

在“标题”样式的“基本”选项卡中，有“创建行/列时合并单元”复选框，以确定是否合并单元，如图 5-15 所示。

设置完后，单击“确定”按钮，在“表格样式”对话框中，将“我的表格”设置为当前表格样式，并关闭对话框。

② 插入表格

现以蜗杆轴参数表为例（见图 5-16）说明其操作方法。

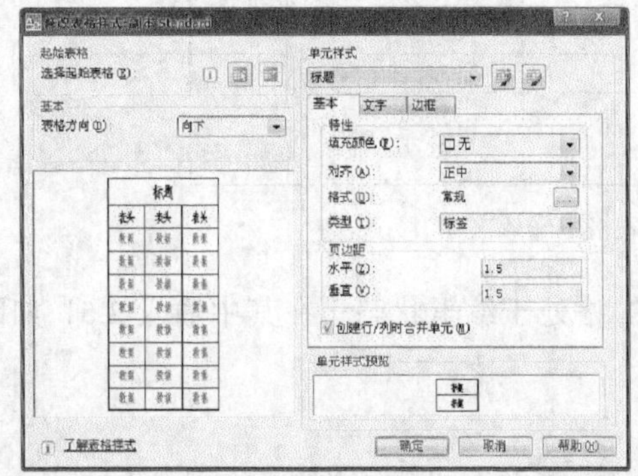

图 5-15 设置“标题”样式的“基本”选项卡

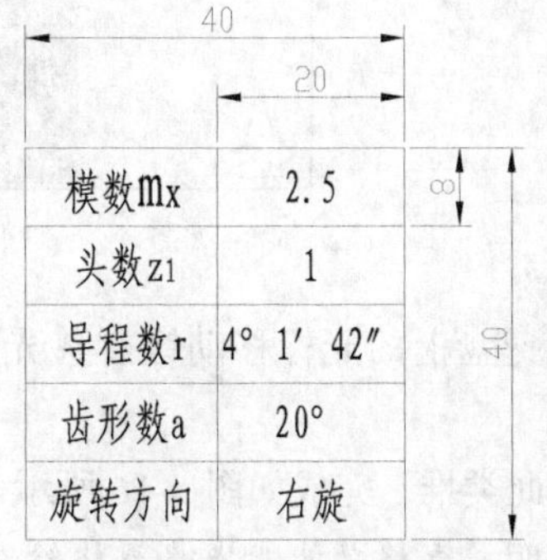

模数mx	2.5
头数z1	1
导程数r	4° 1′ 42″
齿形数a	20°
旋转方向	右旋

图 5-16 蜗杆轴参数表

- 菜单栏："绘图"→"表格"。
- 工具栏："表格"按钮。

命令输入后，弹出"插入表格"对话框，如图 5-17 所示。

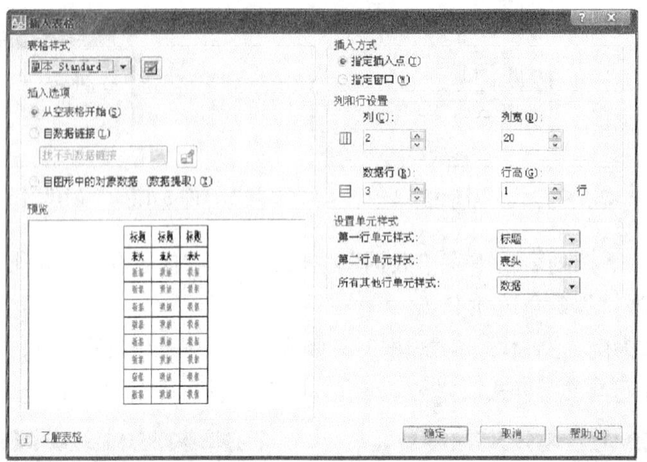

图 5-17 "插入表格"对话框

在"插入方式"选项中选择"指定插入点"单选按钮。

在"列"、"列宽"、"数据行"文本框中分别输入 2、20、3（本应为 5 行，标题、表头各占一行，还剩 3 行），在"行高"文本框中输入 1，即每一单元格中只有一行文本，单击"确定"按钮。

从图形图框右上角临时追踪，输入 40 后回车，出现蓝色表格边框，且左上角第一格处于编辑状态，在其中输入"模数 mx"，如图 5-18 所示。

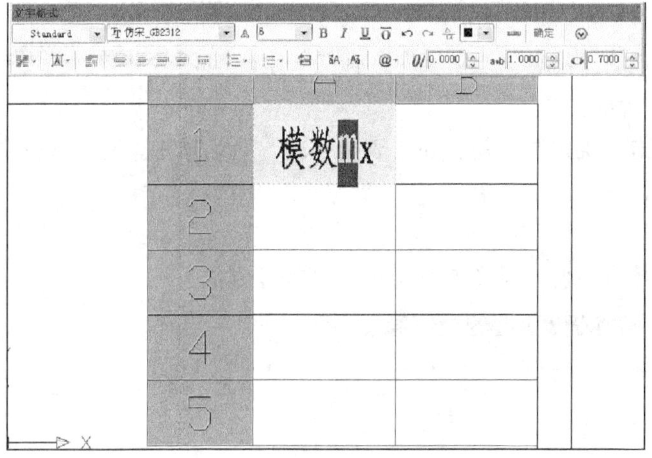

图 5-18 在表格中输入文字

按键盘上的光标移动键右移光标，则第二格处于编辑状态，在其中输入 2.5，如图 5-19 所示。

依此类推，完成如图 5-16 所示表格。

说明：表格功能能省略表格绘制、文字对正等操作，提高了效率，但只能形成大小一致的框格，使用范围受到限制。同时，如果表中文字较多，只能采取宽度比例小于 1 的方法解决。

图 5-19　移动光标后在第二单元格输入文字

任务 1　解决方案

分析：因标题栏框格大小不一，不能使用表格功能，只能按传统输入方法绘制。不过，可以将其制作成为样板图形文件，需要时，调出复制到其他图形文件中。

1. 分别用粗实线和细实线绘制标题栏框格。

2. 设置文字样式：样式一为宋体，样式二为仿宋体。

3. 用样式一注写“设计”：多行文字，字高 2.5，正中对正。

4. 因各注写文字的框格大小不一，将所有注写文字的框格绘制对角线，然后，将“设计”以捕捉到对角线中点复制到各框格。

5. 用“编辑多行文字”，分别更改样式、字高、内容，完成各框格内文字的注写。通用的文字用宋体（可以保存成为标题栏图样，以便随时复制到需要的地方）；本图专用的文字用仿宋体。

任务 2　尺寸标注

任务要求

绘制图 5-20 所示图形，并按要求设置标注样式，完成尺寸标注。

尺寸标注，既要符合有关制图的国家标准规定，又要满足不同比例图面的协调，所以，要对尺寸标注样式进行设置，以便得到正确统一的尺寸样式。

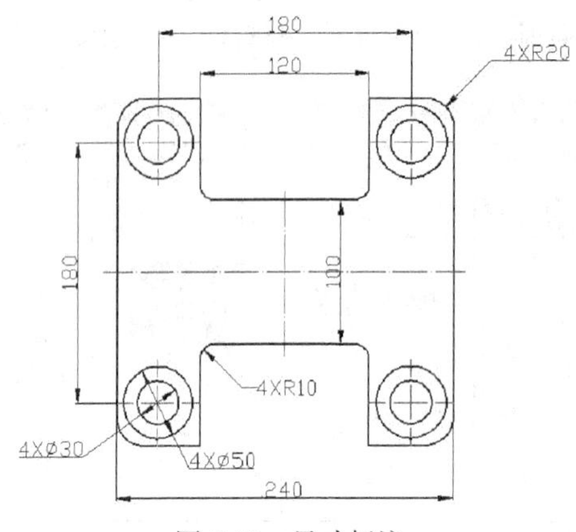

图 5-20 尺寸标注

1. 尺寸标注的组成和类型

尺寸标注四要素分别为尺寸线、尺寸界线、尺寸起止符号和尺寸数字。AutoCAD 也应满足机械制图对上述要素的基本要求。

在 AutoCAD 2008 中，共有 12 种尺寸标注类型，分别为快速标注、线性标注、对齐标注、坐标标注、半径标注、直径标注、角度标注、基线标注、连续标注、引线标注、公差标注和圆心标注。图 5-21 所示为“标注”工具栏。此外，还可用“标注”菜单进行标注，如图 5-22 所示。

图 5-21 “标注”工具栏

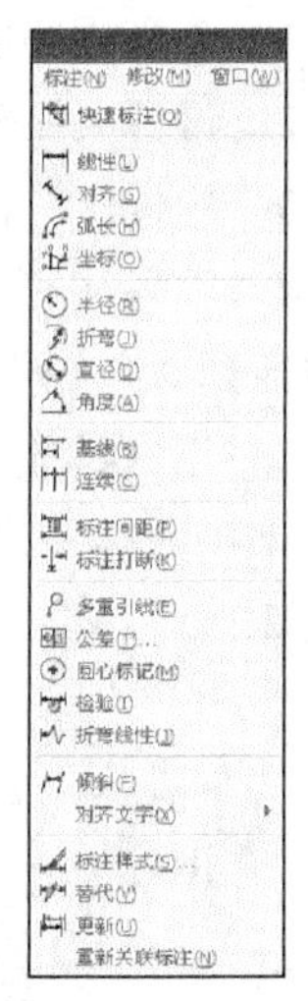

图 5-22 “标注”菜单栏

2. 标注样式管理器

- 菜单栏：“标注” → “样式”命令。
- 工具栏：单击“标注样式”按钮。
- 命令行：输入“DIMSTYLE”命令。

命令输入后，弹出“标注样式管理器”对话框，如图 5-23 所示。

各选项功能如下。

“当前标注样式”标签：用于显示当前使用的标注样式名称。

“样式”列表框：用于列出当前图中已有的尺寸标注样式。

“预览”框：用于预览当前尺寸标注样式的标注效果。

“置为当前”按钮：用于将所选的标注样式确定为当前的标注样式。

“新建”按钮：用于创建新的尺寸标注样式。单击“新建”按钮后，弹出“创建新标注样式”对话框，如图 5-24 所示。

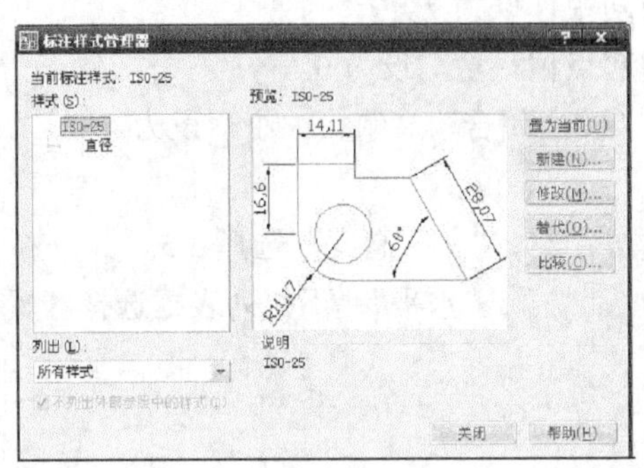

图 5-23 “标注样式管理器”对话框

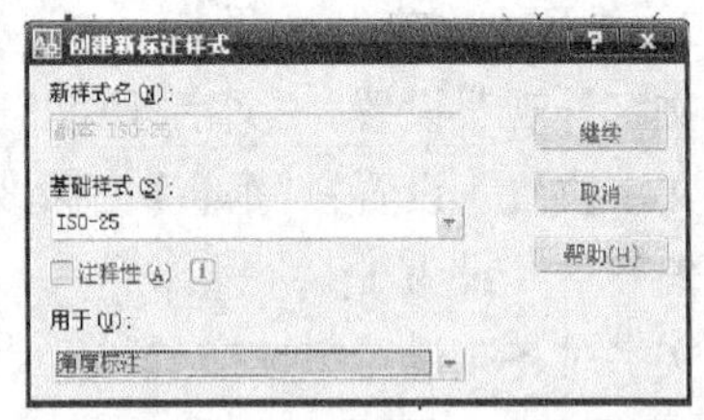

图 5-24 “创建新标注样式”对话框

在“创建新标注样式”对话框里，输入新样式名，选择基础样式和适用范围，单击“继续”按钮，弹出“新建标注样式”对话框，如图 5-25 所示，由“直线和箭头”、“文字”、“调整”、“主单位”、“换算单位”及“公差”几个选项卡构成，各自功能将在下部分介绍。

“修改”按钮：用于修改已有的标注尺寸样式。单击该按钮后，弹出“修改标注样式”对话框，与“新建标注样式”对话框功能类似。

“替代”按钮：用于设置当前标注样式的替代样式。单击该按钮后，弹出“替代标注样式”对话框，与“新建标注样式”对话框功能类似。

“比较”按钮：用于对两个标注样式做比较区别。单击“比较”按钮，弹出“比较标注样式”对话框，如图 5-26 所示。

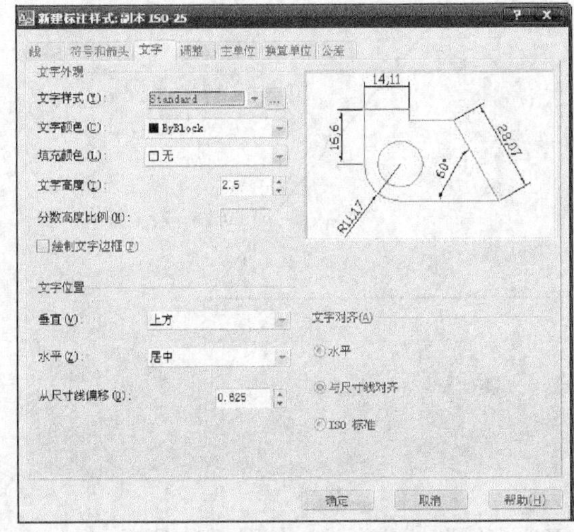

图 5-25 “新建标注样式”对话框

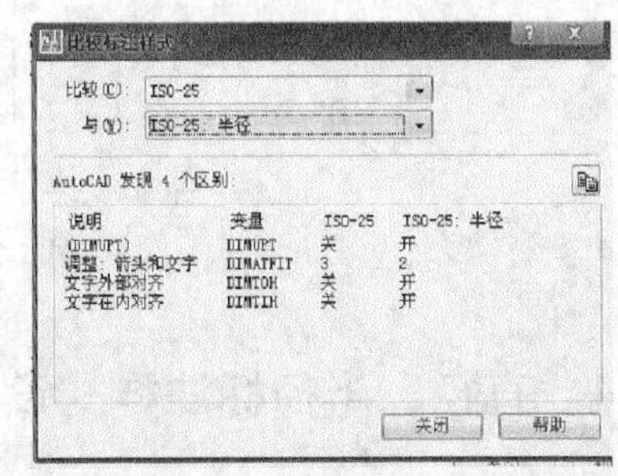

图 5-26 “比较标注样式”对话框

3. 直线标注样式的设置

（1）创建新样式名

单击“标注样式”按钮，弹出“标注样式管理器”对话框→单击“新建”按钮，弹出“创建新标注样式”对话框→在“基础样式”下拉列表框中选择“ISO-25”样式→在“新样式名”文本框中输入“直线”→单击“继续”按钮，弹出“新建标注样式”对话框。

（2）设置“直线和箭头”选项卡

“尺寸组”设置：“超出标记”设为 0，“基线间距”设为 7。

“尺寸界线”设置：“超出尺寸线”设为 2，“起点偏移量”设为 0。

“箭头”设置：“第一个”和“第二个”选择“实心闭合”，“箭头大小”设为 4。

（3）设置“文字”选项卡

“文字外观”设置：“文字样式”选择“字母数字 2”，“文字高度”选择 3.5。

“文字位置”设置：“垂直”下拉列表框选择“上方”，“水平” 下拉列表框选择“置中”，“尺寸偏移量”设为 1。

“文字对齐”设置：选择“与尺寸线对齐”。

（4）设置“调整”选项卡

“调整选项”设置：选择“文字或箭头，取最佳效果”。

“文字位置”设置：选择“尺寸线旁边”。

“标注特征比例”设置：选择“使用全局比例”。

“调整”设置：选择“始终在尺寸线之间绘制尺寸线”。

（5）设置“主单位”选项卡

“线性标注”设置：“单位格式”选择“小数”，“精确”下拉列表框选择“0”。

“角度标注”设置：“单位格式”选择“十进制数”，“精确”下拉列表框选择“0”。

设置完成后，单击“确定”按钮，返回“标注样式管理器”对话框。“样式”列表框显示“直线”标注样式，如图 5-27 所示。

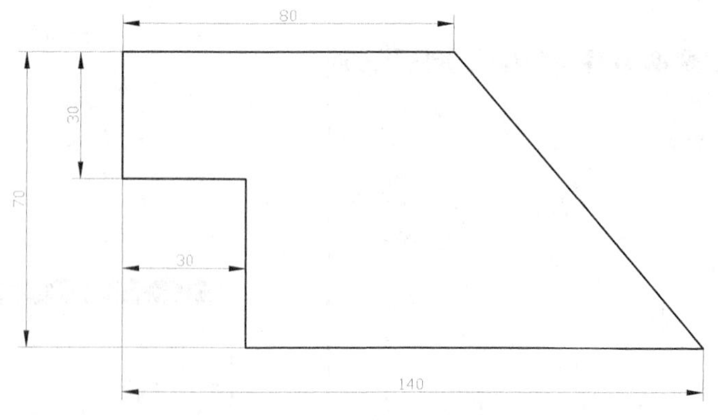

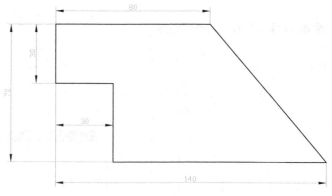

图 5-27 “直线”标注样式示例

4. 直径、半径标注样式设置

对于比较大的直径、半径，可以直接采用“直线”标注样式，如图 5-28 所示。

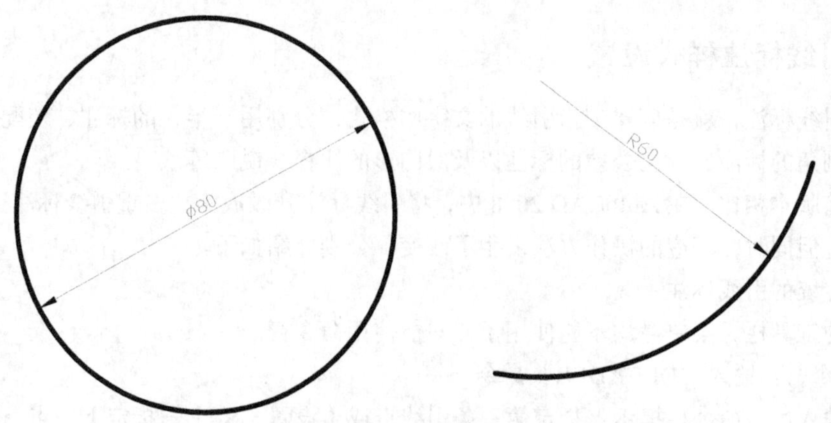

图 5-28 “直径、半径”一般标注样式示例

若尺寸较小，则须引出标注，如图 5-29 所示。

这种标注，则需另行设置标注样式，其操作步骤如下。

（1）单击“标注样式”按钮，弹出“标注样式管理器”对话框。单击“新建”按钮，弹出“创建新标注样式”对话框。

（2）在“基础样式”下拉列表框中选择“直线”。

（3）在“新样式名”文本框中输入“直径、半径引出标注”。

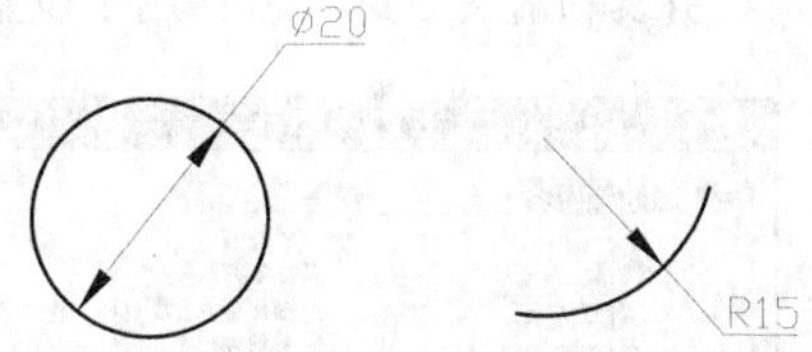

图 5-29 “直径、半径”引出标注样式示例

（4）单击“继续”按钮，弹出“新建标注样式”对话框。

（5）选择“文字”选项卡，在“文字对齐”选项组中，将“与尺寸线对齐”改为“水平”。

（6）选择“调整”选项卡，在“调整”选项组选择“标注时手动放置文字。

（7）设置完成后，单击“确定”按钮，返回“标注样式管理器”对话框。“样式”列表框显示“直径、半径引出标注”标注样式。

5. 角度标注样式设置

因机械制图规定：角度数值必须水平标注，因此，其标准样式的设置，与“直径、半径引出标注”非常类似，这里只介绍不同之处。

（1）在“基础样式”下拉列表框中选择“ISO-25”。

（2）在“用于”下拉列表框中选择“角度标注”。

（3）设置完成后，单击“确定”按钮，返回“标注样式管理器”对话框。“样式”列表框显示“ISO-25-角度”标注样式，如图 5-30 所示。

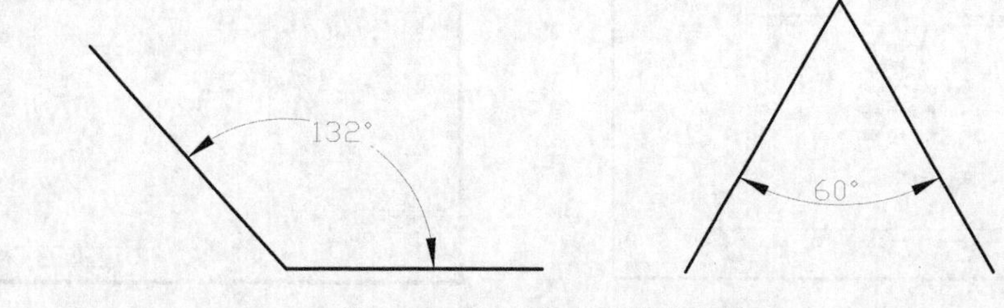

图 5-30 “角度”标注样式示例

6. 引线标注样式设置

所谓引线标注，就是创建带指引线的文字的格式，分别用于半径的标注、装配图中的件号的标注、倒角的标注、形位公差的标注以及对图形的注释、说明等。

与以前版本相比，在 AutoCAD 2008 中，将引线标注升级成为“多重引线标注”，增强了其编辑功能，但同时，相应的操作方法发生了改变，分别介绍如下。

（1）传统的引线标注

原有的工具栏、菜单栏均不能使用了，只能使用命令行。

- 命令行：输入“QLEADER”命令。

命令输入后，命令栏提示：指定第一条引线点或【设置（S）】→指定下一点→指定文字宽度→输入文字的第一行→输入下一行→回车。

如果输入“S”，弹出“引线设置”对话框，其中，3 个选项卡功能如下。

“注释”选项卡：分别设置注释类型、多行文字选项、是否重复使用注释等，如图 5-31 所示。

“引线和箭头”选项卡：用于设置引线和箭头的格式，如图 5-32 所示。

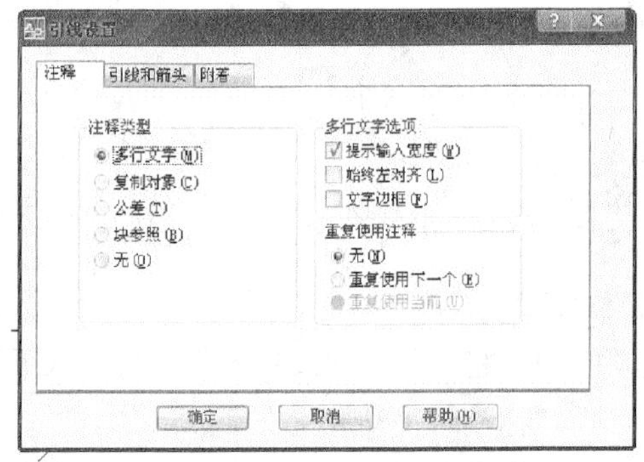

图 5-31 “注释”选项卡

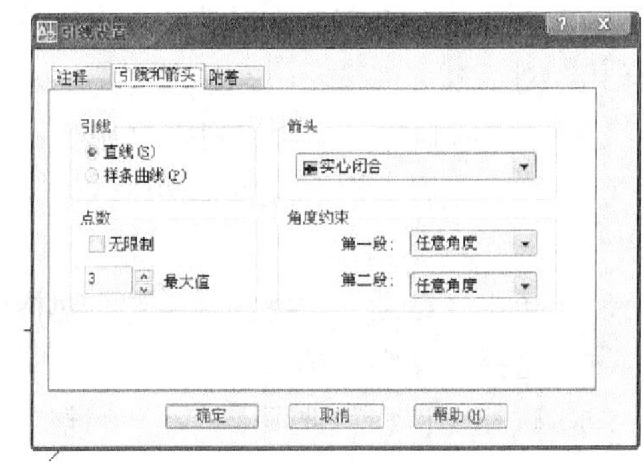

图 5-32 “引线和箭头”选项卡

“附着”选项卡：用于多行文字注释项对应引线终点的位置，如图 5-33 所示。

（2）多重引线设置

- 菜单栏：“格式”→“多重引线样式”命令。
- 工具栏：“多重引线样式”按钮。
- 命令行：输入“MLEADERSTYLE”命令。

命令输入后，系统弹出“多重引线样式管理器”对话框，如图 5-34 所示。

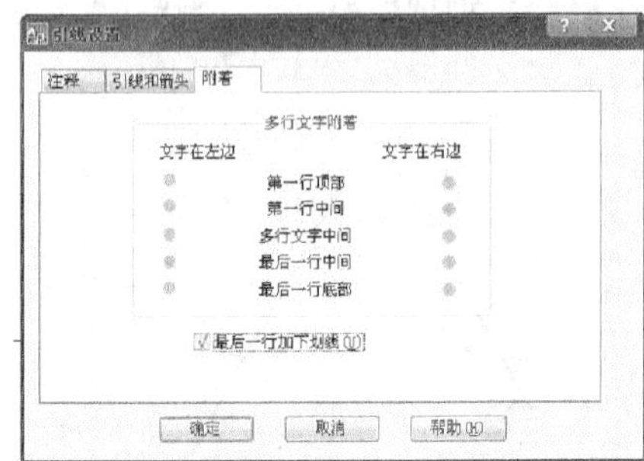

图 5-33 “附着”选项卡

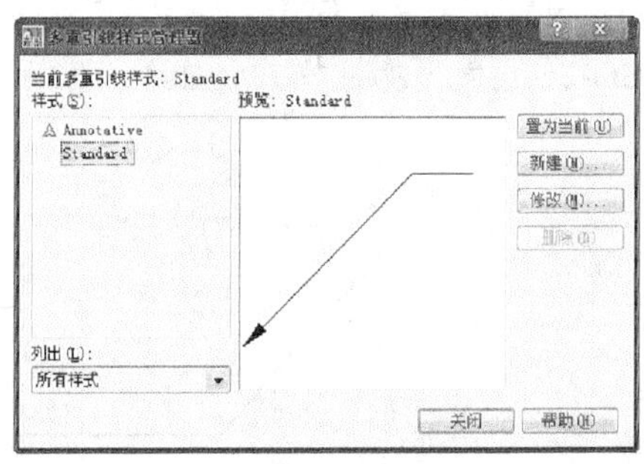

图 5-34 “多重引线样式管理器“对话框

单击“新建”按钮，弹出“创建新多重引线样式”对话框，如图 5-35 所示。

在“新样式名”中输入“新引线样式”，并选择“注释性”复选框以确定引线是否为注释性的。单击“继续”按钮，弹出“修改多重引线样式：新引线样式”对话框，如图 5-36 所示。

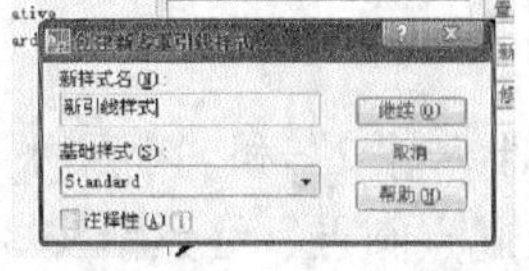

图 5-35 “创建新多重引线样式”对话框

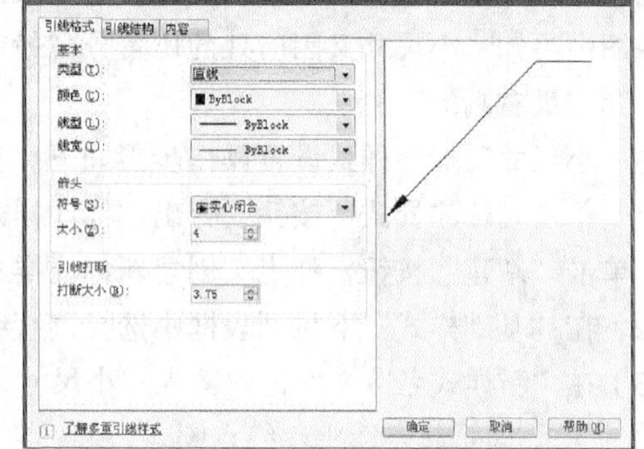

图 5-36 “引线格式”选项卡

对话框中有“引线格式”、“引线结构”和“内容”3 个选项卡。

其中：“引线格式”选项卡，主要解决引线线型、箭头尺寸等设置。

“引线结构”选项卡，主要解决引线约束、基线设置等问题，如图 5-37 所示；

“内容”选项卡，则解决引线后标注内容的类型、文字样式、角度、颜色以及处在引线后的位置等，如图 5-38 所示。

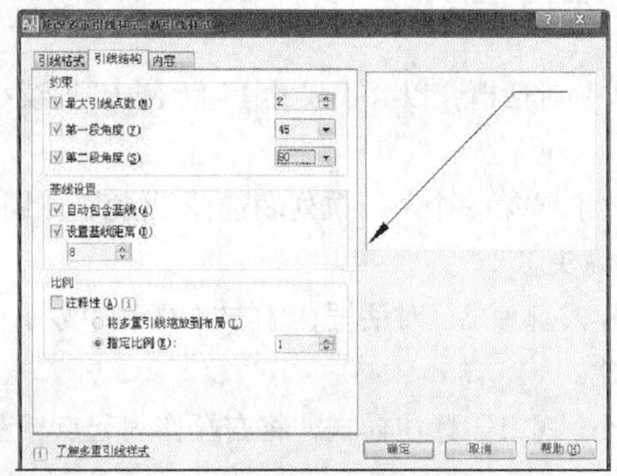

图 5-37 “引线结构”选项卡

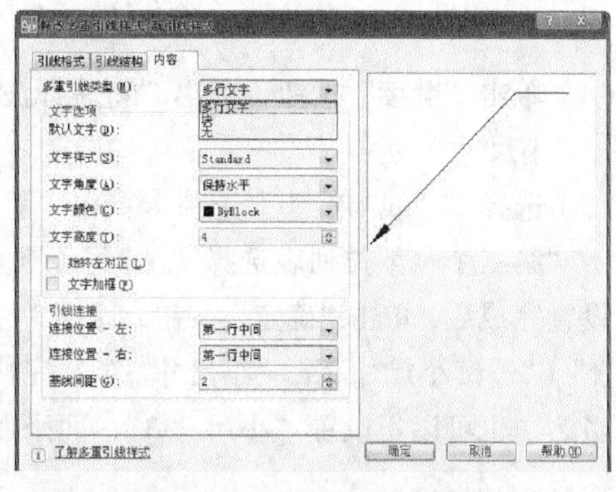

图 5-38 “内容”选项卡

（3）多重引线标注

- 菜单栏：“标注”→“多重引线”命令。
- 命令行：输入“MLEADER”命令。

命令输入后，系统弹出“文字编辑器”，输入文字界面如图 5-39 所示。

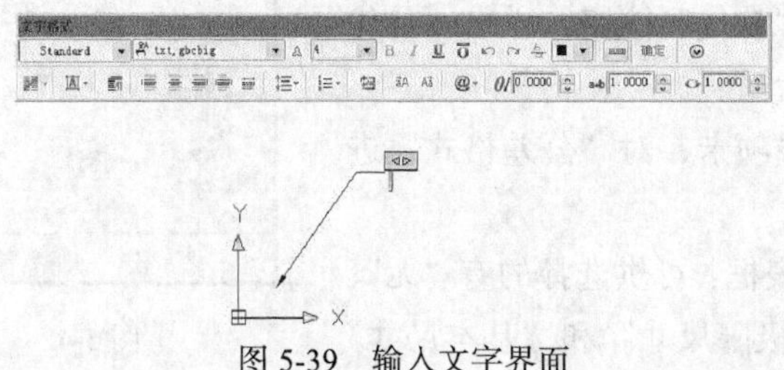

图 5-39 输入文字界面

7. 小尺寸标注

机械制图规定：当没有足够的空间画箭头或注写尺寸数字时，可把箭头放在外面，连续尺寸无法画箭头时，中间可用圆点代替而省略箭头，如图 5-40 所示。

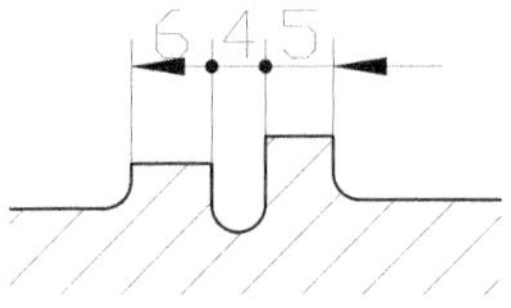

由图中可知：小尺寸又因所处的位置分“最左端的”、“中间的”和“最右端的”3 种。

各“小尺寸”标注样式设置操作步骤如下。

（1）单击“标注样式”按钮，弹出“标注样式管理器”对话框，单击“新建”按钮，弹出“创建新标注样式”对话框。

图 5-40　“小尺寸”标注样式示例

（2）在“基础样式”下拉列表框中选择“直线”。

（3）在“新样式名”文本框中输入“小尺寸 1”（或“连续小尺寸 2”和“小尺寸 3”），如图 5-41 所示。即：起点箭头、终点圆点，起、终点均为圆点及起点圆点、终点箭头 3 种。

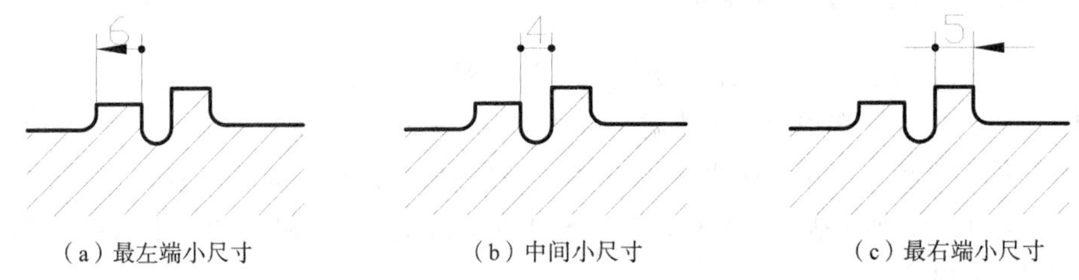

（a）最左端小尺寸　（b）中间小尺寸　（c）最右端小尺寸

图 5-41　“小尺寸”不同设置示例

（4）单击“继续”按钮，弹出“新建标注样式”对话框，以“小尺寸 1”为例（“连续小尺寸 2”，“小尺寸 3”）。

（5）选择“直线与箭头”选项卡：在“箭头”组，“第一个”下拉列表选择“箭头”（圆点，圆点），“第二个”下拉列表选择“圆点”（圆点，箭头）。

设置完成后，单击“确定”按钮，返回“标注样式管理器”对话框，“样式”列表中显示“小尺寸 1”（“连续小尺寸 2”，“小尺寸 3”），完成创建。

当然，也可以不设置“小尺寸 3”，而采用“小尺寸 1”标注样式，将右端作为起点，左端作为终点。

8. 带公差的尺寸标注样式

零件图上，配合部位尺寸一般需标注公差。由于尺寸公差一般不一样，所以需通过替代样式来实现。

（1）单击“标注样式”按钮，弹出“标注样式管理器”对话框，单击“替代”按钮，弹出“替代当前样式：ISO-25”对话框。

（2）选择“公差”选项卡，对“公差格式”进行设置，如图 5-42 所示。

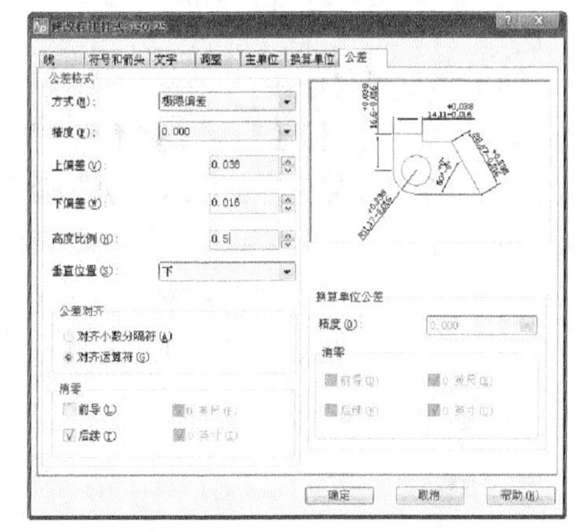

图 5-42　“公差”选项卡

（3）“方式”下拉列表框：可供选择的有“无”、“对称”、“极限偏差”、“极限尺寸”和“基本尺寸”

5 种，如图 5-43 所示。一般选择“极限偏差”。

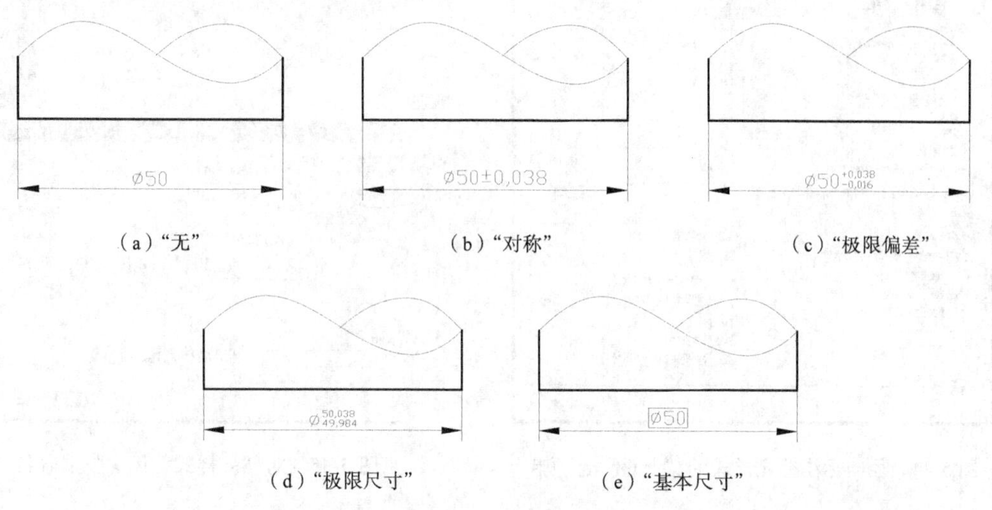

（a）“无”　（b）“对称”　（c）“极限偏差”

（d）“极限尺寸”　（e）“基本尺寸”

图 5-43　公差标注方式示例

（4）“精度”下拉列表框：一般选择“0.000”。

（5）“上偏差”、“下偏差”：按实际偏差值输入。

（6）“高度比例”文本框：如果为“对称”，设为“1”；如果为“极限偏差”，一般应设为“0.5”。

（7）“垂直位置”下拉列表框：“上”、“中”和“下”3 种，一般选择“下”。

不同的公差，分别设置标注。公差全部标注完后，需要将“方式”还原为“无”。

9. 径向标注补充样式

在“标注样式管理器”对话框的“样式”选项栏中选中“ISO-25”，单击“置为当前”按钮，将“机械标注样式”置为当前样式。单击“替代”按钮，弹出“替代当前样式”对话框后，打开“调整”选项卡，在该选项卡的“调整选项”选项栏中选中“文字”单选按钮，即当标注文字在尺寸界线内放不下时将尺寸置于尺寸界线外，此时如果箭头能在尺寸界线内放下就被置于尺寸界线内，否则置于尺寸界线外；在“调整”选项栏勾选“手动放置文字”复选框，并取消勾选“在尺寸线之间绘制尺寸线”复选框，即在放置标注文字时，可根据具体情况人工调整其位置。“调整”选项卡设置如图 5-44 所示。

单击“确定”按钮，返回到“标注样式管理器”对话框，在样式列表框中显示出<样式替代>，如图 5-45 所示。

选中<样式替代>使其亮显，单击鼠标右键，弹出“尺寸替换样式”快捷菜单后，选择“重命名”选项，将<样式替代>重新命名为“径向标注补充样式”，该样式和原有的标注样式并列显示在样式列表框中，如图 5-46 所示。

图 5-47 所示反映了“ISO-25”标注样式（浅色）与“径向标注补充样式”（深色）的区别：前者在标注小直径时较好，而后者更适用于标注较大的直径。

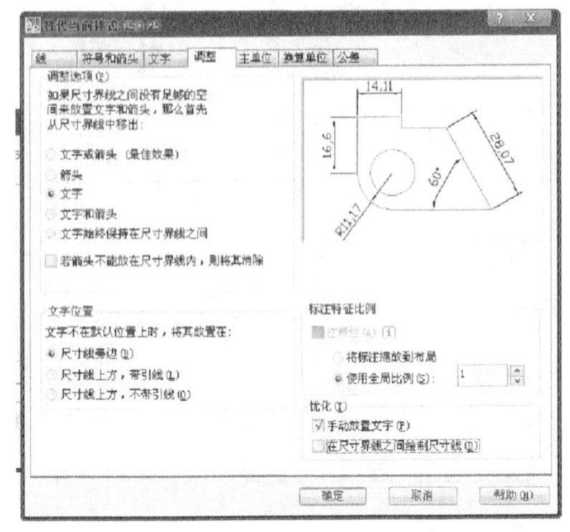

图 5-44　径向标注补充样式的“调整”选项卡

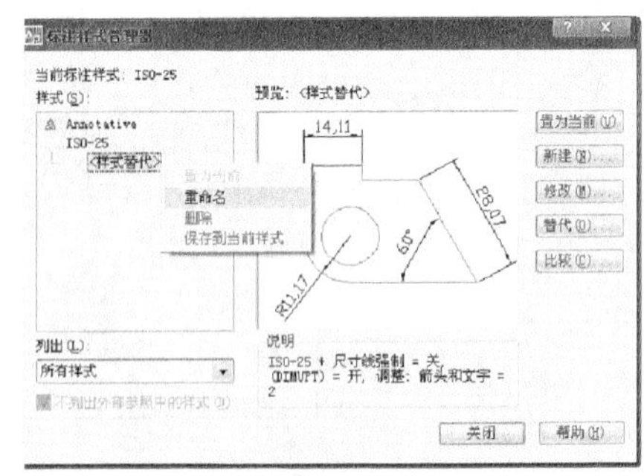

图 5-45　对“<样式替代>”重命名

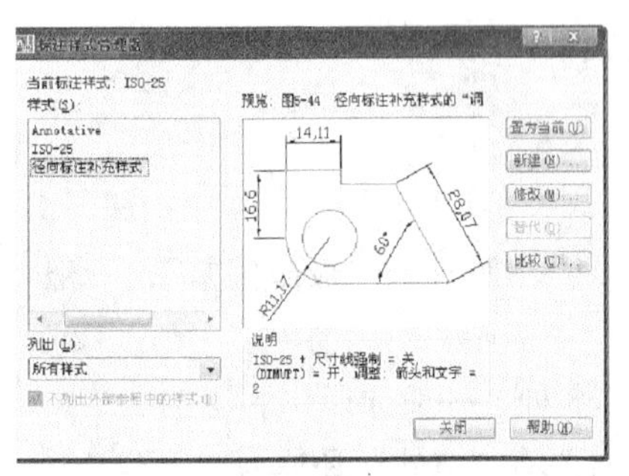

图 5-46　“径向标注补充样式”的并列显示

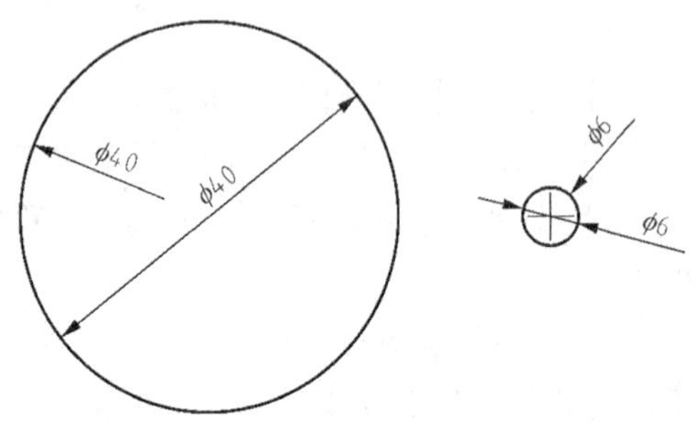

图 5-47　“径向标注补充样式”与“ISO-25”标注样式的区别

10. 线性直径标注样式

机械图样中的直径尺寸经常标注在非圆的视图上，这需要利用“线性标注”命令或“对齐标注”命令进行标注。如果利用这两个命令中的“单行”或“多行”选项，在尺寸文字前面添加字母“Φ”，就显得过于繁琐。我们可以创建一个“线性直径标注样式”，直接利用该样式在非圆视图上标注直径尺寸。

在“标注样式管理器”对话框中，将“机械标注样式”设置为当前样式。单击“替代”按钮，弹出“替代当前样式”对话框后，打开“主单位”选项卡，在“前缀”文本框中，用英文输入法输入“%%C”，如图 5-48 所示。

由于在非圆视图上标注的直径尺寸为线性尺寸，所以其位置的对齐方式和线性标注相同。打开“文字”选项卡，在“文字对齐”选项栏中选中“与尺寸线对齐”单选按钮，如图 5-49 所示。

单击“确定”按钮，在“标注样式管理器”对话框中，将<样式替代>重新命名为“线性直径标注样式”，该样式和原有的标注样式并列显示在样式列表框中，如图 5-50 所示。

图 5-51 所示为用“线性直径标注样式”标注直径尺寸的示例，利用该样式可以快速地标注出图中的直径尺寸 ϕ24、ϕ40 和 ϕ56。

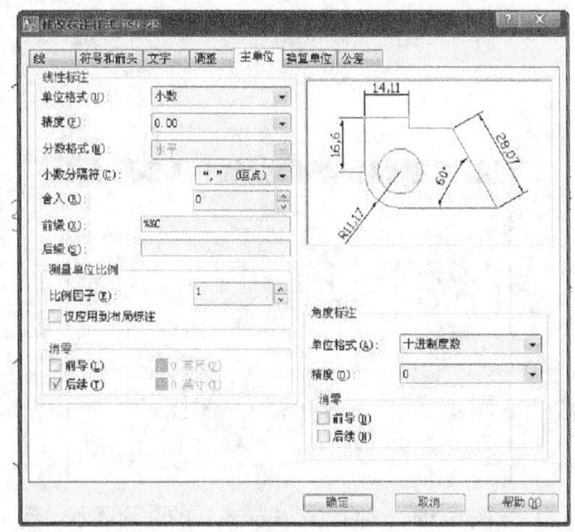

图 5-48 线性直径标注样式的“主单位”选项卡

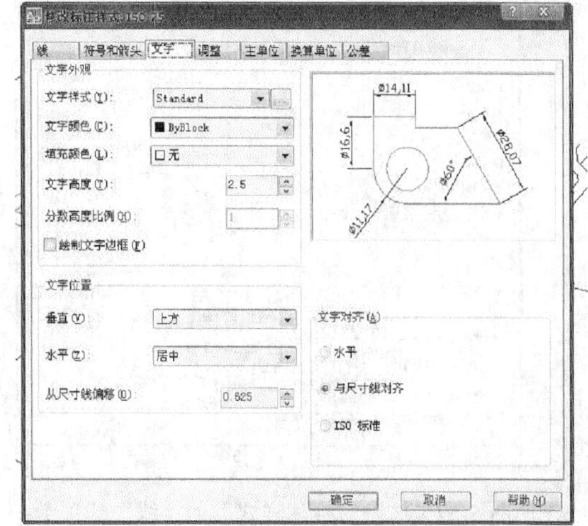

图 5-49 线性直径标注样式的“文字”选项卡

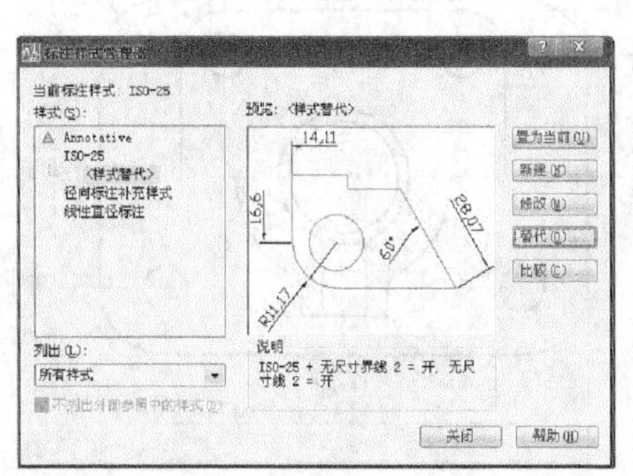

图 5-50 “线性直径标注样式”的并列显示

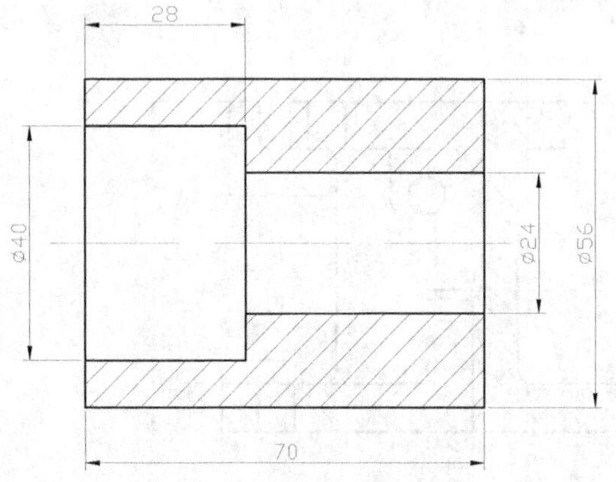

图 5-51 线性直径标注样式标注示例

11. 隐藏标注样式

在半剖视图中，由于对称性，有些图形只画出一半，其尺寸标注就需要采用隐藏标注样式，创建方法如下。

在“标注样式管理器”对话框中，将“机械标注样式”设置为当前样式。单击“替代”按钮，弹出“替代当前样式”对话框后，打开“线”选项卡，在“尺寸线”选项栏的“隐藏”选项中，勾选“尺寸线 2”复选框；在“尺寸界线”选项栏的“隐藏”选项中，勾选“尺寸界线 2”复选框，即同时隐藏第二个箭头和第二个尺寸界线，如图 5-52 所示。

单击“确定”按钮，返回到“标注样式管理器”对话框，将 <样式替代> 重新命名为“隐藏标注样式”，该样式和原有的标注样式并列显示在样式列表框中，如图 5-53 所示。

图 5-54 所示主视图中的直径尺寸 20 和 24，俯视图中的尺寸 44 和 60 都是用“隐藏标注样式”标注的。

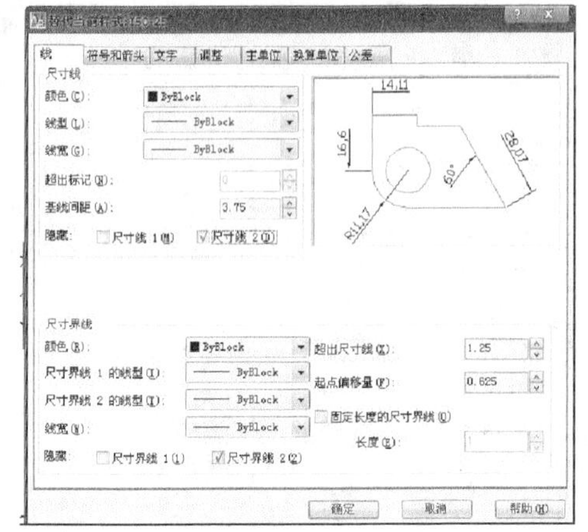

图 5-52 “隐藏标注样式”的“线”选项卡

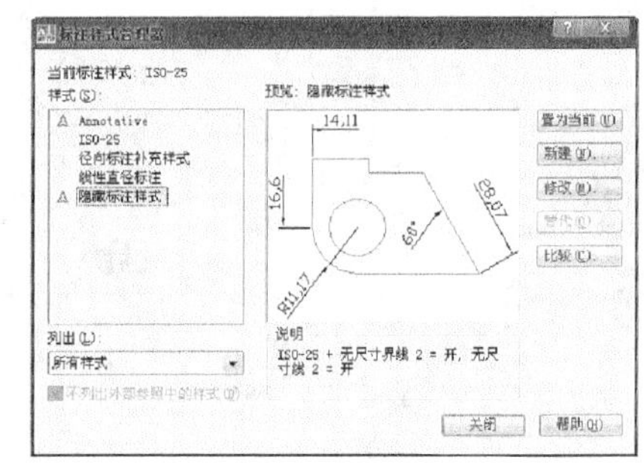

图 5-53 “隐藏标注样式”的并列显示

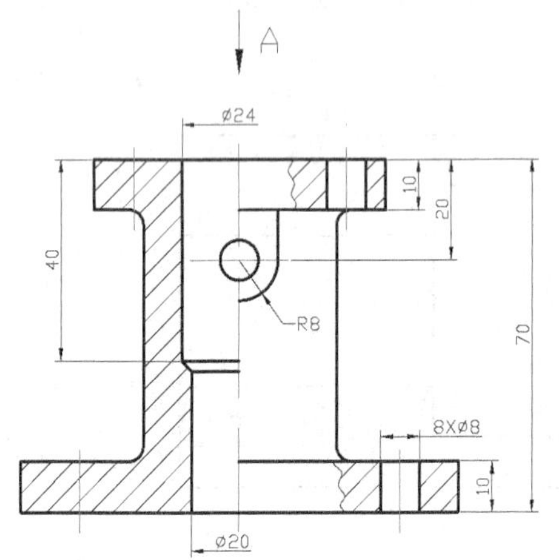

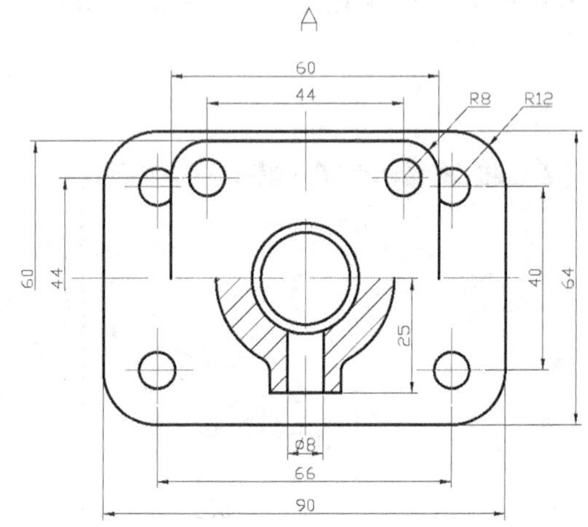

图 5-54 隐藏标注样式标注示例

任务 2 解决方案

1. 绘制图形

用点划线绘制中心线，并将其复制到相对坐标（@90，90）作为同心圆的圆心；用粗实线绘制四分之一图形，其中 *R*20 和 *R*10 均可采用圆角的方式绘制；将四分之一图形分别水平、垂直镜像。

2. 设置标注样式

线性尺寸直接采用 ISO-25（字高和箭头尺寸均为 10）。

*R*20 采用引线标注（按传统引线标注样式设置），设置字高和箭头尺寸保持为 10 不变，第一引线 45°，第二引线水平，并选择“在最后一行加下划线”。

*R*10 同样采用引线标注，不同的是“文字在右边，多行文字的中间”。

直径的标注样式在 ISO-25 的基础上“新建”，用于“直径”标注，除文字、箭头不变之外，将“文字对齐”改为“水平”，“调整选项”选“文字”，“文字位置”选择“尺寸线旁边”，“调整”同时选择“标注时手动放置文字”和“始终在尺寸界线之间绘制尺寸线”。

3. 标注尺寸

其中，*R*20 和 *R*10 标注引线时，应选择“捕捉到（圆弧）中点”，并相应输入“4×R20”和“4×R10”；

同心圆直径的标注，需在手动放置文字前单击鼠标右键，在尺寸数字前加“4×”。

任务 3 标注形位公差

任务要求

绘制如图 5-55 所示图形，并标注尺寸及形位公差。

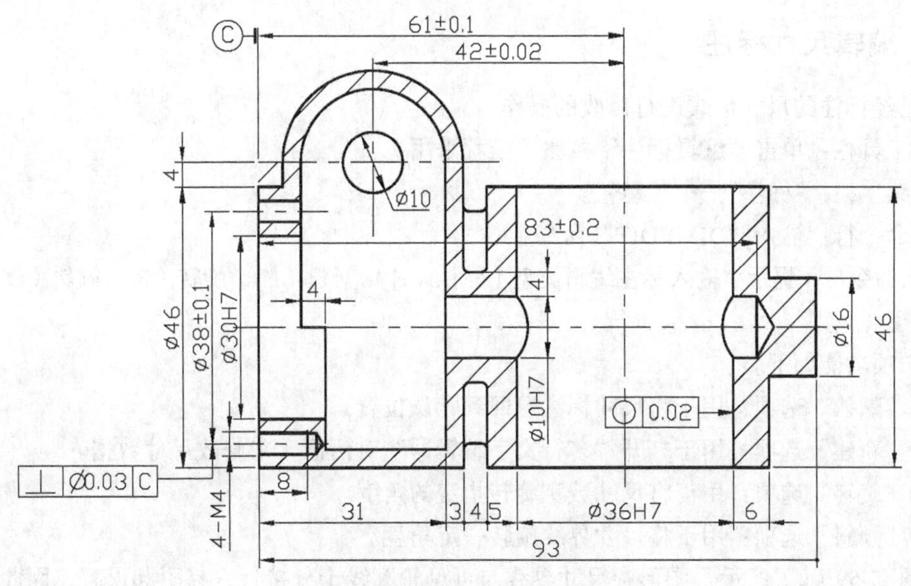

图 5-55　尺寸及形位公差标注

1. 形位公差

- 工具栏：单击“公差”按钮。
- 菜单栏：“标注”→“公差”。
- 命令行：输入“TOLERANCE”命令。

输入命令后，弹出“形位公差”对话框，如图 5-56 所示。

各选项功能如下。

（1）“符号”选项组：单击符号栏小方框，弹出“特殊符号”对话框，如图 5-57 所示，单击选取合适的符号后，返回“形位公差”对话框。

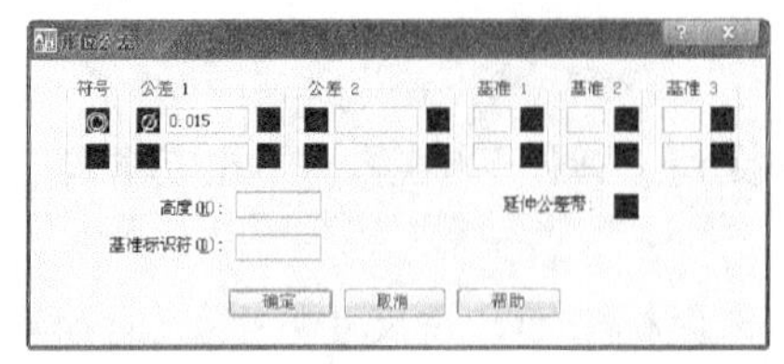

图 5-56　“形位公差”对话框

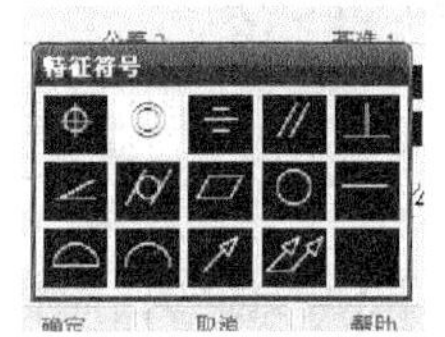

图 5-57　“特殊符号”对话框

（2）“公差”选项组：第一个小方框，确定是否加直径“ϕ”符号；第二个小方框，输入公差值；第三个小方框，确定附加条件，单击它，弹出“附加符号”对话框，如图 5-58 所示。

（3）“基准 1/2/3”选项组：第一个小方框，设置基准符号；第二个小方框，确定附加条件。

图 5-58　“附加符号”对话框

（4）“高度”文本框：设置公差的高度。

（5）“基准标识符”文本框：设置基准标识符。

（6）“延伸公差带”复选框：确定是否在公差的后面加上延伸公差符号。

设置后，单击“确定”按钮，退出“形位公差”对话框，指定插入公差的位置，完成公差标注。

2. 编辑尺寸标注

对已经标注的尺寸形式进行修改的操作

- 工具栏：单击“编辑标注”按钮（推荐采用）。
- 菜单栏：“标注”→“倾斜”。
- 命令行：输入“DIMEDIT”命令。

输入命令后，提示“输入标注编辑类型【默认（H）/新建（N）/旋转（R）/倾斜（O）】→选择对象。

各选项功能如下。

（1）“默认”选项：用于将尺寸标注退回到默认位置。

（2）“新建”选项：用于打开“多行文字编辑器”对话框，来修改尺寸数据。

（3）“旋转”选项：用于将尺寸数字旋转指定的角度。

（4）“倾斜”选项：用于将尺寸界线旋转一定角度。

如图 5-59（a）所示，图形中尺寸界线与可见轮廓线十分接近，易引起误解，因此，采用“编辑”→“倾斜”方法，使其明朗，如图 5-59（b）所示。

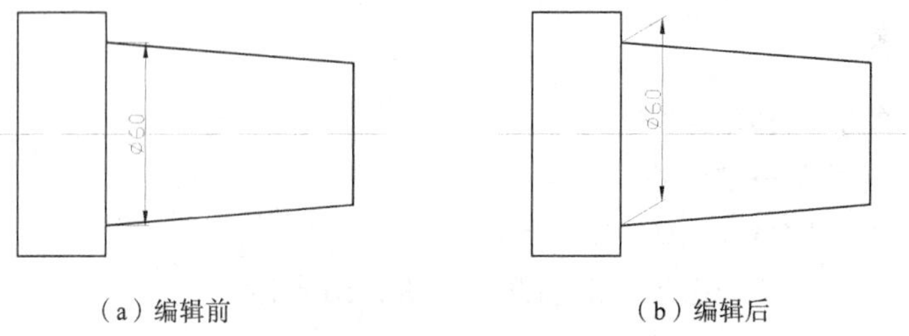

（a）编辑前　　（b）编辑后

图 5-59　编辑尺寸标注示例

3. 对已经标注的尺寸数字进行修改的操作

- 工具栏：单击“编辑标注文字”按钮。
- 菜单栏：“标注”→“对齐文字”（推荐采用）。
- 命令行：输入“DIMTEDIT”命令。

输入命令后，提示“指定标注文字的新位置或【左（L）/右（R）/中心（C）/默认（H）/角度（A）】→选择对象。

本命令与上一命令在尺寸数字旋转角度方面有重叠，增添了文字在尺寸线不同部位的摆放功能，且用不同方法，在选择对象顺序上也有所不同。

任务 3 解决方案

1. 图形分析

根据尺寸标注要求，该工件右端为方块钻圆孔，因深 83，ϕ10 孔的存在，加了一个ϕ16 圆柱，方块与左端圆头矩形箱体用肋板相连；最左端为ϕ46 圆盘，又均布 4 个 M4 螺孔。

2. 绘制图形

（1）用点划线绘制ϕ36、ϕ30、ϕ10 中心线；其中，ϕ10 中心线在左 42、上 46/2+4 处；M4 中心线在水平轴线上下 38/2 处。

（2）用粗实线绘制可见轮廓线；其中，上端半圆筒的内半径为 31-（61-42）=12，外半径则为 12+3=15；相应的，左端圆盘上半部厚 7，下半部厚 11。

（3）通孔的端部绘制 120° 锥顶角，用 R1 作铸造圆角。

（4）用细实线绘制螺孔牙底线。

（5）用细实线填充剖面线。

3. 标注尺寸

（1）设置标注样式：设置“小尺寸 1”、“连续小尺寸 2”及“小尺寸 3”标注样式，设置“直径”及“线形”标注样式。

（2）“小尺寸”样式仅用于下端尺寸 3、4、5，“直径”样式也只用于ϕ10。

（3）标注其他尺寸：凡直径尺寸需加前缀“%%C”，而对称公差的正负号用后缀“%%P”，螺孔加前缀“4×M”，部分孔的公差“H7”也用后缀标注。

4. 标注形位公差

（1）形状公差：ϕ36 圆柱面的形状公差。

（2）位置公差：螺孔与左端面的垂直度标注在螺孔的轴线上，基准符号需另行绘制，或者事先制作成为带属性的图块，带属性图块的制作步骤项目六有详细介绍。

巩固与拓展

1. 用 AutoCAD 表格功能制作本班学生名册，标题为“××专业××××班学生名册”，表头分别为“序号，姓名，性别，年龄，政治面貌和出生地”。

2. 绘制如图 5-60 所示图形，并按要求设置标注样式，完成尺寸标注。

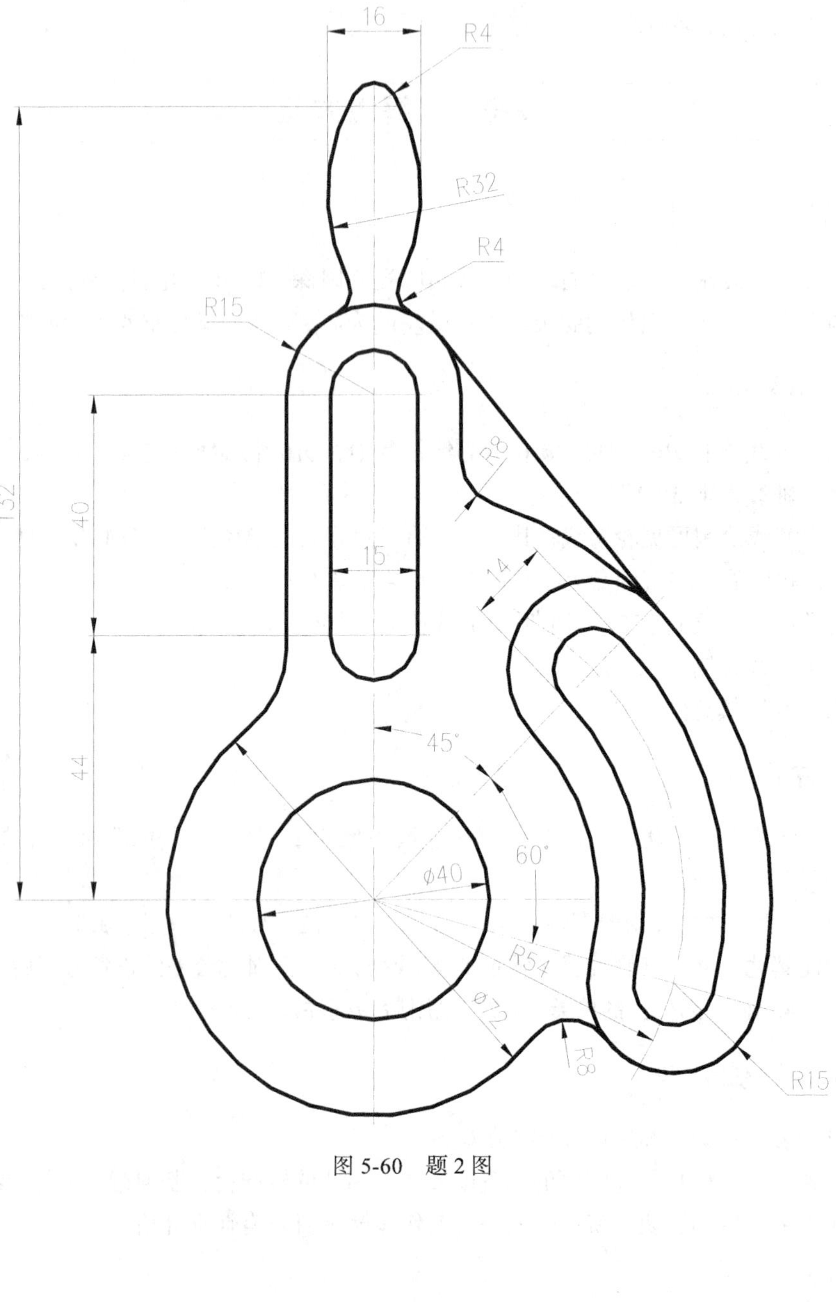

图 5-60　题 2 图

3. 绘制如图 5-61 所示图形，并标注尺寸及形位公差。

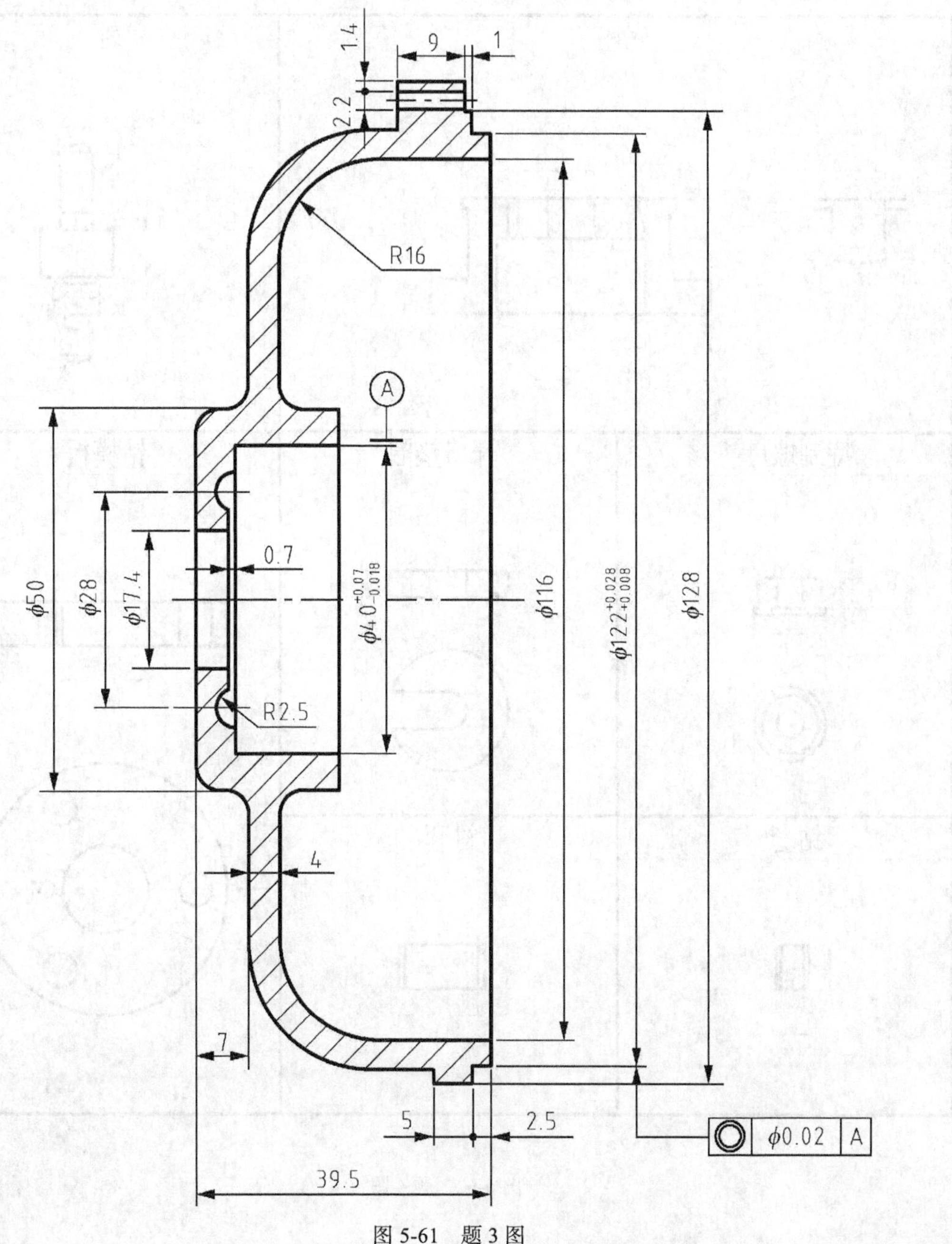

图 5-61　题 3 图

4. 为图 4-46 标注尺寸，如图 5-62 所示。

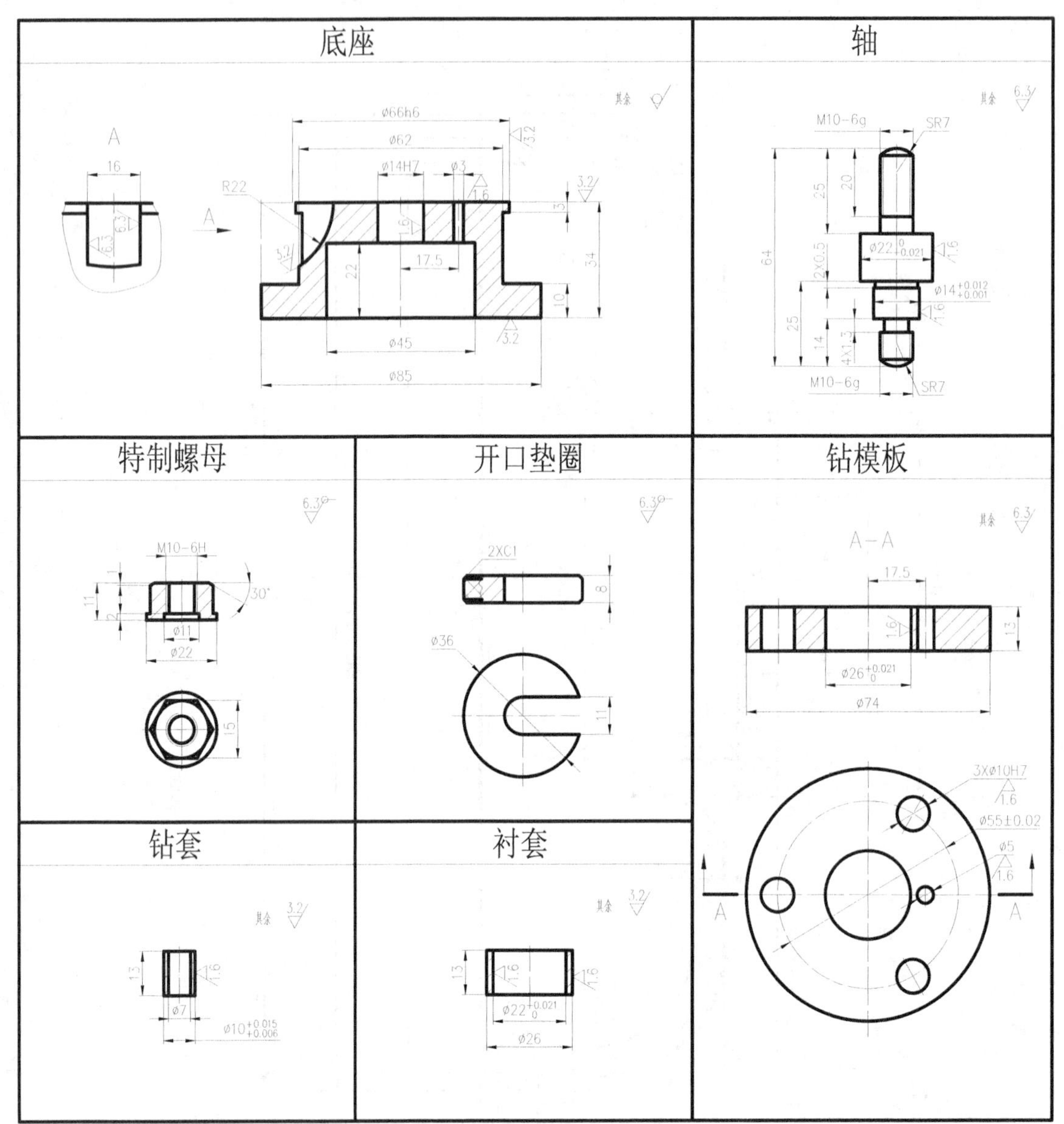

图 5-62 题 4 图

5. 绘制如图 5-63 所示轴，并标注尺寸及形位公差。

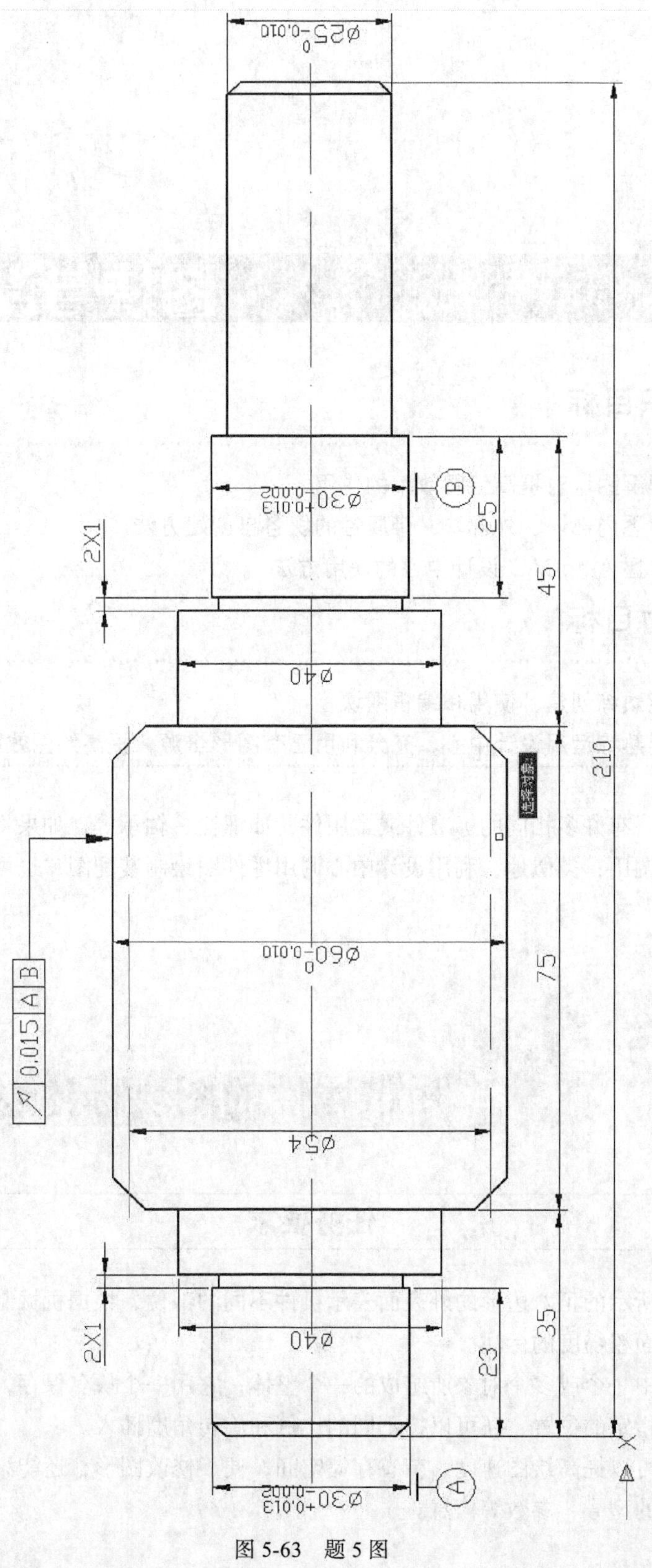

图 5-63 题 5 图

项目6

图块与设计中心

知识目标

- 理解图块对提高绘图效率的作用
- 熟悉内部块、外部块、带属性的块各自创建方法
- 掌握 AutoCAD 设计中心的使用方法

能力目标

- 能熟练创建、使用和编辑图块
- 能熟练运用设计中心，充分利用已有图形资源，提高绘图效率

机械图样中，有许多相同的标准件或常用件，如螺栓、轴承等，如果将其制作成图块，就可以随心所欲地调用；类似地，利用设计中心调用零件图绘制装配图，也可以大大地提高绘图效率。

任务1 用带属性的图块标注表面粗糙度

任务要求

用如图 6-1 所示的正八边形的外表面表示机件不同的部位，根据机械制图的规范，用带属性的图块完成表面粗糙度的标注。

图块是图形中一个或多个对象所组成的一个整体；它用一个块名保存，可以根据作图需要插入到图中任意指定的位置，还可以按不同的比例和旋转角度插入。

使用图块，可以提高绘图速度、节省存储空间、便于修改图形，还能添加属性，使相同的图形附带上不同的型号、参数等信息。

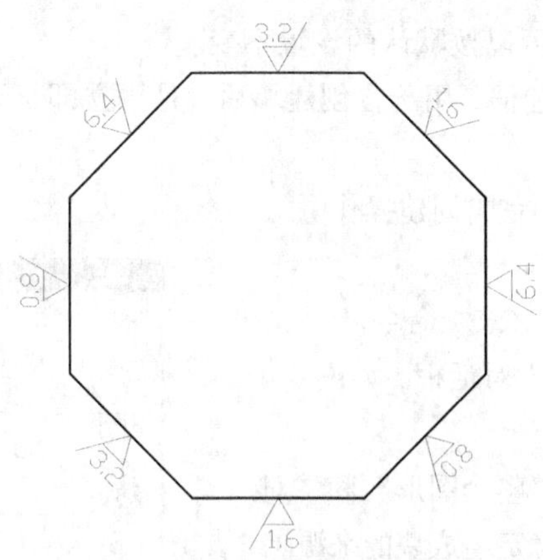

图 6-1　表面粗糙度标注

1. 创建图块

在当前图形中创建、保存和使用的图块，称为内部图块；作为独立的图形文件保存，能够在任何图形文件中使用的图块，称为外部图块。两种图块，不仅名称不同，保存方法各异，创建方法也各不相同。

（1）内部图块的创建

- 菜单栏："绘图"→"块"→"创建"。
- 工具栏：单击"图块"按钮。
- 命令行：输入"BLOCK"命令。

输入命令后，弹出"块定义"对话框，如图 6-2 所示。

各选项卡功能如下。

"名称"文本框：为图块命名，如"粗糙度"、"螺栓"等。

"基点"选项组：用于指定图块插入图形时的位置，如圆形图样选择圆心，粗糙度选择下顶点等，可以直接输入坐标值，但一般单击"拾取点"按钮，在图块上确定基点。

"对象"选项组：要创建成图块的图形元素。如化工设备图中的"计量罐"符号，如图 6-3 所示。"保留"、"转换为块"及"删除"单选按钮则分别表示在形成图块以后，原对象不变、变为块及被删除 3 种情况。

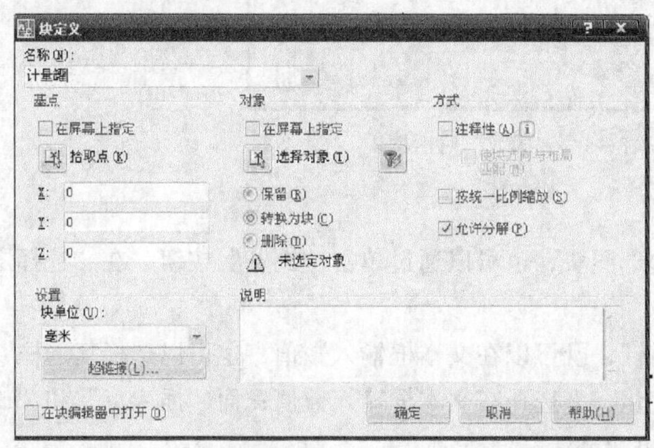

图 6-2　"块定义"对话框

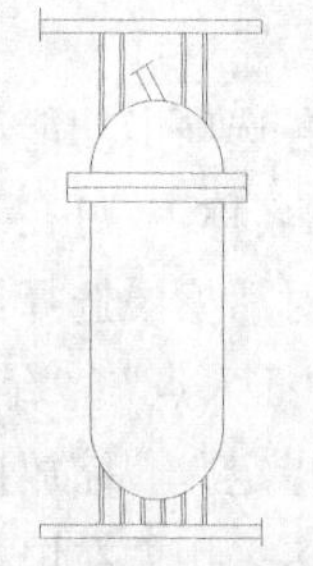

图 6-3　创建内部图块示例

“方式”、“设置”选项组可以按默认的设置不变。

“在块编辑器中打开”复选框，用于在创建块后，是否立即打开块编辑器，对块的定义进行编辑。

最后单击“确定”按钮，完成创建操作。

（2）外部图块的创建

- 命令行：输入“WBLOCK”命令。

输入命令后，弹出“写块”对话框，如图 6-4 所示。

“源”选项组：由“块”、“整个图形”和“对象”3 个单选按钮组成，用于确定组成块的来源。

“基点”和“对象”选项组：当“源”为“对象”时有效，与内部图块创建相同。

“目标”选项组：因外部图块是独立的文件，与内部图块“名称”对应的是“文件名和路径”，其余选项卡与“块定义”相同。

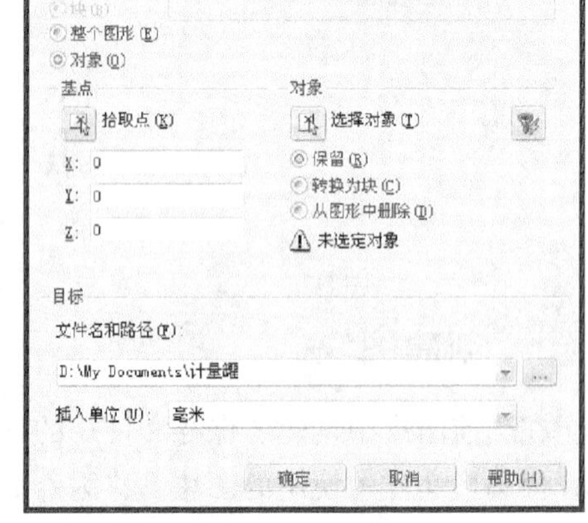

图 6-4　“写块”对话框

2. 插入图块

插入图块是将已经创建的图块插入图形的操作，包括内部图块插入当前图形，以及外部图块插入任意图形。

- 菜单栏：“插入”→“块”。
- 工具栏：单击“插入块”按钮。
- 命令行：输入“INSERT”命令。

输入命令后，弹出“插入”对话框，如图 6-5 所示。

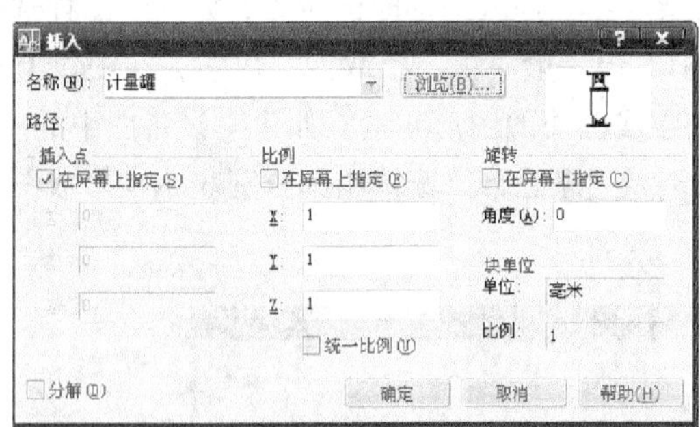

图 6-5　“插入”对话框

各选项卡功能如下。

“名称”：可在下拉列表框选中内部图块，也可以通过单击“浏览”按钮，在“选择图形文件”对话框中选择需要的外部图块。

“插入点”、“缩放比例”和“旋转”，既可以在文本框输入数值，也可以选择复选框“在屏幕上指定”。“缩放比例”一般少有变化，多选择在文本框输入数值；而“插入点”和“旋转”则更多采用“在屏幕上指定”，这样更加灵活、便捷。

3. 编辑图块

编辑图块，是对图块的内容进行修改。又因图块性质的不同，有不同的编辑方法。

（1）内部图块的编辑

内部图块只能在当前图形中使用，所以，只能在插入后进行编辑；又因为它是一个整体，所以，插入后必须先将其分解才能编辑；然后，将其重新创建图块（不改变图块名称）；单击“确定”按钮，结束编辑。这时，当前图形中的图块都自动修改为新图块。

如果只是对已插入的某一个图块进行修改，则在分解、编辑后，不再重新创建图块。

（2）外部图块的编辑

因为外部图块是一个独立的图形文件，所以，可以直接打开进行修改，关闭保存后，就形成新图块。

对于已插入的外部图块，也可以在所插入的图形中分解、修改。只要不重新创建，这种修改不影响原外部图块。

4. 带属性的图块

（1）定义图块属性

图块属性是从属于图块的非图形信息，即图块中的文本对象，它是图块的一个组成部分，与图块构成一个整体。在插入图块时，用户可以根据提示，输入属性定义的值，从而便捷地形成带不同属性的图块。

- 菜单栏：“绘图”→“块”→“定义属性”命令。
- 命令行：输入“ATTDEF”命令。

输入命令后，弹出“属性定义”对话框，如图 6-6 所示。

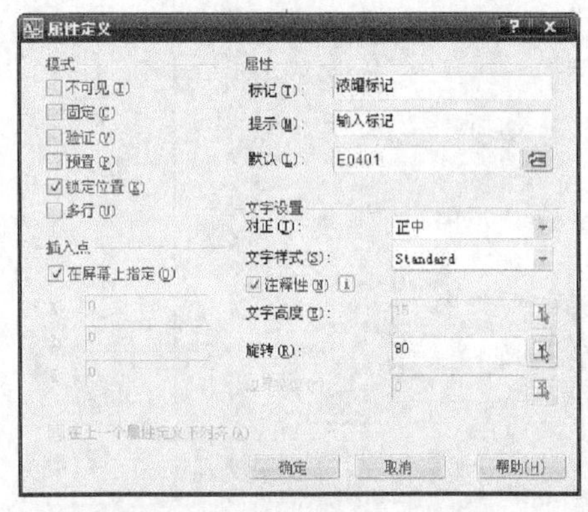

图 6-6 “属性定义”对话框

各选项组功能如下。

“模式”选项组：有不可见、固定、验证、预置、锁定位置和多行 6 个选项，一般选“锁定位置”。

“属性”选项组：有标记、提示、默认 3 个文本框，分别输入属性的标志、需提示的信息和预设的属性值。

“插入点”选项组：属性文本排列在图块中的位置。一般单选“在屏幕上指定”；如果图形的坐标位置确定，也可以直接输入坐标值。

提示：属性的插入点与图块的插入点是两个不同的概念，不要混为一谈。前者是指定属性在图块中的位置，而后者是指定图块插入图形时的基点。

“文字设置”选项组：设置对正、文字样式、文字高度、旋转等特性；其中，文字样式是否为注释性由单选按钮确定。

图 6-6 所示为“液体计量罐”图形设置属性定义的对话框。

单击“确定”按钮，完成定义图块属性的操作，结果如图 6-7 所示。

图 6-7 定义图块属性结果示例

（2）创建带属性的图块

将构成带属性的图块两要素（图形，文本对象）完成后，按创建内部图块或外部图块的方法完成带属性的图块的创建。即带属性的图块既可以是内部图块，也可以是外部图块。除表面粗糙度之外，还可以将 M10 螺栓、螺母及其与之配套的垫圈等创建成为外部图块，形成紧固件系列。如需要插入 M8 螺栓时，将比例设为 0.8；而需要插入 M12 螺栓时，则将比例设为 1.2；依此类推。

（3）插入带属性的图块

与插入普通图块相同，只是不管比例和旋转角度发不发生改变，命令行都会提示：是否输入新的属性值。如果输入，则图块带有新的属性值；反之，如果直接回车，则图块保持原有的属性值。

（4）带属性图块的编辑

对于带属性图块的编辑，包括对其属性值、文字样式、对正方式、字高、旋转角以及图层、线型、颜色、线宽等要素的编辑。

如果要对带属性的图块进行编辑，可先选择该图块，再单击鼠标右键，弹出快捷菜单，如图 6-8 所示。

选择“编辑属性”，弹出“增强属性编辑器”对话框，分别对“属性”、“文字选项”和“特性”3 个选项卡的相关设置进行修改即可。

其中：“属性”选项卡完成对属性值的编辑，如可将属性值“1.6”更改为“3.2”或其他数值，如图 6-9 所示。

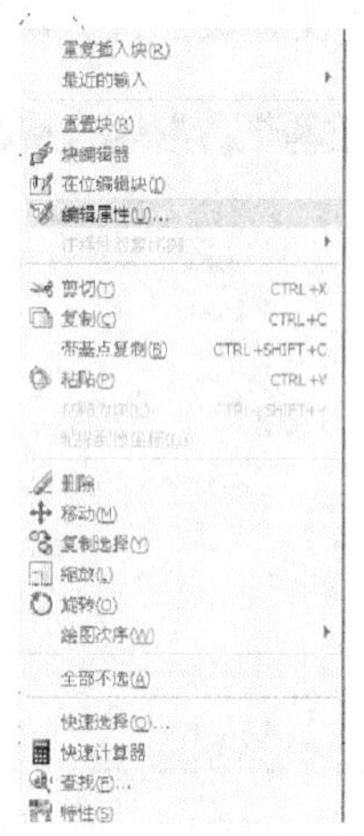

图 6-8 “编辑属性”快捷菜单

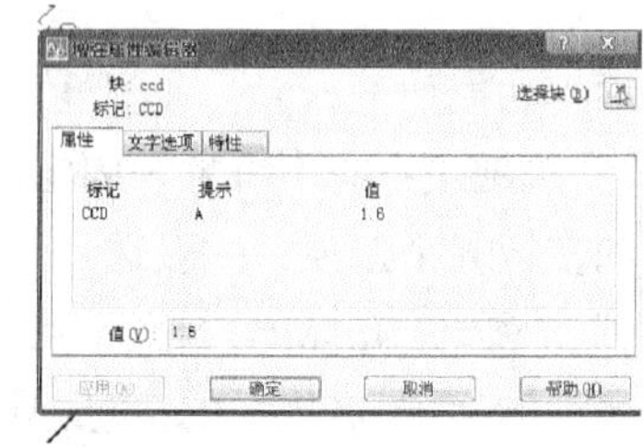

图 6-9 “增强属性编辑器”对话框“属性”选项卡

“文字选项”选项卡解决文字样式、对正、高度、旋转等因素的编辑，如图 6-10 所示。

“特性”选项卡则是对“图层”、“线型”、“颜色”、“线宽”及“打印样式”等进行修改，如图 6-11 所示。

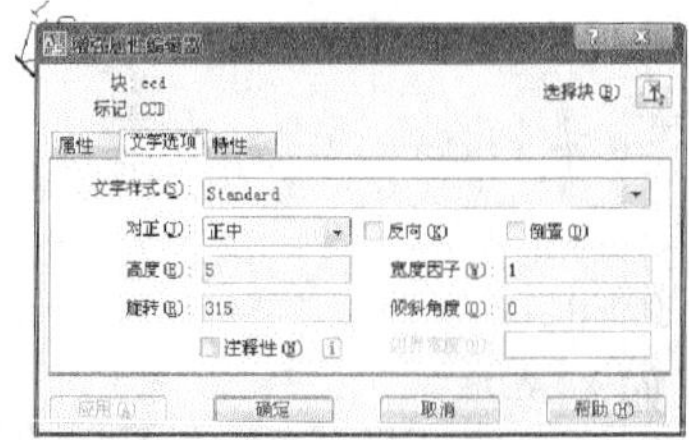

图 6-10 “增强属性编辑器”对话框“文字选项”选项卡

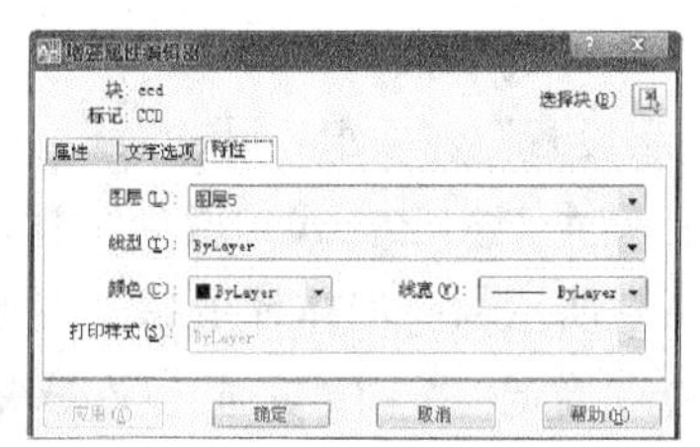

图 6-11 “增强属性编辑器”对话框“特性”选项卡

任务 1 解决方案

分析：如图 6-1 所示，表面粗糙度带有数值，所以，需要采用带属性的图块。同时，需要分别在工件的上、下、左、右及上左、下左、上右、下右共 8 个表面标注表面粗糙度。除所有的粗糙度符号应垂直于所在的表面之外，其数值在上右、上、上左、左表面与符号同向，而下左、下、下右及右表面，数值与符号反向。

1. 绘制边长为 50 的正八边形。

2. 绘制表面粗糙度符号：（设置极轴追踪增量角为 30°）用细实线绘制，单击“直线”命令，指定起点；鼠标水平向左，输入 10，回车；鼠标向右下追踪 300°，输入 10，回车；鼠标向右上追踪 60°，输入 20，回车。

3. 设置图块属性：“绘图”→“块”→“定义属性”。弹出“属性定义”对话框→“属性”选项组中，“标记”文本框输入“ccd”，“提示”文本框输入“CD”，“值”文本框输入“3.2”→单击“插入点”按钮，选择表面粗糙度符号水平线中点上约 5 毫米处→“文字选项”选项组中，“对正”选择正中，“字高”选择“5”，“旋转”选择“0”，单击“确定”按钮。

4. 创建“带属性的块”（以创建内部图块为例，创建外部图块由读者自己完成）：单击“创建块”按钮，弹出“块定义”对话框→“名称”输入“粗糙度”→“插入点”：选择粗糙度符号下顶点→“选择对象”：选择粗糙度符号及属性标记→单击“确定”按钮→弹出“编辑属性”对话框（是否更改预设属性值），单击“确定”按钮。

5. 插入“带属性的块”：单击“插入块”按钮→弹出“插入”对话框→选择“名称”为“粗糙度”→“插入点”和“旋转”均选择“在屏幕上指定”；“缩放比例”3 个方向均为 1 保持不变。

其中，上侧（以逆时针为序）粗糙度分别为 1.6，3.2，6.4，0.8 的，直接选择“捕捉到中点”，然后，沿正八边形外表面顺时针移动鼠标，使表面粗糙度符号定位；单击鼠标右键，在命令栏分别输入 1.6，3.2，6.4，0.8 即可（其中，粗糙度数值为 3.2 时，可直接回车，不需重新输入，下同）。

6. 图块属性的编辑：下侧的粗糙度，因符号的方向与粗糙度数值的方向相反，在分别输入 3.2，1.6，0.8 和 6.4 后，还需分别调整其粗糙度数值的方向，使其头部向上或向左，即在确定了粗糙度符号方向以后，将其属性值方向旋转 180°（即左下侧的旋转角由 135°改为 315°；下部由 180°改为 0°；右下侧由 225°改为 45°；右侧则由 270°改为 90°。这样，各粗糙度符号和数值均满足机械制图规范要求）。

任务 2 电气、建筑、化工图样中图块的创建和插入

任务要求

绘制住宅平面图，如图 6-12 所示。其中，门、窗应先创建成为图块，然后根据具体的尺寸、

方向要求插入（尺寸数字高 200，文字高 200，入户门宽 1000，室内门宽 800，单元双扇门宽 1000+500，阳台连窗门宽 800+700，窗宽 1500 或 1800，卫生间梭门宽 750，外墙厚 370，内墙厚 240）。

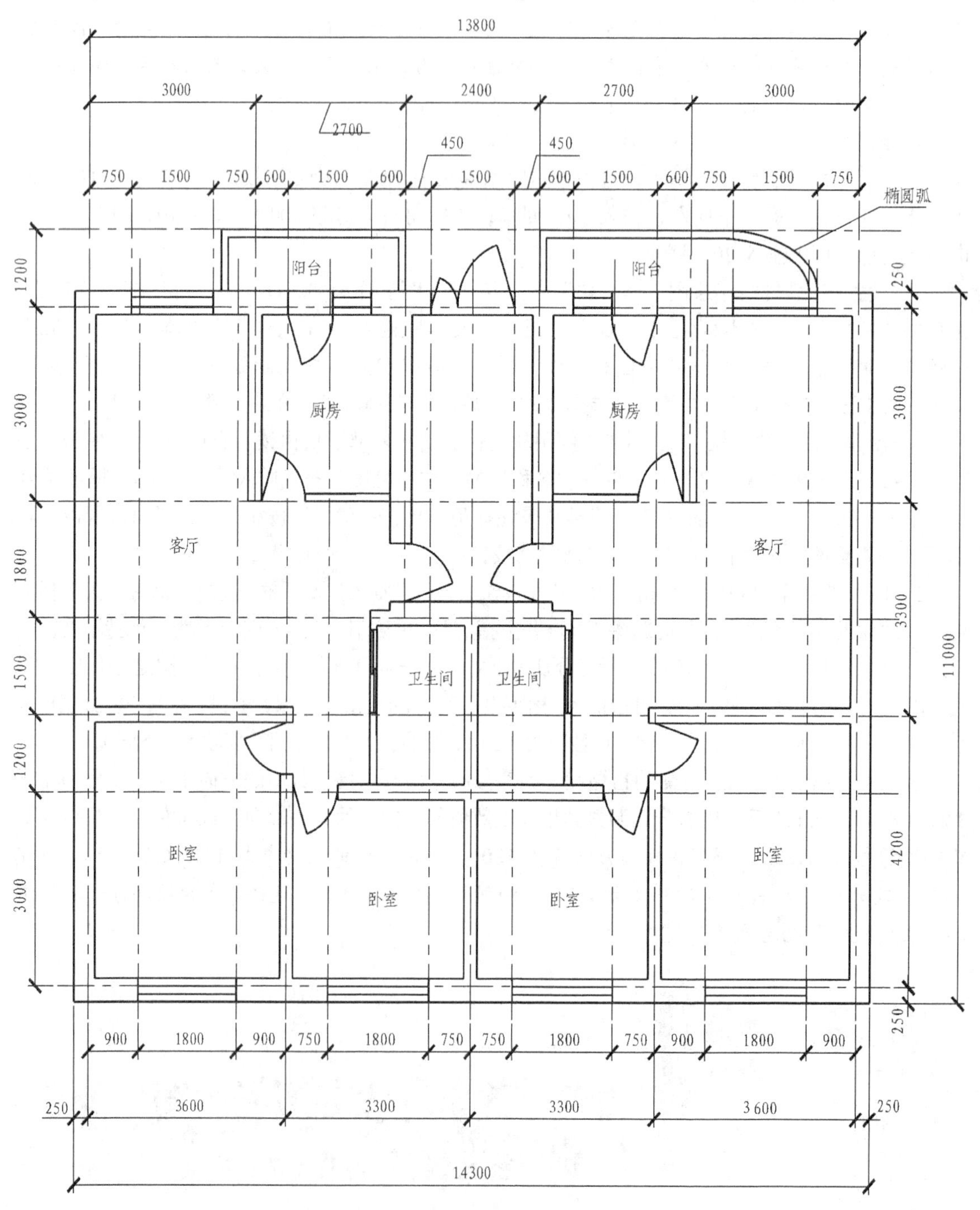

图 6-12　住宅平面图

1. 电气图样常用图块

电气图样常用图块如图 6-13、图 6-14、图 6-15、图 6-16 和图 6-17 所示。

序号	图例	名称	说明	参考尺寸
1		变电所		边长200正方形
2		杆上变压器		
3		移动变压器		
4		控制屏、控制台	配电室及进线开关柜	450×200矩形
5		电力配电箱（板）	画于墙外为明装、墙内为暗装	
6		工作照明配电箱（板）		
7	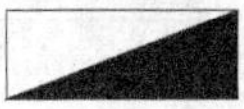	多种电源配电箱（板）		
8		单极开关	明装 暗装 保护或密闭	直径100，长线100
9		刀开关	断路器（低压断路器）	斜线长150
10		双极开关	明装 暗装 保护或密闭	直径100，长线100
11		三极开关	明装 暗装 保护或密闭	
12	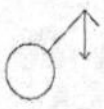	拉线开关		
13	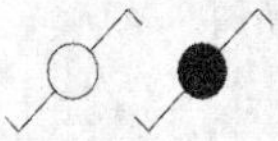	双控开关（单线三极）	明装 暗装	
14	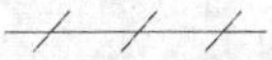	接地或接零线路		斜线长150，间隔300
15		接地或接零线路（有接地极）		斜线长150，间隔200，圆直径100
16		接地、重复接地		垂线长150，水平线分别长180，130，50
17		熔断器	除注明外均为 RCIA 型瓷插式熔断器	矩形250×75

图 6-13 电气工程常用图例（1）

续表

序号	图例	名称	说明	参考尺寸
18		交流配电线路	铝（铜）芯时为2根2.5mm²注明者除外	斜线长150，间距75
19		交流配电线路	3根导线	
20		交流配电线路	4根导线	
21		交流配电线路	5根导线	
22		避雷线		斜线长50，间距750
23		灯具一般符号		直径200
24		单管荧光灯	每管附装相应容量的电容器和熔断器	长线200，短线30
25		壁灯		半径100
26		吸顶灯（天棚灯）		
27		球形灯		
28		深照型灯		
29		广照型灯		
30		防水防尘灯		
31		局部照明灯		
32		安全灯		
33		隔爆灯		内径200，外径300
34	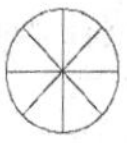	花灯		半径100

图 6-14 电气工程常用图例（2）

续表

序号	图例	名称	说明	参考尺寸
35		平底灯座		半径100
36		避雷针		半径50，填充
37		单相插座	一般（明装） 保护或密闭 防爆 暗装	圆弧半径70 垂线长70
38		单相插座带接地插孔		
39	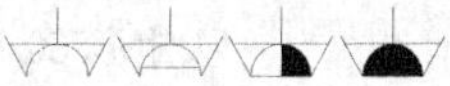	三相插座带接地插孔		
40		双绕组变压器		圆半径50，垂线长50
41		电缆交接间		边长150
42		架空交接箱		矩形400×200
43		落地交接箱		
44		壁龛交接箱		
45		分线盒一般符号	可加注 $\frac{A-B}{C}D$ A:编号 B:容量 C:线序 D:用户数	半径50，长线200
46		室内分线盒		
47		室外分线盒		
48		分线箱		矩形50×100 垂线75
49		壁龛分线箱		
50		电源自动切断箱		矩形400×200
51	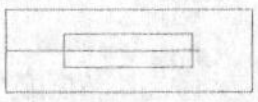	电阻箱		大矩形550×200 小矩形350×60

图 6-15　电气工程常用图例（3）

续表

序号	图例	名称	说明	参考尺寸
52		鼓形控制器		边长30正三角形 150X250矩形
53		自动开关箱		150X250矩形
54		刀开关箱		
55		带熔断器的刀开关箱		
56	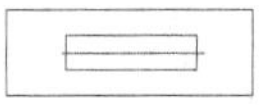	熔断器箱		大矩形550X200 小矩形350X60
57	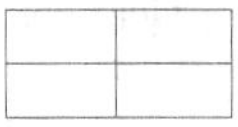	组合开关箱		550X200矩形
58	 ! c	差温感温探测器		300X250矩形
59	N	点型离子感烟探测器		
60	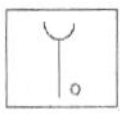	带电话插孔手动报警器		
61	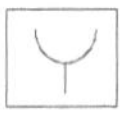	手动报警器		
62	M	输入模块		边长180正方形
63	C	控制模块		
64		墙装式防火喇叭		边长150正方形
65	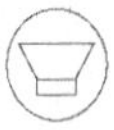	嵌入式防火喇叭		直径200
66		声光报警器		矩形50X25，垂线150，30°斜线80，闭合
67	1804	双切换盒		矩形300X250
68	DG	短路隔离模块		

图 6-16　电气工程常用图例（4）

续表

序号	图例	名称	说明	参考尺寸
69		火灾显示盘		矩形300×250
70		接线端子箱		
71	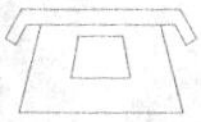	消防电话	壁挂式	外观尺寸：250×180
72		单孔信息插座	超五类	
73		双孔信息插座	超五类	
74		网络机组		
75		电视前端箱		
76		电视分支器箱		
77	 T	电视插座		直径200
78		消火栓按钮		
79	 L	水流指示器		
80	 P	水力报警阀压力开关		
81		信号蝶阀		外观尺寸：350×150

图 6-17 电气工程常用图例（5）

2. 建筑图样常用图块

建筑图样常用图块如图 6-18 所示。

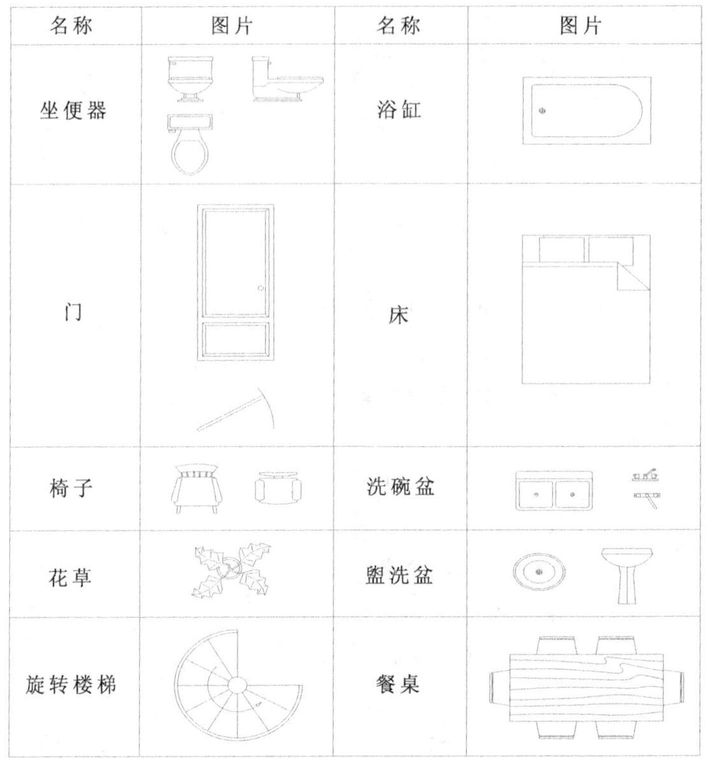

名称	图片	名称	图片
坐便器		浴缸	
门		床	
椅子		洗碗盆	
花草		盥洗盆	
旋转楼梯		餐桌	

图 6-18 建筑图样常用图块

3. 化工图样常用图块

化工图样常用图块如图 6-19 和图 6-20 所示。

常用阀门与管件的图示方法（摘自 HG20519.37—1992）

名 称	符 号	名 称	符 号
截止阀		阻火器	
闸阀		同心异径管	
旋塞阀		偏心异径管	
球阀		疏水器	
减压阀		放空管	
隔膜阀		消音器	
止回阀		视镜	
节流阀		喷射器	

注：阀门图例尺寸一般为长 6 mm，宽 3 mm，或长 8 mm，宽 4 mm。

名称	图例	备注	名称	图形符号	备注
孔板			转子流量计		圆圈内应标注仪表位置
文丘里管及喷咀					
无孔板取压接头			其他嵌在管道中的检测仪表		圆圈内应标注仪表位置

图 6-19　化工常用图块（1）

安装位置	图例	备注	安装位置	图形符号
就地安装仪表			就地仪表盘面安装仪表	
		嵌在管道中	集中仪表盘后安装仪表	
集中仪表盘面安装仪表			就地仪表盘后安装仪表	

图 6-20　化工常用图块（2）

任务 2　解决方案

一、创建门、窗图块

因门、窗图块在建筑图样中经常使用，故应创建为外部图块。

1. 创建“门”及“门框”图块

新建空白文档，绘制门和门框图样，如图 6-21 所示。将其创建为外部图块（图块不包括尺寸标注部分，下同），拾取点为左下角，分别以“门图块”、“门框图块”为文件名保存。

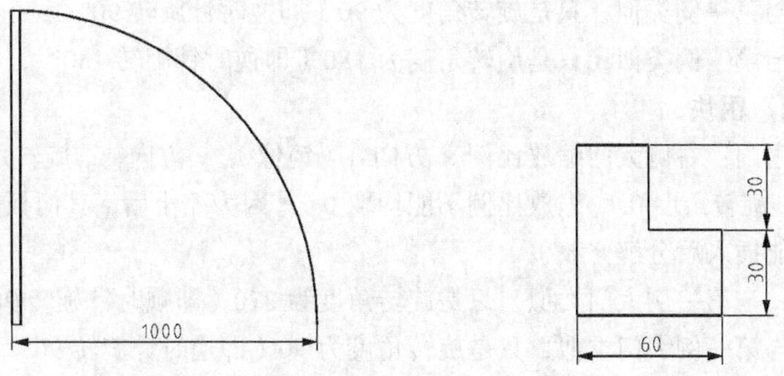

图 6-21　“门”及“门框”图块

2. 创建“窗”图块

新建空白文档，绘制窗图样，如图 6-22 所示。将其创建为外部图块，拾取点为左下角，并以“窗图块”为文件名保存。

3. **创建“梭门”图块**

新建空白文档，绘制梭门图样，如图 6-23 所示。将其创建为外部图块，拾取点为左端中点，并以“梭门图块”为文件名保存。

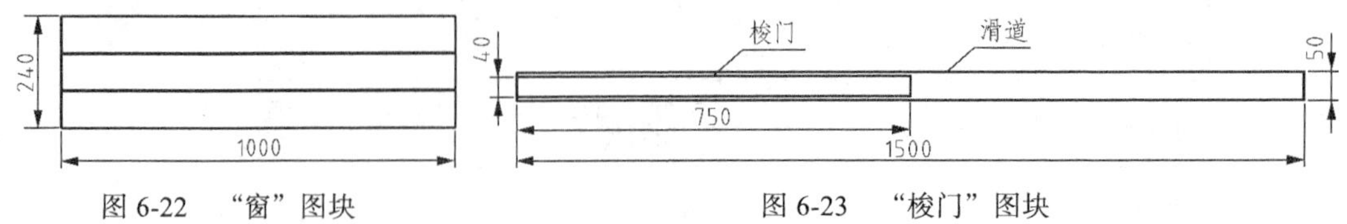

图 6-22　“窗”图块　　　　图 6-23　“梭门”图块

二、绘制墙体

用多线绘制墙体。均以“对正—无”、“比例—20”设置。

1. **外墙**

多线样式的元素特性 12.5 和-6 为细实线，0 为细点划线。多线特性起点、端点均用直线封口。在门开口处按所给尺寸一边增加 30 的门框宽度；窗开口处则按所给尺寸绘制。

2. **内墙**

多线样式的元素特性 6 和-6 为细实线，0 为细点划线。其余同外墙。

三、插入门、窗图块

插入图块时，因尺寸、朝向的不同，可用“缩放比例”、“旋转”等工具实现。

1. **插入“门框”图块**

相对比较复杂，右侧对称的不计，仅左侧就有：单元外开双扇门（1000+500）；入户外开门（1000）一扇；内开房门（800）三扇，其中：左开两扇（大小卧室各一，且方向不同）、右开一扇（厨房）；阳台连窗门(700)一扇。各自插入选项如下：

单元外开双扇门：左侧缩放比例均为 1，旋转角度 0；右侧 x 方向-1（镜像），y 方向 1，旋转角度 0。（厨房门同）

入户外开门：与第一例类似，只是旋转角度为 270（即顺时针旋转 90°　）。

大卧室门：与第一例类似，只是旋转角度为 90（即逆时针旋转 90°　）。

小卧室门：与第一例类似，只是旋转角度为 180（即逆时针旋转 180°　，阳台门同）。

2. **插入“门”图块**

单元外开双扇门：右侧大门缩放比例 x 方向-1（镜像），y 方向 1，旋转角度 0；右侧小门缩放比例均取 1，旋转角度 0。（缩放比例不能均取 0.5，因为缩小后，其门板的厚度也会变小，显然不协调，只能插入后分解修改）。

入户外开门：与第一例大门类似，只是旋转角度为 270（即顺时针旋转 90°　）。

大卧室门：与第一例大门类似，只是旋转角度为 90（即逆时针旋转 90°　）。

小卧室门：与第一例类似，只是旋转角度为 180（即逆时针旋转 180°　，阳台门同）。

单元外开双扇门：宽 1000 的，缩放比例均为 1 不变，旋转角度 180；宽 500 的，

3. **插入“窗”图块**

4. **插入“梭门”图块**

任务 3 根据零件图绘制装配图

任务要求

将图 4-46 所示钻模各零件绘制成以零件名为名称的零件图，再根据钻模装配示意图（见图 6-24），利用设计中心，绘制出钻模装配图。

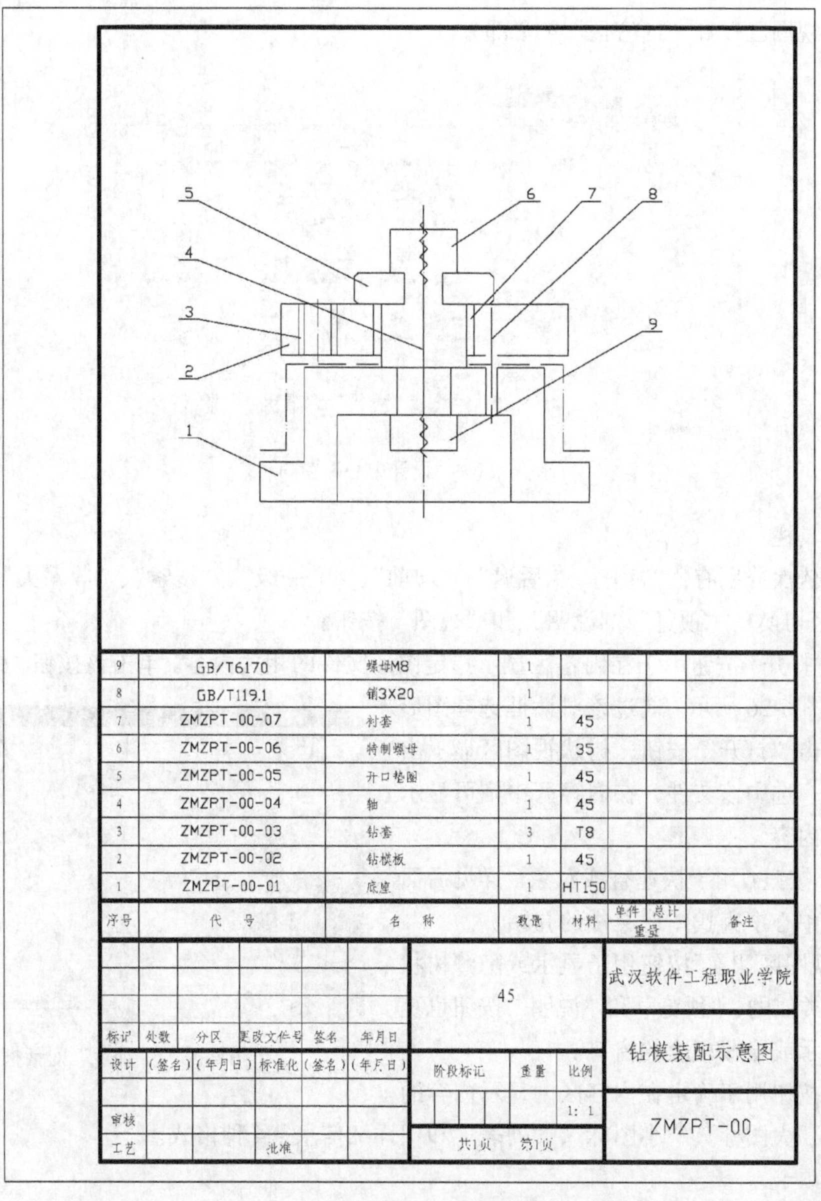

5
6
7
8
4
3
9
2
1
9 GB/T6170 螺母M8 1
8 GB/T119.1 销3X20 1
7 ZMZPT-00-07 衬套 1 45
6 ZMZPT-00-06 特制螺母 1 35
5 ZMZPT-00-05 开口垫圈 1 45
4 ZMZPT-00-04 轴 1 45
3 ZMZPT-00-03 钻套 3 T8
2 ZMZPT-00-02 钻模板 1 45
1 ZMZPT-00-01 底座 1 HT150
序号 代号 名称 数量 材料 单件 总计 重量 备注
45
武汉软件工程职业学院
标记 处数 分区 更改文件号 签名 年月日
钻模装配示意图
设计 (签名) (年月日) 标准化 (签名) (年月日) 阶段标记 重量 比例
1: 1
审核
ZMZPT-00
工艺 批准 共1页 第1页

图 6-24 钻模装配示意图

AutoCAD 设计中心是一个集管理、查看和重复利用图形于一体的多功能高效工具。通过设计中心，可以将某一图形中的图块添加到其他图形中，还可将已有图形的任意对象，如图层设置、图块、文字样式、尺寸标注样式等添加到其他图形中，使用户可以不需要重复设置，而直接利用资源共享提高绘图效率。

1. AutoCAD 设计中心的启动和组成

- 菜单栏：“工具” → “AutoCAD 设计中心”。
- 工具栏：单击“设计中心”按钮。
- 命令行：输入“ADCENTER”命令。

输入命令后，弹出“设计中心”窗口，如图 6-25 所示，由上至下分别为“工具栏”、“选项卡”、“树状视图区”和“内容区”4 个部分。

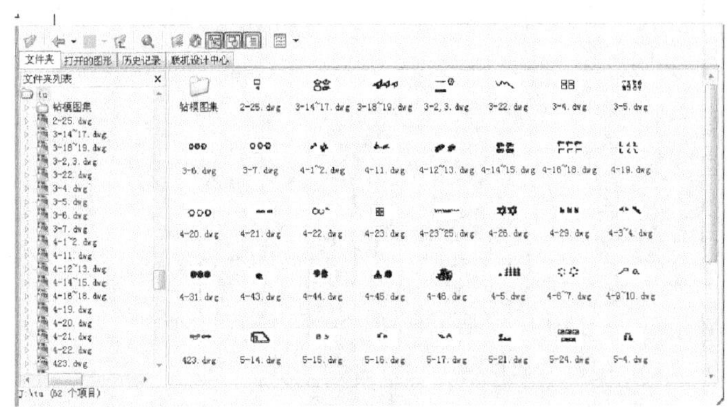

图 6-25 “设计中心”窗口

（1）工具栏

工具栏依次分别有：“打开”、“后退”、“向前”、“上一级”、“搜索”、“收藏夹”、“Home”、“树状视图区切换”、“预览”、“说明”和“视图”按钮。

其中：“打开”按钮用于在内容区显示指定图形文件的相关内容。单击该按钮，弹出“加载”对话框，如图 6-26 所示。通过该对话框选择图形文件后，单击“打开”按钮，树状视图区显示出该文件名称，选中该文件，在内容区中则可显示出其对应的内容。

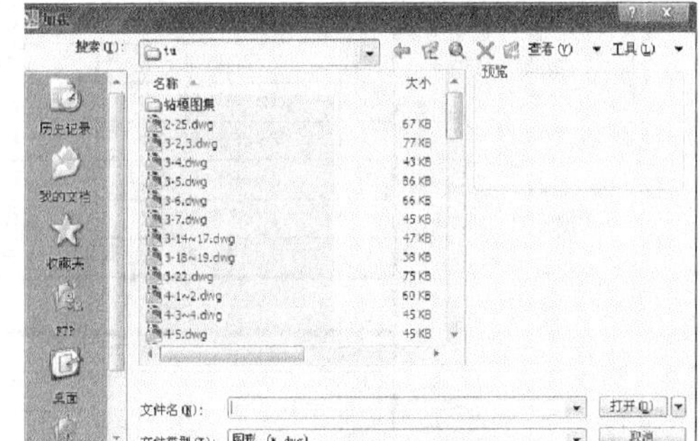

图 6-26 “加载”对话框

“搜索”按钮：用于快速查找对象。详见后面对使用设计中心中查找图形文件的介绍。

“树状视图区切换”按钮用于显示或隐藏树状视图窗口。类似的，“预览”和“说明”按钮也是用来进行显示或隐藏相应的窗口。

“视图”按钮用于确定在内容区内显示内容的格式，包括“大图标”、“小图标”、“列表”和“详细信息”4 种格式。

（2）选项卡

选项卡依次分别有“文件夹”、“打开的图形”、“历史纪录”和“联机设计中心”4 个选项卡。

各选项卡功能如下。

“文件夹”选项卡：用文件夹列表显示图形文件，如图 6-25 所示。

“打开的图形”选项卡：显示当前已打开的图形及相关内容，如图 6-27 所示。

图 6-27 “打开的图形”选项卡

“历史纪录”选项卡：显示用户最近浏览过的 AutoCAD 图形。

“联机设计中心”选项卡：通过因特网得到的在线帮助，如图 6-28 所示。

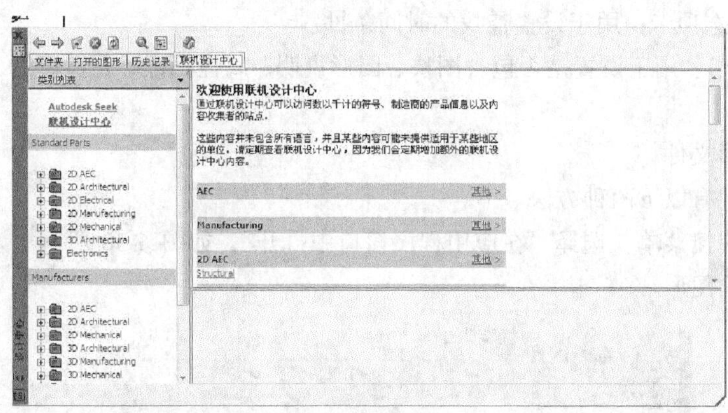

图 6-28 “联机设计中心”选项卡

（3）树状视图区

树状视图区用于显示系统内的所有资源，包括磁盘及所有文件夹、文件以及层次关系，树状视图区的操作等。其操作方法与 Windows 资源管理器的操作方法类似。

（4）内容区

内容区又称控制板，当在树状视图区中选择某一项时，AutoCAD 会在内容区显示所选的内容。根据在树状视图区中选项的不同，在内容区中显示的内容可以是图形文件、文件夹、图形文件中的命名对象、填充图案等。

2. 使用设计中心

（1）查找图形文件

单击工具栏“搜索”按钮，弹出“搜索”对话框，如图 6-29 所示，可查找所需的图形文件。

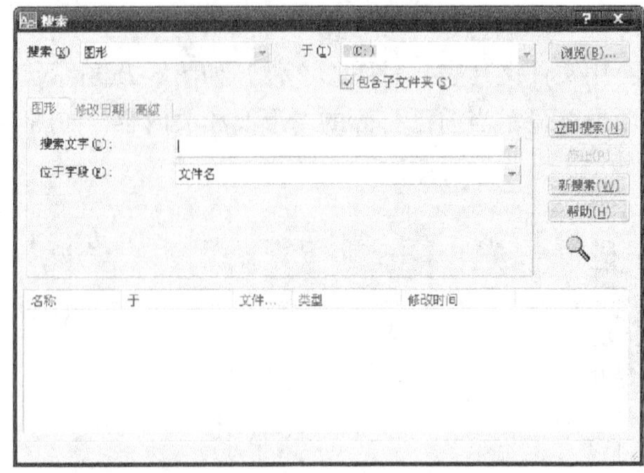

图 6-29 “搜索”对话框

“搜索”对话框各选项含义如下。

“查找”下拉列表框：用于确定查找对象的类型。

“搜索”下拉列表框：用于确定搜索路径。

“包含子文件夹”复选框：用于确定是否包含子文件夹。

“图形”选项卡：用于设置搜索图形的文字和对应的字段。

“修改日期”选项卡：用于设置查找的时间条件。

“高级”选项卡：用于设置是否包含图块、图形说明、属性标记、属性值等，并可以设置图形的大小范围。

（2）打开图形文件

打开图形文件有以下两种方法。

一是用右键快捷菜单，选择“在应用程序窗口中打开”，如图 6-30 所示。该图形文件会被打开并设置为当前图形。

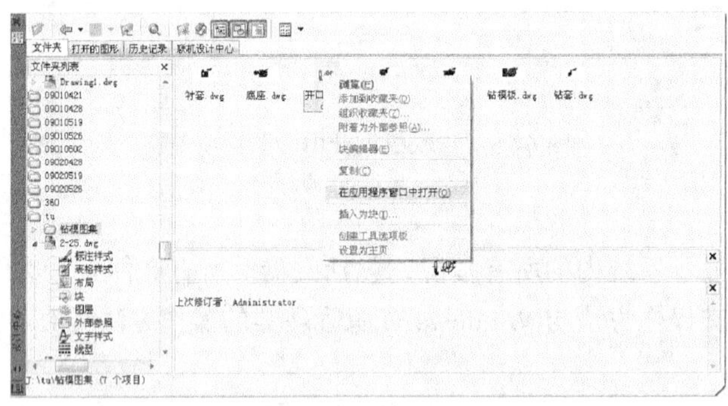

图 6-30 用快捷菜单打开图形示例

二是用拖动方式，在设计中心的内容区，单击需打开的图标，按住鼠标左键将其拖曳到 AutoCAD 除绘图区以外的任何地方，松开左键，该图形文件将被打开并设置为当前图形。

（3）复制图形文件

复制图形文件也有以下两种方法。

一是用右键快捷菜单，选择“复制”按钮，如图 6-31 所示，然后，粘贴到所需的图形中。

二是用拖曳方式，在设计中心的内容区，单击需打开的图标，按住鼠标左键将其拖曳到

AutoCAD 的绘图区，松开左键，该图形文件被作为一个图块，插入到当前图形中。

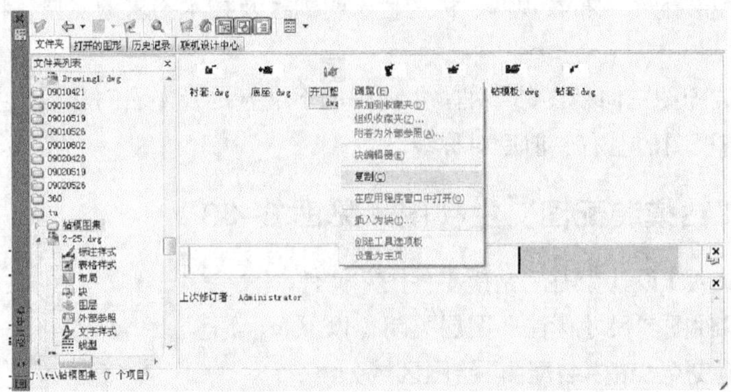

图 6-31 用快捷菜单复制图形示例

任务 3 解决方案

一、绘制“钻模零件图”

1. 按照“钻模装配示意图”所示图名和图号，绘制钻模各零件图
2. 将上述“钻模零件图”及“钻模装配示意图”存放到同一文件夹中

二、建立“钻模装配图”文件（见图 6-32）

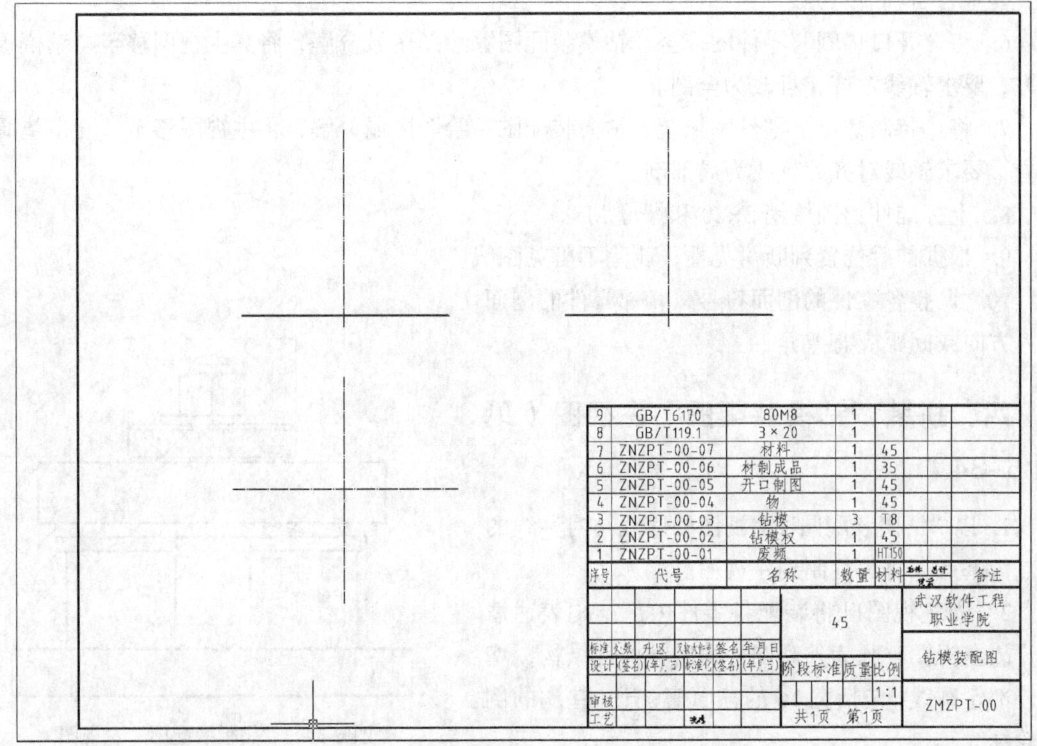

图 6-32 “钻模装配图”文件

1. 打开“钻模装配示意图”，将其另存为“钻模装配图”。

2. 根据“钻模装配图”布置视图、标题栏、明细栏及技术要求的需要，将图幅大小调整为A3（420×297）。

3. 确定钻模装配图三向视图的基准：主视图的下端基准及左右对称线，主视图的下端基准及前后对称线，俯视图的左右、前后对称线。

三、拼装“钻模装配图”主视图（见图 6–33）

1. 打开 AutoCAD 设计中心“钻模零件图”文件夹，将“底座”零件图“尺寸标注”图层关闭（以下均相同），再将其拖曳至“钻模装配图”绘图区域分解，并以其底面与对称线的交点为基点，将其移动到主视图相应位置。

2. 将“轴”零件图拖至“钻模装配图”绘图区域分解，使其右端向下，ϕ22 段下表面紧贴“底座”上表面，且与之轴线对齐。

3. 在“底座”与“轴”的外侧，用双点划线绘制配套的工件（壁厚约 3 毫米）。

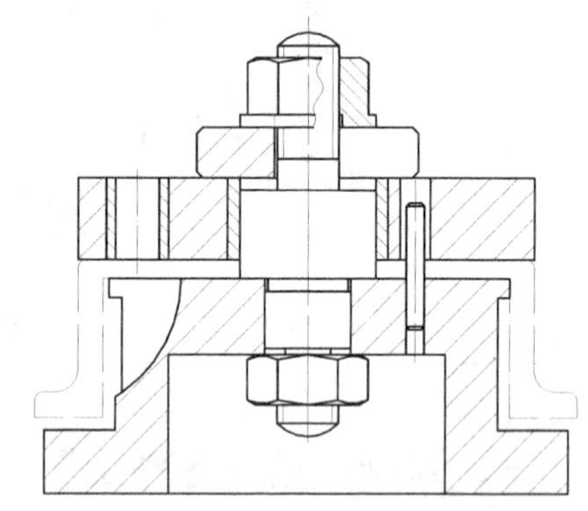

图 6-33 “钻模装配图”主视图

4. 将“钻模板”零件图拖至“钻模装配图”绘图区域分解，将其主视图移至“工件”上方，同样要求轴线对齐。

5. 分别将“钻套”和“轴套”零件图拖至“钻模装配图”绘图区域分解，再移动到相应位置，要求各自轴线对齐。

6. 将“开口垫圈”零件图拖至“钻模装配图”绘图区域分解，将其主视图移至“钻模板”上方，要求轴线对齐，且改为全剖。

7. 将“特制螺母”零件图拖至“钻模装配图”绘图区域分解，将主视图移至“开口垫圈”上方，要求轴线对齐，且改为局部剖。

8. 上标准件：圆柱销 3×20 和螺母 M8。

9. 根据前后位置判断可见性，删除不可见图线。

10. 调整各零件的剖面符号，相邻零件的剖面符号方向或间距应有差异。

四、拼装“钻模装配图”左视图（见图 6–34）

1. 以“钻模装配图”主视图的底线与对称线的交点为基点，将其复制到左视图。

2. 因主视图已将装配各零件内部结构表达清楚，故左视图改画为外观图：即删除内部结构，增加外部轮廓线，包括宽 16 的柱面槽、开口垫圈的倒角轮廓线等。

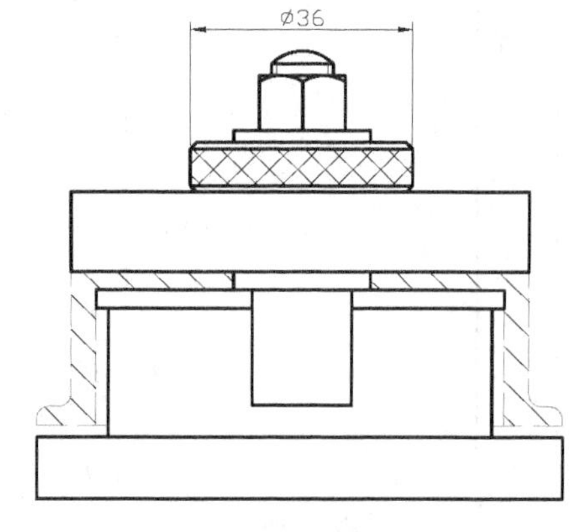

图 6-34 “钻模装配图”左视图

3. 特制螺母因旋转 90° 后，前后表面积聚为直线，两者间距为正六边形内切圆直径（较主视图左右两棱线间距小），且前后对称两铅垂面可见，均不反映实形。

五、拼装“钻模装配图”俯视图（见图 6-35）

1. 将“钻模板”俯视图移至“钻模装配图”俯视图处，圆心对正。

2. 将“开口垫圈”俯视图移至“钻模装配图”俯视图处，圆心对正。

3. 将“特制螺母”俯视图移至“钻模装配图”俯视图处，圆心对正。

4. 修剪“钻模板”上 ϕ26 圆被“开口垫圈”遮挡的部分，删除“开口垫圈”上 ϕ11 半圆弧，并修剪被“特制螺母”遮挡的直线部分。

5. 增加“销”（ϕ3）及“钻套”（ϕ7，3 个）的可见轮廓线。

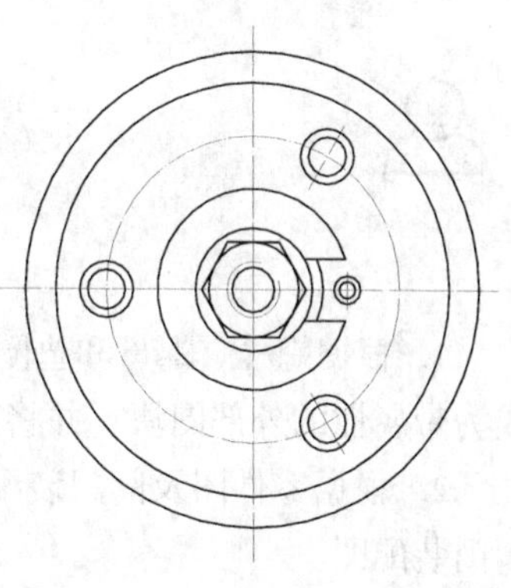

图 6-35 “钻模装配图”俯视图

六、标注尺寸（见图 6-36）

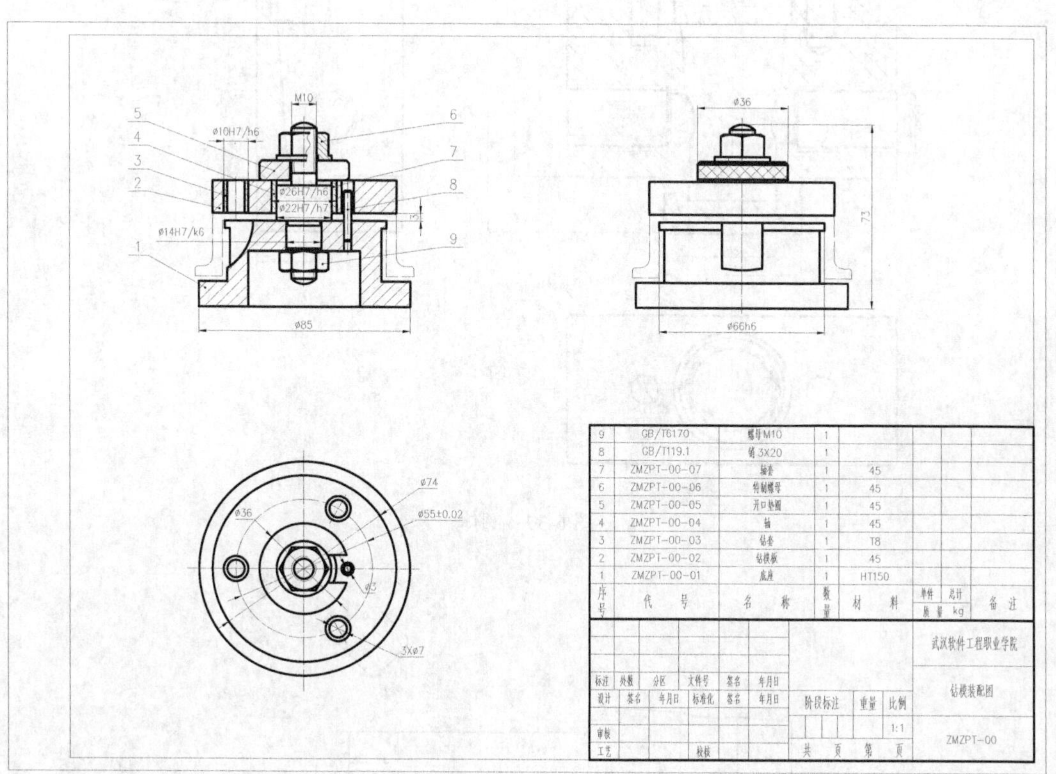

序号	代号	名称	数量	材料	单件质量 kg	总计质量 kg	备注
9	GB/T6170	螺母M10	1				
8	GB/T119.1	销 3X20	1				
7	ZMZPT-00-07	轴套	1	45			
6	ZMZPT-00-06	特制螺母	1	45			
5	ZMZPT-00-05	开口垫圈	1	45			
4	ZMZPT-00-04	轴	1	45			
3	ZMZPT-00-03	钻套	1	T8			
2	ZMZPT-00-02	钻模板	1	45			
1	ZMZPT-00-01	底座	1	HT150			

图 6-36 完成的“钻模装配图”

1. 总体尺寸：ϕ86，73，ϕ36，ϕ74 等。

2. 配合尺寸：ϕ10，ϕ22，ϕ26，ϕ66 等。

七、完成“钻模装配图”，如图 6-24 所示

1. 标注零件序号：用“引线标注”命令，将引线的箭头设置为“小点”，序号的高度为 2.5。
2. 填写明细表和标题栏。

巩固与拓展

1. 根据螺栓、螺母和垫圈的比例画法，将螺栓 M10×50 及与之配套的螺母、垫圈分别制作成为带属性的外部图块，并将其插入任意图形。

2. 根据零件图及阀门装配示意图（见图 6-37、图 6-38、图 6-39、图 6-40 和图 6-41）绘制阀门装配图。

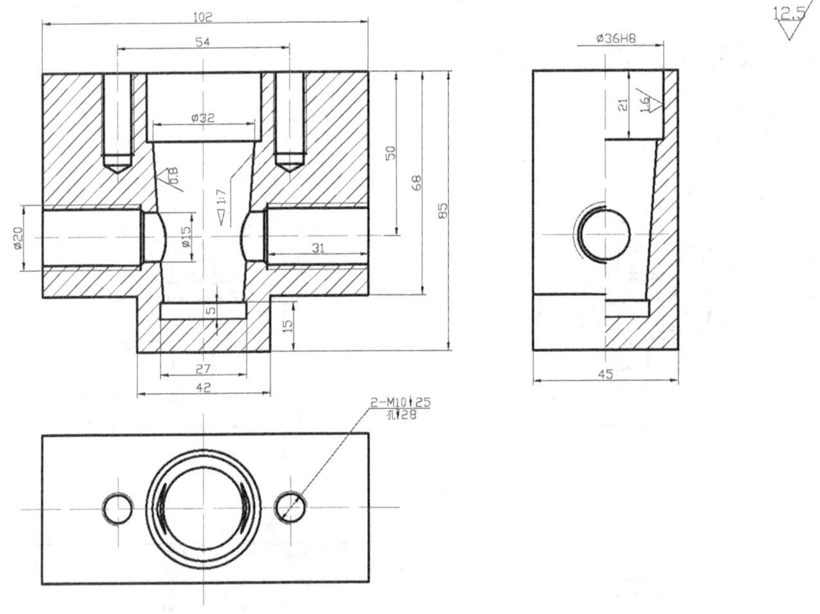

图 6-37　阀体

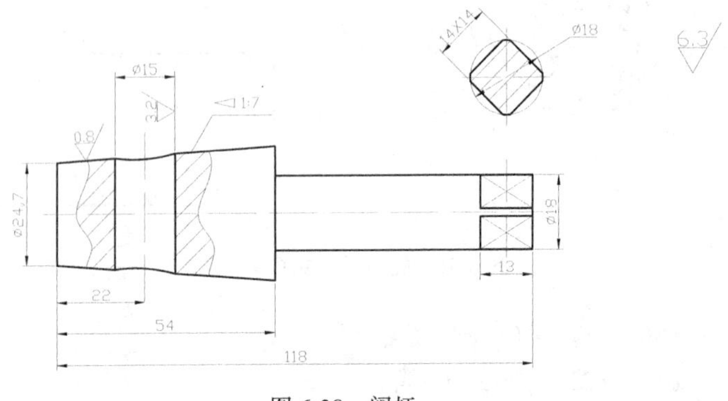

图 6-38　阀杆

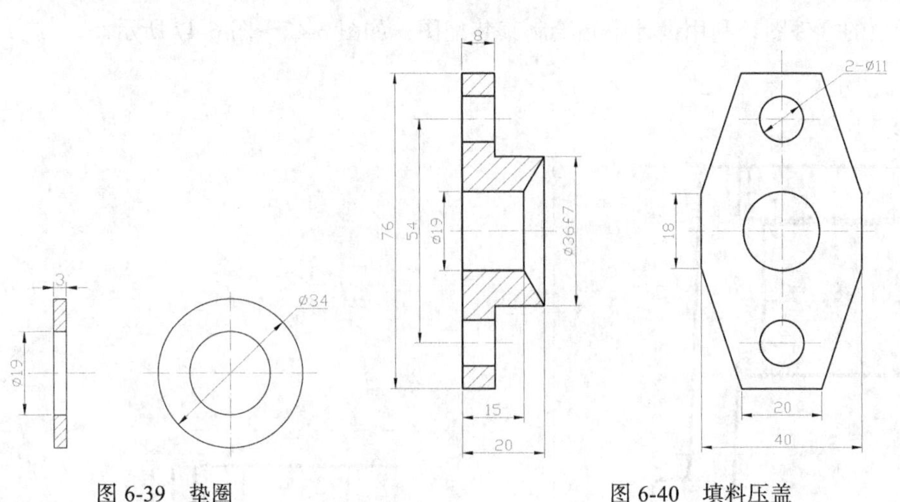

图 6-39　垫圈　　　　　　　　　　　　图 6-40　填料压盖

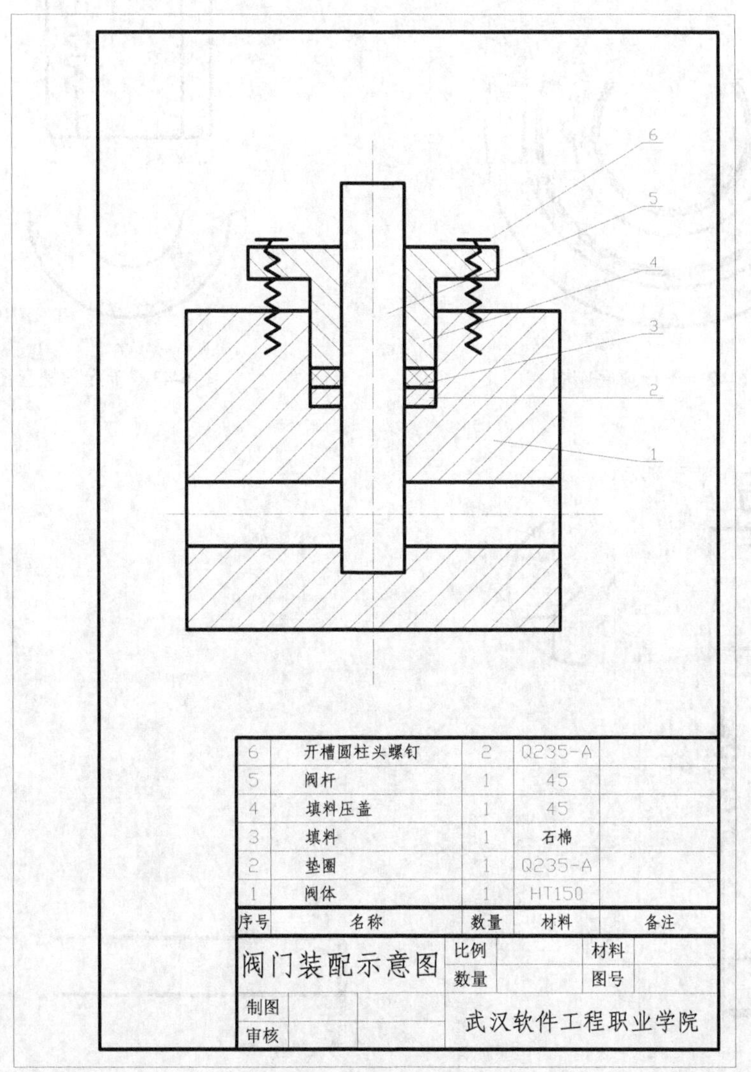

6	开槽圆柱头螺钉	2	Q235-A	
5	阀杆	1	45	
4	填料压盖	1	45	
3	填料	1	石棉	
2	垫圈	1	Q235-A	
1	阀体	1	HT150	
序号	名称	数量	材料	备注

阀门装配示意图		比例		材料	
		数量		图号	
制图		武汉软件工程职业学院			
审核					

图 6-41　阀门装配示意图

3. 完成千斤顶的零件图，利用设计中心绘制其装配图，如图 6-42～图 6-47 所示。

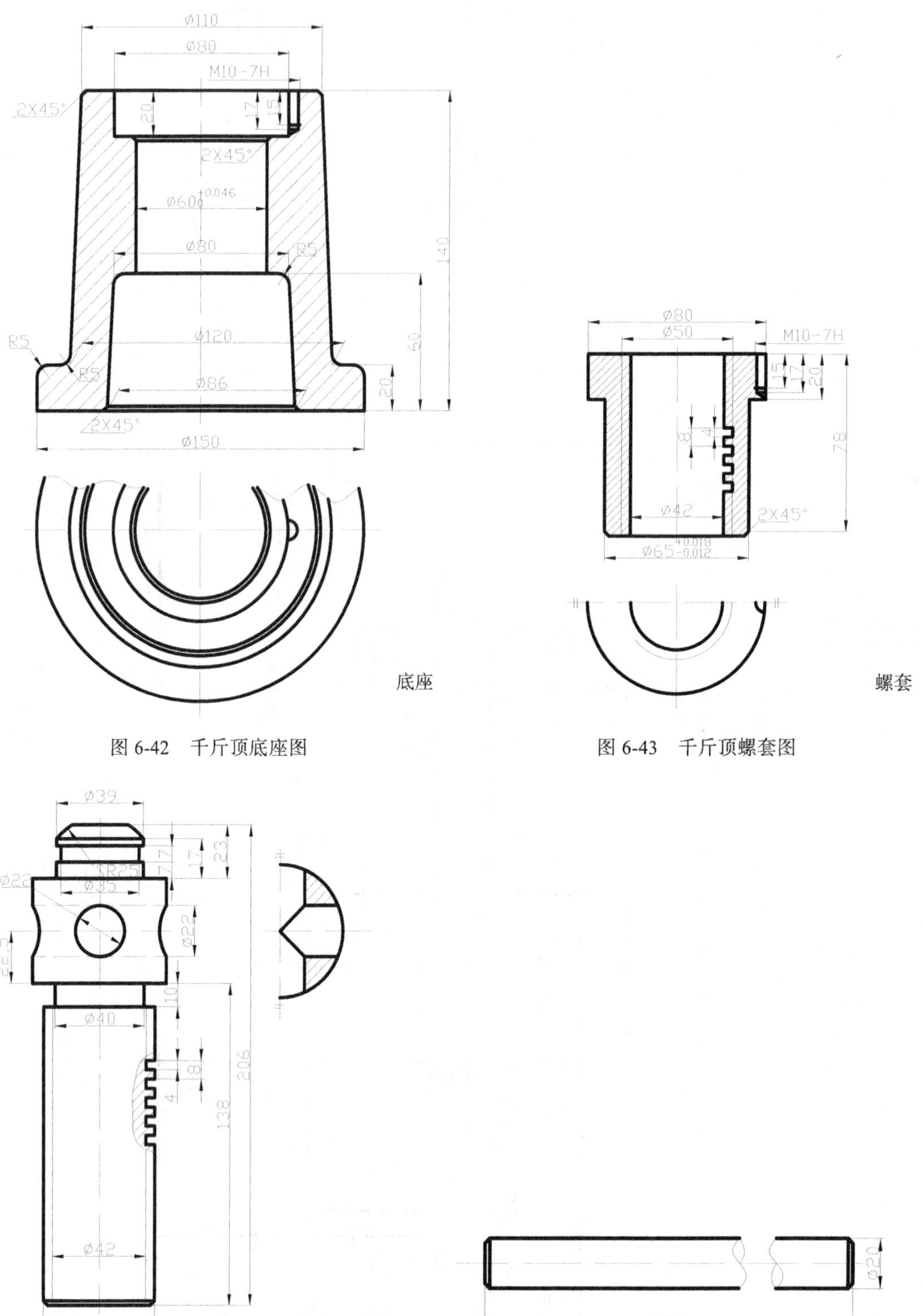

图 6-42　千斤顶底座图

图 6-43　千斤顶螺套图

图 6-44　千斤顶螺旋杆图

图 6-45　千斤顶绞杠图

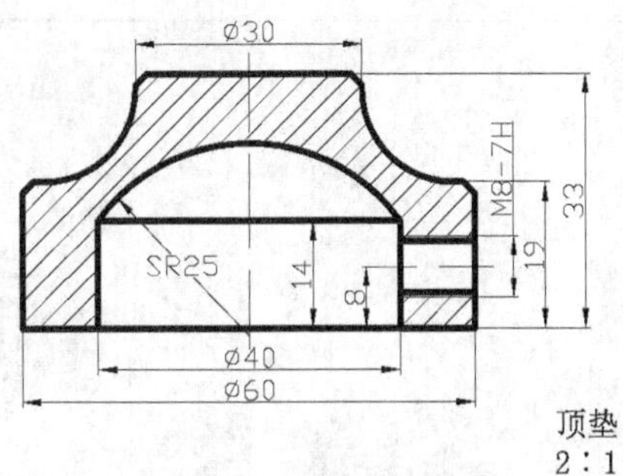

图 6-46　千斤顶顶垫图

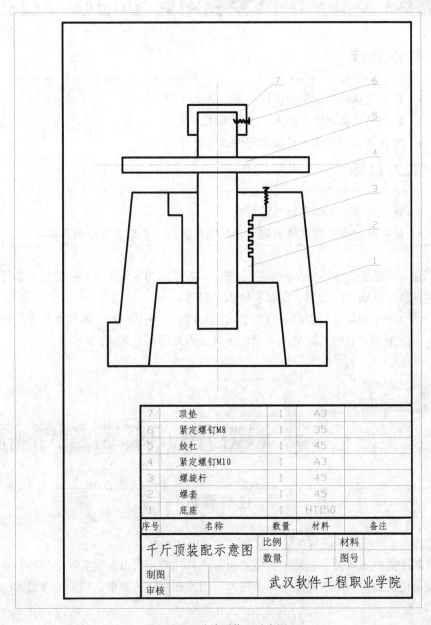

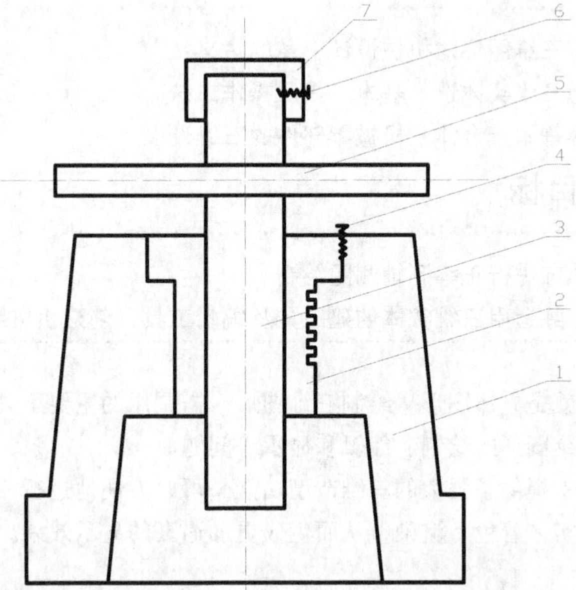

7	顶垫	1	A3	
6	紧定螺钉M8	1	35	
5	绞杠	1	45	
4	紧定螺钉M10	1	A3	
3	螺旋杆	1	45	
2	螺套	1	45	
1	底座	1	HT150	
序号	名称	数量	材料	备注

千斤顶装配示意图		比例		材料	
		数量		图号	
制图		武汉软件工程职业学院			
审核					

图 6-47　千斤顶装配示意图

项目 7

三维实体造型及编辑

知识目标

- 理解三维图形对机械设计变革的意义
- 熟悉三维实体造型基本工具及操作方法
- 掌握基本集合体及机械零部件的三维造型方法

能力目标

- 能熟练进行正等测轴测图绘制
- 能熟练运用三维实体创建工具及编辑工具，创建机械零部件实体

三维图形，也就是立体图形。绘制三维图形，需调用的主要工具有：建模、实体编辑、视图等，分别解决三维图形的绘制、编辑和显示等问题。

AutoCAD 2008 提供了强大的三维造型功能，可以方便地进行三维实体造型，对三维图形进行编辑，对三维实体着色、渲染，从而生成更加逼真的显示效果。

任务 1 根据三视图绘制正等测轴测图

任务要求

完成如图 7-1 所示轴承座的正等测轴测图，并标注尺寸。

由机械制图的规则可知，轴测图是用斜投影法得到的，所以，它实际上是具有立体感的平面图形。轴测图的绘制，不需要三维作图知识，因此创建比较简单，常用来帮助读图的人理解工程图样。

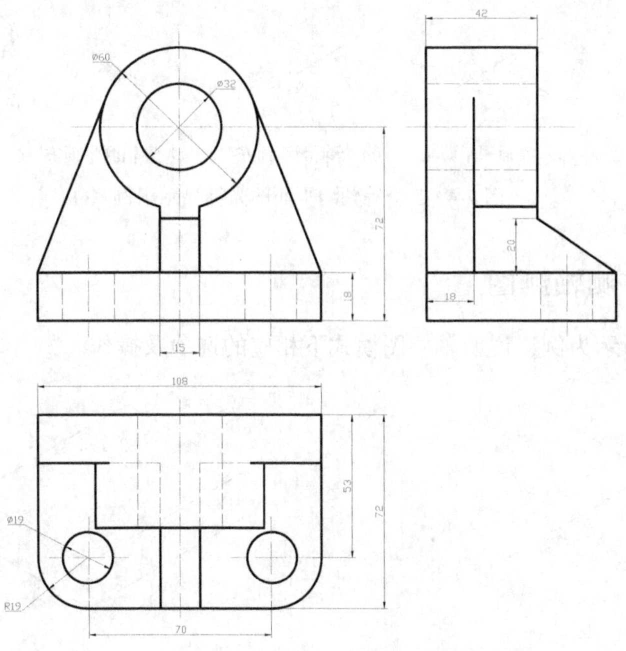

图 7-1　轴承座的正等测轴测图

1. 轴测图模式设置

正等测轴测图 3 个轴间夹角均为 120°，AutoCAD 提供了专门的模式，使用者能方便地确定轴向尺寸，绘制图形。

（1）选择“工具”→“草图设置”→“捕捉和栅格”，设置“捕捉类型”选项组为“等轴测捕捉”模式，如图 7-2 所示。

（2）当设置成“等轴测捕捉”模式后，屏幕上的十字光标处于等轴测平面上，即“上面”、“左侧”、“右侧”，如图 7-3 所示。

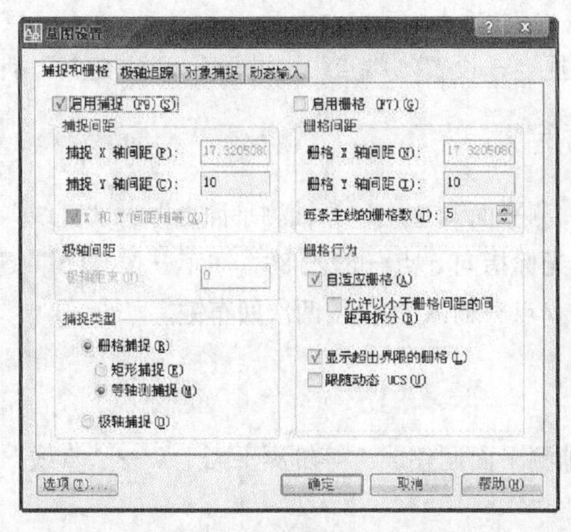

图 7-2　轴测图模式设置示例

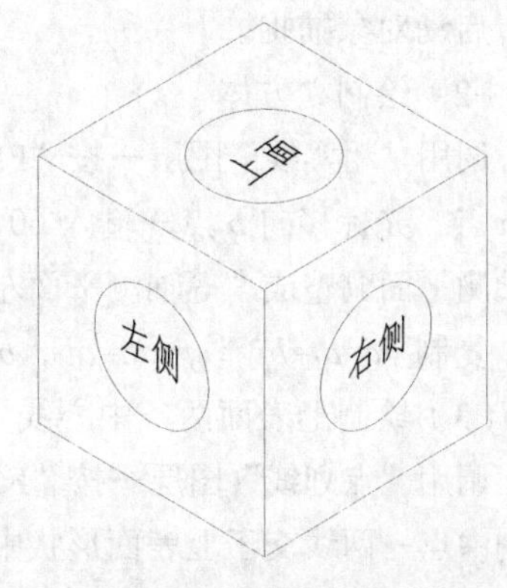

图 7-3　等轴测平面示例

（3）按“F5”键，可在不同的等轴测平面间转换，3 个等轴测平面的光标显示如图 7-4 所示。

（a）等轴测平面上　（b）等轴测平面左　（c）等轴测平面右

图 7-4　3 个等轴测平面的光标显示示例

2. 绘制正等测轴测图

下面以图 7-5 所示为例，说明轴测图模式下相应的选项及操作。

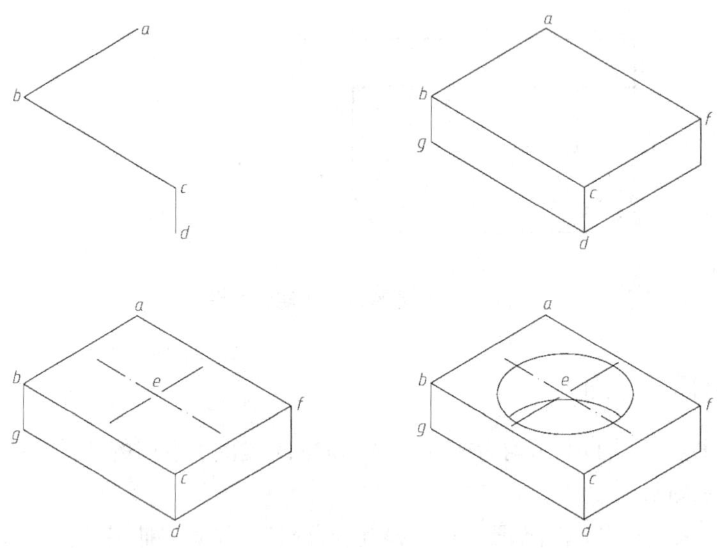

图 7-5　绘制轴测图示例

（1）轴测模式设置

选择“工具”→“草图设置”→“捕捉和栅格”→“捕捉类型”→“等轴测捕捉”模式。

选择“工具”→“草图设置”→“对象捕捉”→设置“端点”、“中点”和“交点”捕捉模式，启动对象捕捉。

（2）绘制立方体

调用“粗实线”图层→按“F5”键，将等轴测平面调整成“等轴测平面上”→“直线”→指定 *a* 点，光标移向 *b* 点→输入 60，按回车键，光标指向 *c* 点→输入 80，回车→按“F5”键，将等轴测平面调整成“等轴测平面左”，光标指向 *d* 点→输入 20，按两次回车键。

复制 *gd*=*af*=*bc*，*cf*=*dh*=*ab*，*bg*=*fh*=*cd*。

（3）绘制上表面两条中心线

调用“点划线”图层→按“F5”键，将等轴测平面调整成“等轴测平面上”→“直线”→捕捉到中点→两线交于上表面形状中心 *e*。

（4）绘制椭圆

调用“粗实线”图层→“椭圆”→输入 I（等轴测圆），回车→指定圆心 *e*→输入 25（等轴测圆半径），回车。

向下复制一个椭圆，基点“B”移向“G”。

（5）修剪底圆孔的不可见部分

“修剪”→选择上方椭圆为边界，回车，单击下方需要修剪的部位，再回车。

3. 轴测图注写文字

在3个等轴测平面上注写文字，必须设置一定的倾斜和旋转角度，使之看上去比较协调，如图7-3所示。其设置方法如下。

上表面：倾斜角度为−30°、旋转角度为30°，或倾斜角度为30°、旋转角度为−30°。

左侧面：倾斜角度为−30°、旋转角度为−30°。

右侧面：倾斜角度为30°、旋转角度为30°。

4. 轴测图尺寸标注

（1）尺寸的标注

线型尺寸 60、80、20：“标注”→“对齐”→指定尺寸起点→指定尺寸终点，回车→指定尺寸线位置。

直径尺寸ϕ50：“标注”→“对齐”→指定尺寸起点→指定尺寸终点→输入M（多行文字）→输入“%%C”（加直径符号），回车→指定尺寸线位置。

（2）调整尺寸方向

以60为例：“标注”→“倾斜”→选择尺寸60，回车→单击*C*点→单击*B*点（尺寸界线沿*CB*方向），结果如图7-6所示。

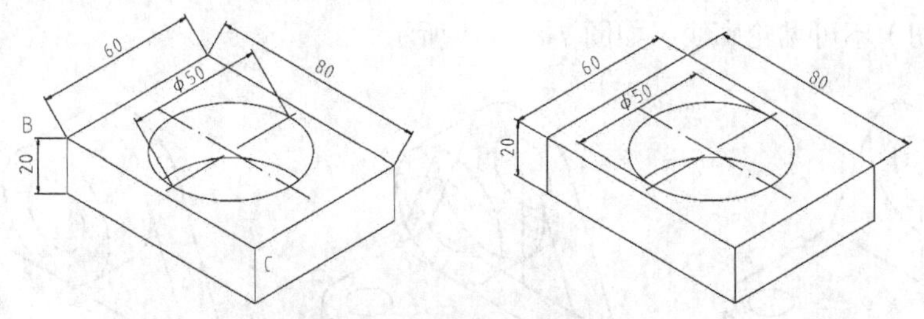

图7-6　轴测图标注尺寸示例

任务1　解决方案

1. 根据俯视图和主视图，绘制轴承座底板轴测图

选择左后角点为起点，追踪330°，输入72（左边宽），回车；追踪30°，输入108（前边长），回车；追踪150°，输入72（右边宽），回车；输入C(封闭)，回车。

前端圆角采用轴测椭圆画出然后修剪：将等轴测平面调整成“等轴测平面　上”，单击椭圆按钮，输入I（选择等轴测圆），由左前角点向上追踪，输入19（圆心在左前角点上方19mm处），回车；输入19（等轴测圆的半径为19mm），回车；按上述方法，绘制ϕ19圆孔；将所画两椭圆复制，沿30°方向移动，输入70（移动距离为两圆孔中心距70mm），回车，如图7-7（a）所示。

分别以前边、左边、右边为边界，将等轴测椭圆及左右尖角多余部分修剪掉，如图7-7（b）

所示。

然后，将底平面整体复制，向下移动 18mm，增加左右两条可见轮廓线，再删除（剪切）不可见轮廓线，如图 7-7（c）所示。

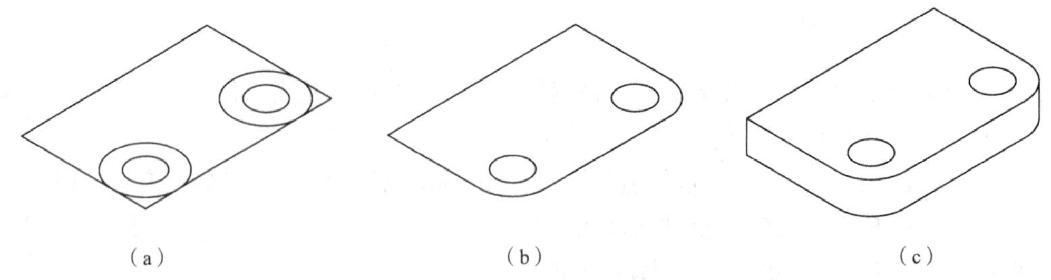

（a）　　（b）　　（c）

图 7-7　底板轴测图

2. **根据主视图和左视图，绘制轴承座背板轴测图**

在底板上表面后侧轮廓线中点向上 54（72−18）画垂线，找到背板圆孔（圆环）中心点。将等轴测平面调整成“等轴测平面　右”，单击椭圆按钮，输入 I（选择等轴测圆），指定圆孔中心点，输入 16（等轴测圆的半径为 16mm），回车；按上述方法，绘制ϕ60 圆，如图 7-8（a）所示。

将所画两椭圆复制，沿 330° 方向移动，输入 42（移动距离为两圆孔中心距 42mm），回车；将所画背板两侧切线、水平连线及ϕ60 圆复制，沿 330° 方向移动，输入 18（移动距离为板厚 18mm），回车；分别以左、右切线为边界，将等轴测椭圆多余部分修剪掉。作前后圆孔连心线，并沿 60° 及 240° 极轴追踪，将其复制成为圆柱转角轮廓线。如图 7-8（b）所示。

删除（剪切）不可见轮廓线，如图 7-8（c）所示。

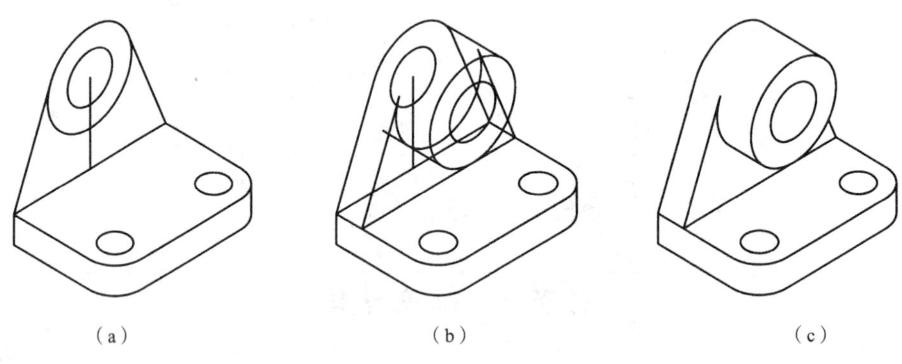

（a）　　（b）　　（c）

图 7-8　增加背板轴测图

3. **根据主视图和左视图，绘制轴承座肋板轴测图**

捕捉底板上表面前沿中点，向左 7.5mm 为起点，绘制肋板左表面轮廓线：沿 150° 极轴追踪，交于背板轮廓线；向上，交于圆柱转角轮廓线；将这条垂线复制，沿 330° 方向移动，输入 24（42−18），至圆筒前表面，上端延长至圆筒外表面，下端缩短 20mm；再作倾斜连线，如图 7-9（a）所示。

将肋板前表面垂线和斜线复制，沿 30° 方向移动，输入 15，再作两转折点连线，如图 7-9（b）所示。

以 3 条垂线为边界，修剪ϕ60 圆及不可见轮廓线，如图 7-9（c）所示。

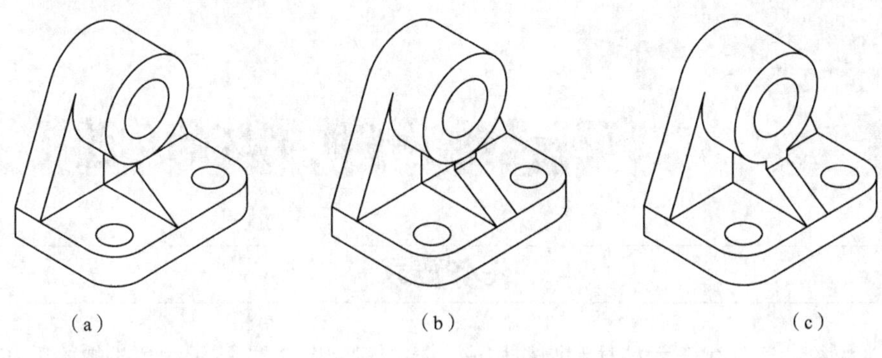

图 7-9　增加肋板轴测图

4. 为轴承座轴测图标注尺寸

将等轴测平面调整成“等轴测平面　上”，用“对齐”标注轴承座俯视图上的尺寸：53、72、70、108、ϕ19；用引线标注 R19，如图 7-10（a）所示。

单击“标注”菜单的下拉菜单“倾斜”，将相关尺寸的尺寸界线调整为与轮廓线方向相同，如图 7-10（b）所示。

类似的，将等轴测平面调整成“等轴测平面　左”，标注轴承座左视图上的尺寸：18、20、42；将等轴测平面调整成“等轴测平面　右”，标注轴承座主视图上的尺寸：ϕ32、ϕ60、15、18、72；最后，利用“倾斜”调整尺寸界线方向，如图 7-10（c）所示。

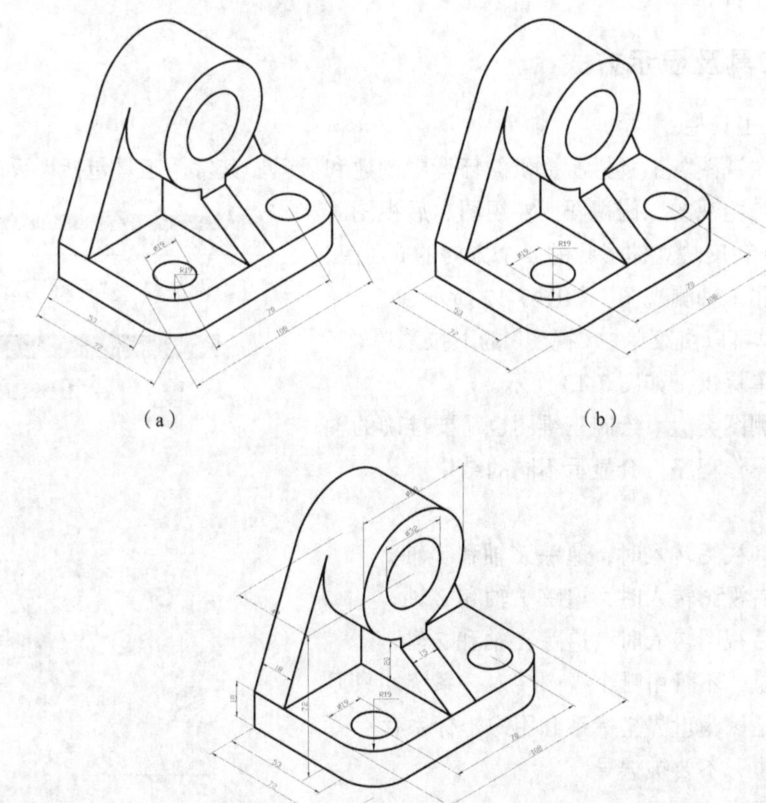

图 7-10　轴承座轴测图标注尺寸

任务2 六角头螺栓毛坯的创建

任务要求

六角头螺栓的毛坯由正六棱柱和圆柱构成，试创建如图 7-11 所示六角头螺栓毛坯。

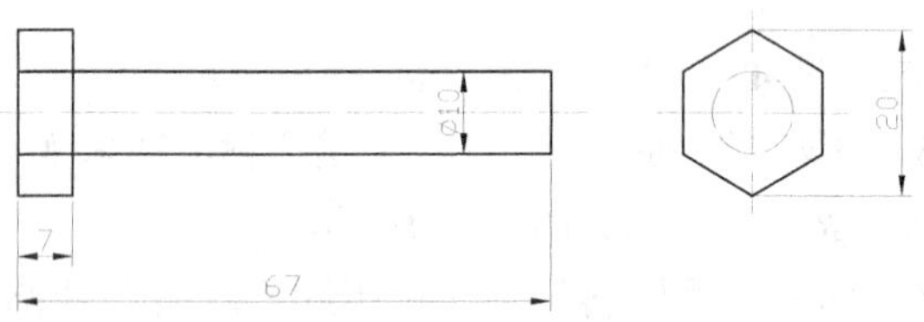

图 7-11　六角头螺栓毛坯

创建基本几何体实体模型，可直接单击“建模”工具栏相应按钮，再输入相关要素。柱体、旋转体分别采取拉伸或旋转方法创建。至于更加复杂的实体，则需要采用切割、抽壳或布尔运算等方法创建和编辑。

1. 绘图工具及显示方式

（1）“视图”工具栏

三维实体在“视图”工具栏所提供的环境中创建和显示。其常用工具包括：反映平面形状的 6 个基本视图（主视图、俯视图、左视图、后视图、仰视图、右视图）和反映立体形状的 4 个方向的（西南、东南、西北、东北）轴测视图，如图 7-12 所示。

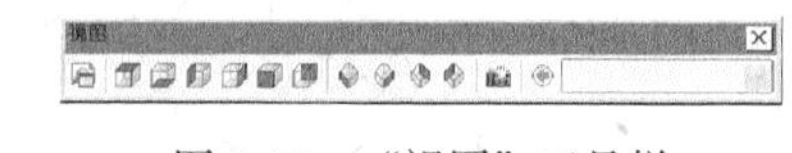

图 7-12　“视图”工具栏

这些工具，也可以由菜单栏“视图”的下拉菜单“三维视图”各子菜单提供，如图 7-13 所示。

与任务 1 轴测图类似，绘制三维图也需要准确的轴向追踪。不同的操作程序，会显示不同的结果。

以西南测为例：

由俯视图或仰视图转入时，追踪 *X* 轴和 *Y* 轴；

由左视图或右视图转入时，追踪 *Y* 轴和 *Z* 轴；

由主视图或后视图转入时，追踪 *X* 轴和 *Z* 轴。

需要注意的是，不管由哪个视图转入，系统均只显示 *X*、*Y* 轴，这是因为世界坐标系和用户坐标系存在差异，应该把握方位，不要被误导。

（2）显示三维实体

为了便于有效观察三维实体，AutoCAD 提供了多种显示方式，这里介绍常用的几种。

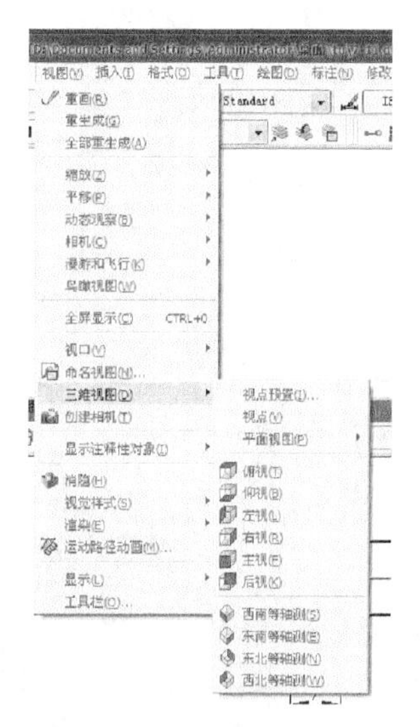

图 7-13　“视图”菜单栏及其下拉菜单、子菜单

① 三维动态观察器

- 工具栏："动态观察"。
- 菜单栏："视图"→"动态观察"。
- 命令行：输入"3DORBIT"命令。

三维动态观察器包括"受约束的动态观察"、"自由动态观察"和"连续动态观察"等，如图 7-14 所示。

② 视觉样式

- 工具栏："视觉样式"。
- 菜单栏："视图"→"视觉样式"。

视觉样式包括"二维线框"、"三维线框"、"三维隐藏"、"真实"、"概念"等，如图 7-15 所示。

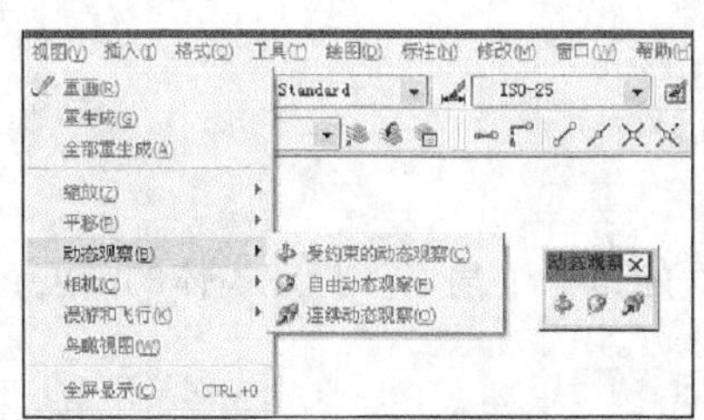

图 7-14 "动态观察"工具栏及菜单栏

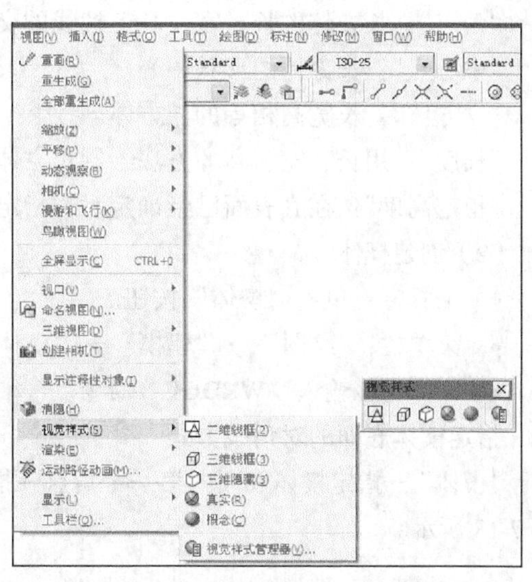

图 7-15 "视觉样式"工具栏及菜单栏

图 7-16 所示分别反映了长方体在不同视觉样式时的显示效果：上排分别为"二维线框"、"三维线框"、"三维隐藏"；下排则为"真实"和"概念"视觉样式。

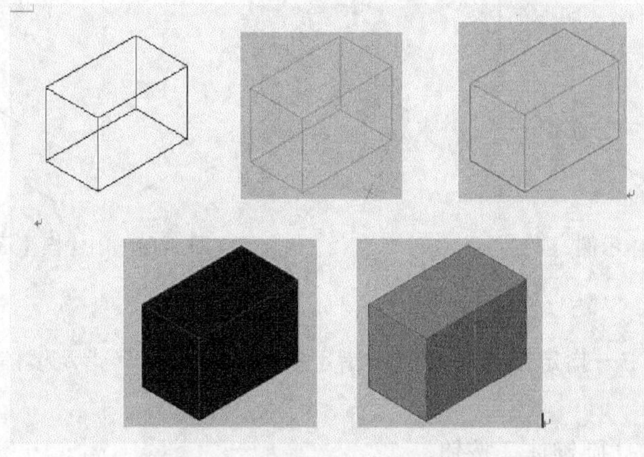

图 7-16 不同视觉样式的显示效果

2. 创建基本体

基本体是由几个数值确定，且能直接创建的几何体，如长方体、楔体、圆锥体、球体、圆柱体、圆环体等。

（1）创建长方体

- 工具栏：单击“长方体”按钮。
- 菜单栏：“绘图”→“建模”→“长方体”。
- 命令行：输入“BOX”命令。

输入命令后，命令栏提示：指定长方体的角点或【中心点（CE）】→指定长方体下表面对角角点或【立方体（C）/长度（L）】→指定高度→输入高度值，如图 7-17 所示。

各选项说明如下。

“角点”：长方体的长、宽、高三棱线的交点。

“中心点”：长方体的形状中心。

“立方体”：长宽高相等的长方体。

“长度”：用长、宽、高的方法绘制长方体时相关线段的长度。

“指定高度”：在底表面已经确定时，指定高度确定长方体。

（2）创建楔体

- 工具栏：单击“楔体”按钮。
- 菜单栏：“绘图”→“建模”→“楔体”。
- 命令行：输入“WEDGE”命令。

指定楔体底面的对角线方式：

“楔体”→指定楔体底面的第一个角点→指定楔体底面的另一个角点→指定楔体的高度，如图 7-18 所示。

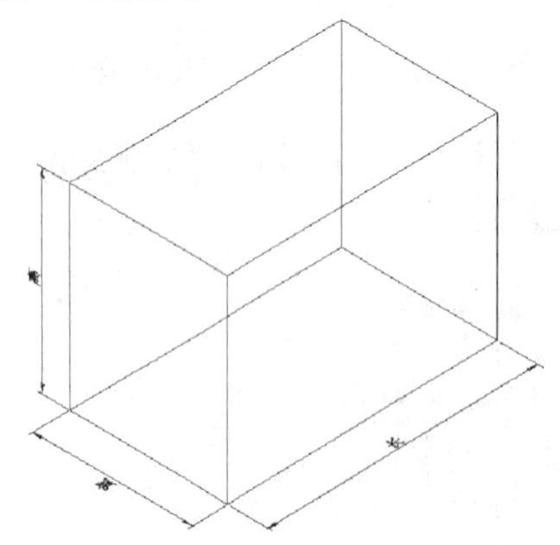

图 7-17　创建长方体示例

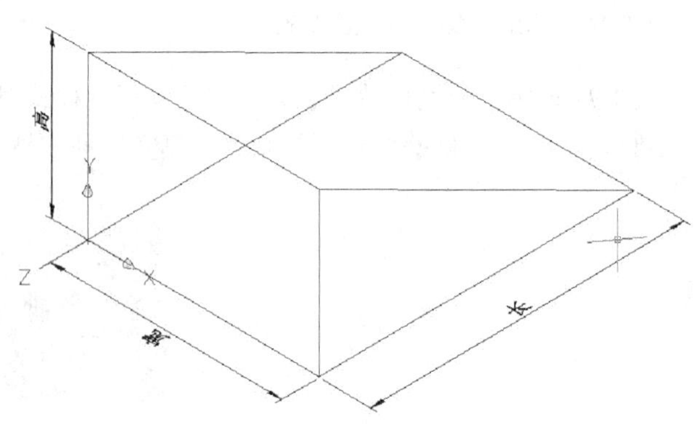

图 7-18　创建楔体示例

指定楔体中心方式：

“楔体”→输入 CE→指定楔体中心点→指定楔体的对角点→指定楔体的高度。

（3）创建圆锥体

- 工具栏：单击“圆锥体”按钮。
- 菜单栏：“绘图”→“建模”→“圆锥体”。

- 命令行：输入“CONE”命令。

输入命令后，命令栏提示：当前线框密度→指定圆锥体底面中心点或【椭圆（E）】→指定圆锥体底面的半径或【直径（D）】→指定圆锥体高度或【顶点（A）】，完成圆柱体的创建，如图 7-19 所示。

E、D、A 等操作含义参见创建圆柱体。

（4）创建球体

- 工具栏：单击“球体”按钮。
- 菜单栏：“绘图”→“建模”→“球体”。
- 命令行：输入“SPHERE”命令。

输入命令后，命令栏提示：当前线框密度→指定球体球心→指定球体半径或【直径（D）】→输入球体半径值（或输入 D，再输入球体直径值），完成球体的创建，如图 7-20 所示。

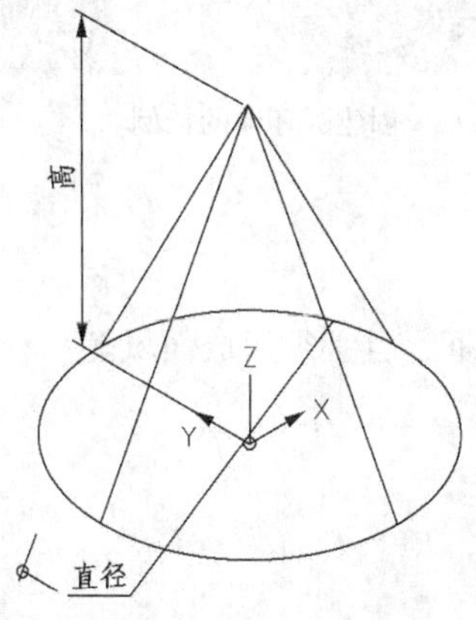

图 7-19　创建圆锥体示例

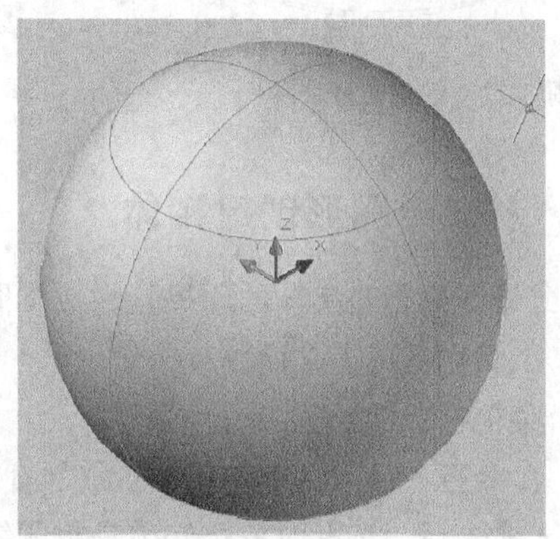

图 7-20　创建球体示例

（5）创建圆柱体

- 工具栏：单击“圆柱体”按钮。
- 菜单栏：“绘图”→“建模”→“圆柱体”。
- 命令行：输入“CYLINDER”命令。

输入命令后，命令栏提示：当前线框密度→指定圆柱底面的中心点或【椭圆（E）】→指定圆柱底面的半径或【直径（D）】→指定圆柱体高度或【顶面中心（C）】，完成圆柱体的创建，如图 7-21 所示。

如果在第二步输入 E，则可完成椭圆柱体的创建：输入 E→指定底面椭圆第一条轴的端点或【中心点（C）】→指定底面椭圆第二条轴的另一端点→指定底面椭圆第二条半轴的长度→指定椭圆柱体高度或【顶面中心（C）】，完成椭圆柱体的创建。

若输入 D，相应输入直径值（同球体）。

若输入 C，则分为两种情况：底、顶面中心在同一轴线时为正柱体；若不在同一轴线，则为斜柱体。

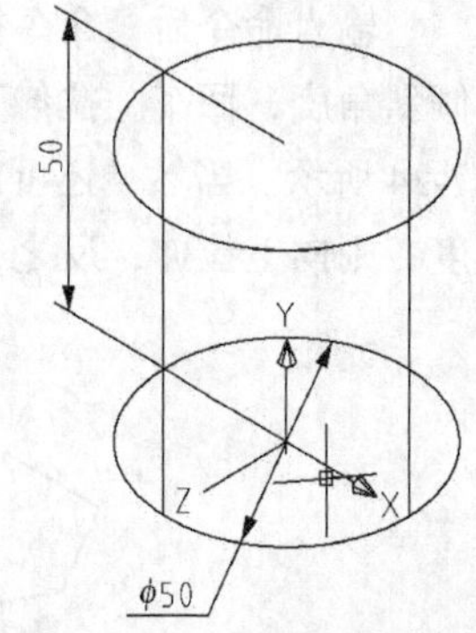

图 7-21　创建圆柱体示例

（6）创建圆环体

- 工具栏：单击“圆环体”按钮。
- 菜单栏：“绘图”→“建模”→“圆环体”。

- 命令行：输入“TORUS”命令。

输入命令后，命令栏提示：当前线框密度→指定圆环中心点→指定圆环体半径（或直径）→指定圆管半径（或直径），如图 7-22 所示。

作为特例，当圆环半径小于圆管半径时，圆环不再有中心孔；当圆环半径为负，而圆管半径为正时，实体为橄榄球状，如图 7-23 所示。

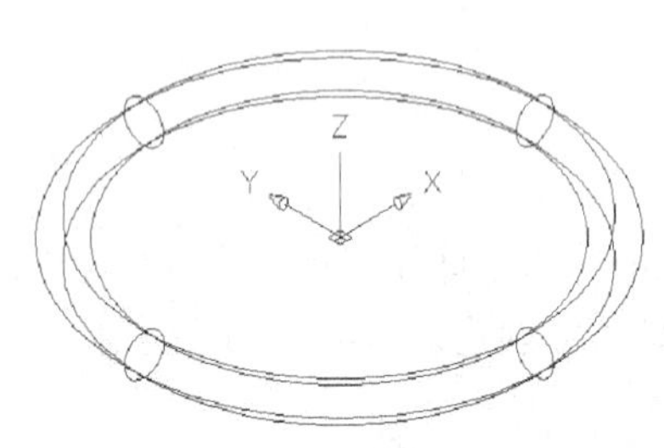

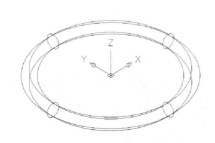

图 7-22　创建圆环体示例

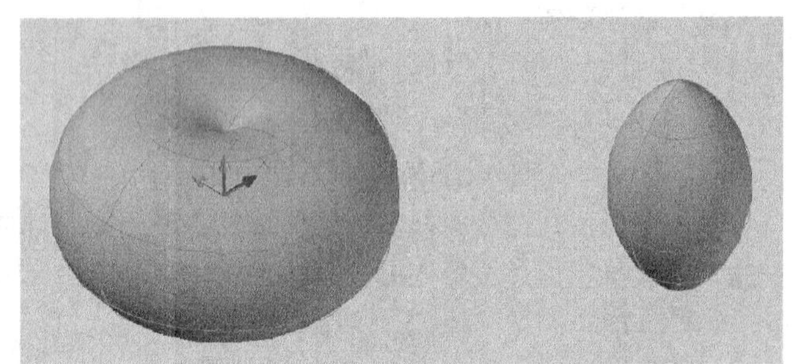

图 7-23　创建圆环体的特例

3. 从二维图形创建实体

从二维图形创建实体的前提是，二维图形必须是封闭线框，且必须形成面域。

- 工具栏：单击“面域”按钮。
- 菜单栏：“绘图”→“面域”。
- 命令行：输入“REGION”命令。

输入命令后，选择对象（必须是封闭线框），回车。

一次成型的图线，如圆、椭圆、矩形、正多边形等，自然形成面域，无需另行操作。

（1）用拉伸法创建实体

- 工具栏：单击“拉伸”按钮。
- 菜单栏：“绘图”→“建模”→“拉伸”。
- 命令行：输入“EXTRUDE”命令。

以水平面上平面图形（正六边形）沿 Z 轴拉伸为例介绍如下。

输入命令后，命令栏提示：当前线框密度→选择对象，回车→指定拉伸高度→指定拉伸的倾斜角度，回车。拉伸高度为正值时，向上拉伸；反之，如果输入负值，则为向下拉伸，如图 7-24 所示。当然，还可以用鼠标指引拉伸方向，选定拉伸对象后，鼠标向上移动，输入拉伸高度，则向上拉伸；反之，鼠标向下移动，则向下拉伸。

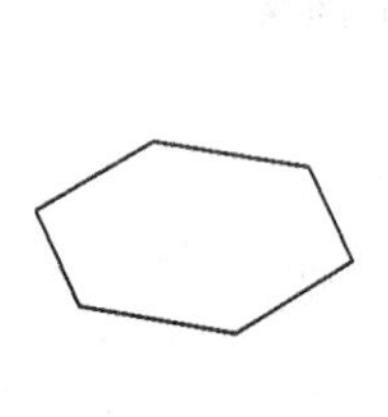
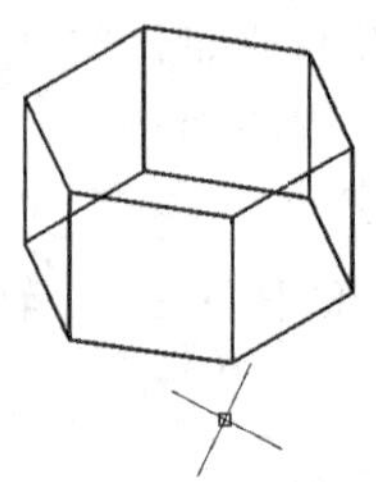
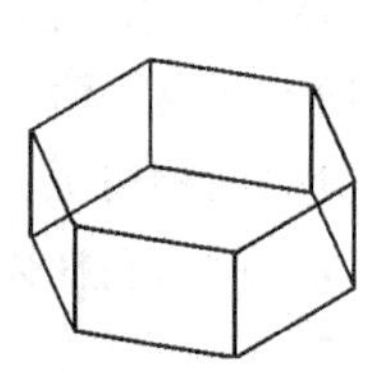

图 7-24　创建正、负拉伸高度拉伸实体示例

拉伸的倾斜角度取值范围为−90°～90°。0°表示与二维平面垂直；角度为正值时，侧面向内倾斜（上表面小于下表面）；反之，角度为负值时，侧面向外倾斜（上表面大于下表面），如图 7-25 所示。

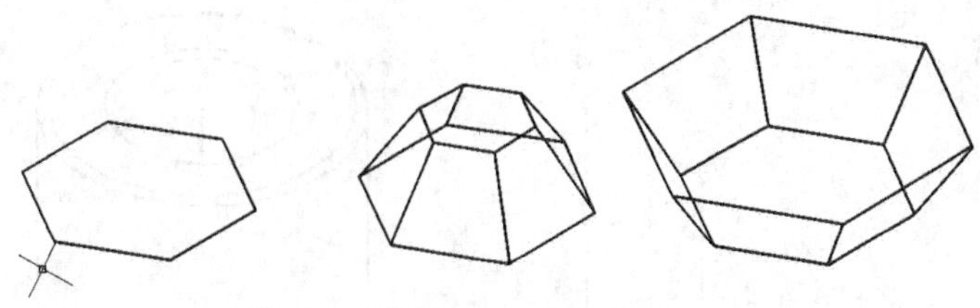

图 7-25 创建正、负倾斜角拉伸实体示例

在侧平面和正平面上的平面图形，也可以分别沿 *X*、*Y* 轴拉伸。

至于命令栏提示的【路径（P）】，需事先设置一个三维多线段路径，可将平面图形拉伸为曲折的弯管，操作过程如下。

① 绘制三维多线段：由菜单栏“绘图”→“三维多线段”→分别沿 *Z* 向、*Y* 向、*X* 向各长 50mm，回车。

以三维多线段起点为圆心画圆作为被拉伸的平面图形。

② 拉伸：“拉伸”→当前线框密度→选择对象（圆），回车→输入“P”，回车→单击三维多段线，结果如图 7-26 所示。

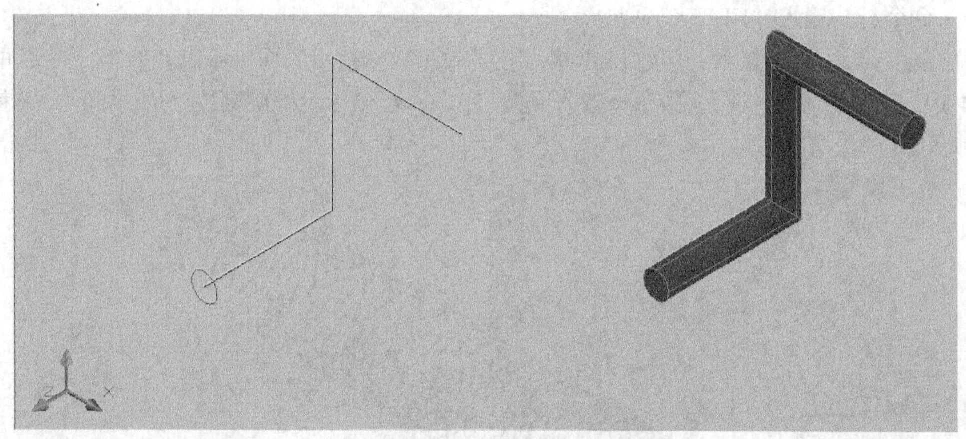

图 7-26 拉伸弯管示例

（2）用旋转法创建实体

- 工具栏：单击“旋转”按钮。
- 菜单栏：“绘图”→“建模”→“旋转”。
- 命令行：输入“REVOLVE”命令。

以 *XOY* 平面上的平面图形（带倒角的矩形）绕 *Y* 轴旋转为例，绘制如图 7-27 所示带倒角的圆筒。

“视图”→“主视图”→“西南测”。

绘制带倒角的矩形封闭线框，并将其形成面域。

“旋转”→选择对象（上述面域），回车→指定回转轴（起点、端点），回车。

XOY 平面上的平面图形也可绕 *X* 轴旋转。

同理，*XOZ* 平面上的平面图形可分别绕 *X*、*Z* 轴旋转，*YOZ* 平面上的平面图形则可分别绕 *Y*、*Z* 轴旋转。

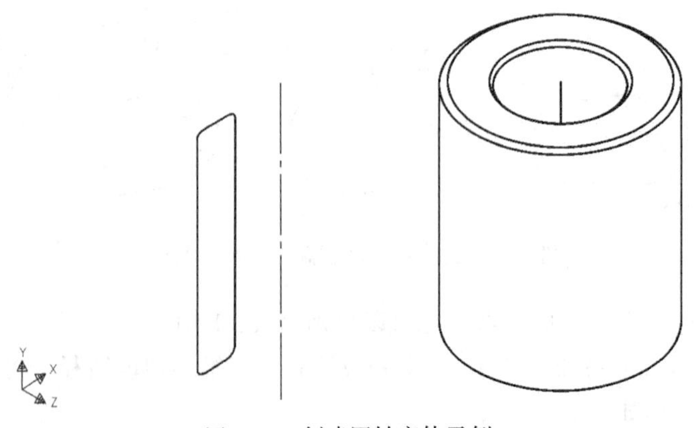

图 7-27　创建回转实体示例

（3）用螺旋和扫掠创建螺纹实体

① 绘制螺旋线

- 工具栏：单击“螺旋”按钮。
- 菜单栏：“绘图”→“建模”→“螺旋”。
- 命令行：输入“HELIX”命令。

命令输入后，系统提示：圈数=3.0000　扭曲=CCW→指定底面中心点，回车→指定底面半径（4.5），回车→输入“T”，回车→输入圈数 50，回车→指定螺旋高度 50，回车。结果如图 7-28 所示。

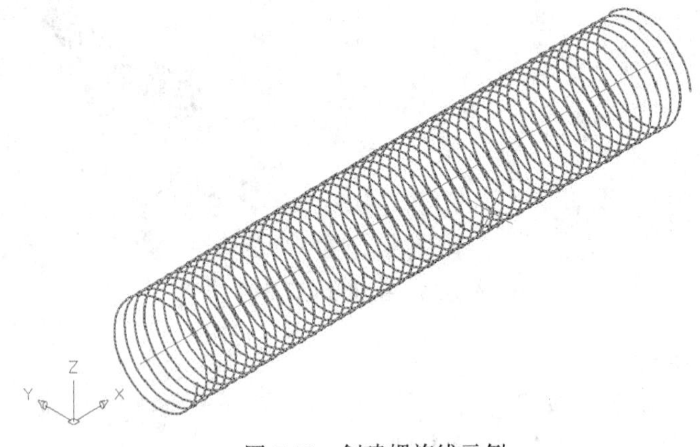

图 7-28　创建螺旋线示例

② 绘制螺纹牙型

“正多边形”→输入“3”，回车→捕捉螺旋线起点作为中心点→默认“内接于圆”，回车指定圆的半径 0.5，回车。结果如图 7-29 所示。

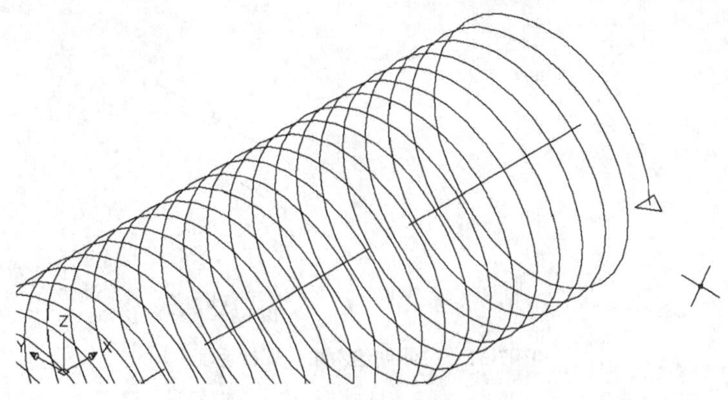

图 7-29　绘制螺纹牙型示例

③ 扫掠创建螺纹实体

- 工具栏：单击“扫掠”按钮。
- 菜单栏：“绘图” → “建模” → “扫掠”。
- 命令行：输入“SWEEP”命令。

命令输入后，系统提示：当前线框密度→选择对象（三角形），回车→选择扫掠路径（螺旋线），回车。结果如图 7-30 所示。

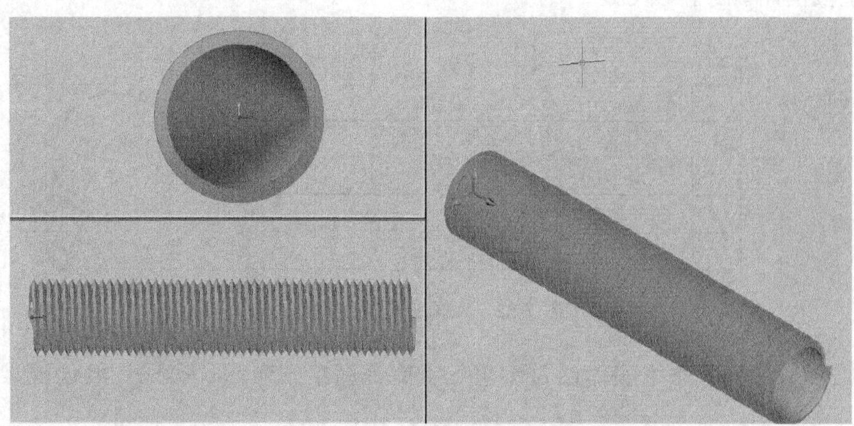

图 7-30　创建螺纹实体示例

至于如何形成螺栓和螺母，还需要借助布尔运算，后面再作介绍。

同时，该方法还可以用来创建弹簧实体等。

任务 2　解决方案

1. 调用“视图”工具栏，单击“右视”，再单击“西南等轴测”，将绘图区域设置成右视图控制的三维图形状况。

2. 依据螺栓毛坯的主、左视图绘制右视图（即外接圆直径为 20 的正六边形，直径为 10 的圆），如图 7-31（a）所示。

3. 将正六边形向右拉伸 7（输入 7）；将直径为 10 的圆向左拉伸 60（输入-60），如图 7-31（b）所示。

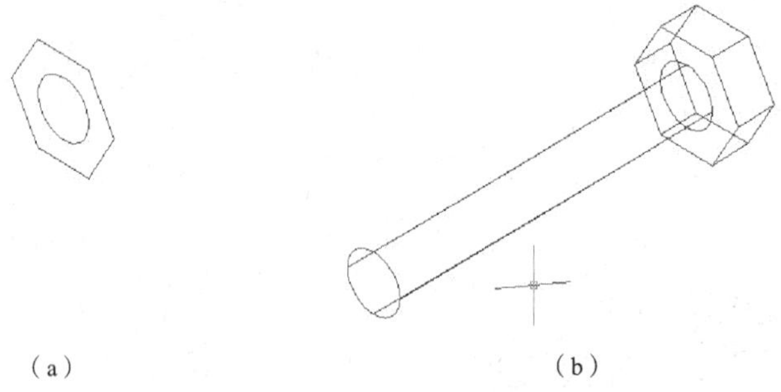

图 7-31 拉伸创建六角头螺栓毛坯

任务 3 创建六角头螺栓

图 7-32 所示为六角头螺栓，是在毛坯的基础上，对圆柱体进行 30° 倒角，再切六方形，而圆柱体在上段位置车制了螺纹。

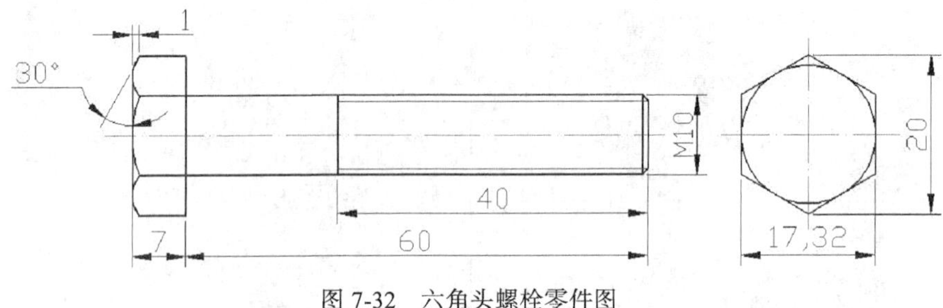

图 7-32 六角头螺栓零件图

与二维图形一样，三维实体通过编辑，也能提高绘图效率，实现一般创建难以达到的目的。

下面，以圆柱和圆锥为原始实体，将其叠放在一起进行布尔运算操作，如图 7-33 所示。布尔运算是将两个或多个实体组合成新的实体的操作，包括并集运算、差集运算和交集运算。

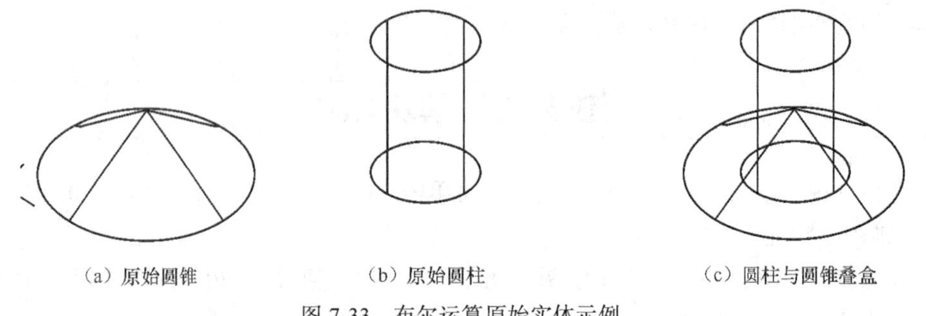

(a) 原始圆锥　(b) 原始圆柱　(c) 圆柱与圆锥叠盒

图 7-33 布尔运算原始实体示例

(1) 并集运算

- 工具栏：单击“并集”按钮。

- 菜单栏：“修改”→“实体编辑”→“并集”。
- 命令行：输入“UNION”命令。

输入命令后，系统提示：选择对象（分别单击圆柱、圆锥）→回车。

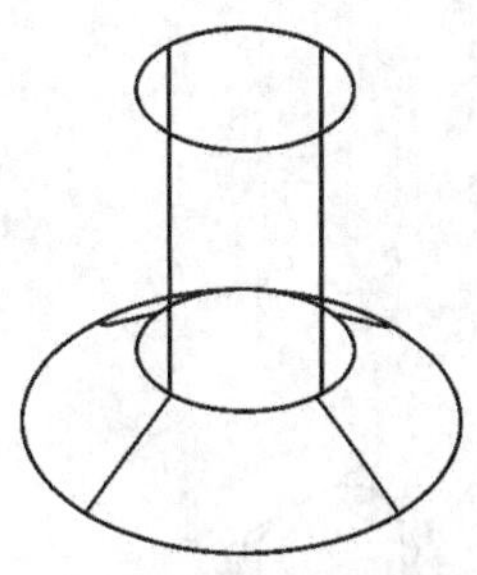

图 7-34 并集运算示例

二者重叠部分不再显示，结果如图 7-34 所示。

（2）差集运算

- 工具栏：单击“差集”按钮。
- 菜单栏：“修改”→“实体编辑”→“差集”。
- 命令行：输入“SUBTRAGT”命令。

输入命令后，系统提示：选择被减对象（如圆柱）→选择要减去的对象（如圆锥）→回车。

值得注意的是：被减对象与要减去的对象执行顺序不同，结果也不同，如图 7-35 所示。

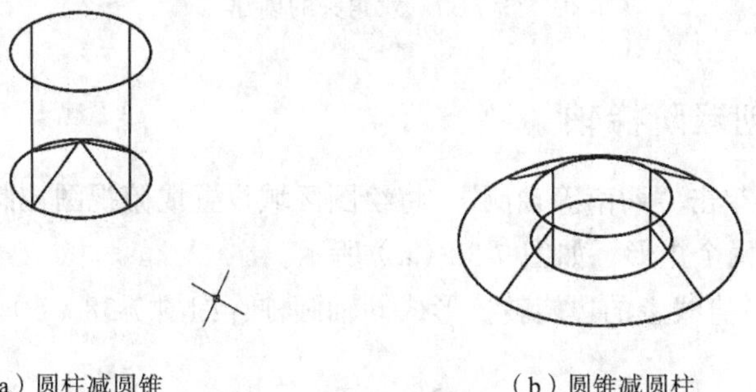

（a）圆柱减圆锥　（b）圆锥减圆柱

图 7-35 差集运算示例

（3）交集运算

- 工具栏：单击“交集”按钮。
- 菜单栏：“修改”→“实体编辑”→“交集”。
- 命令行：输入“INTERSECT”命令。

输入命令后，系统提示：选择对象（分别单击圆柱、圆锥）→回车。

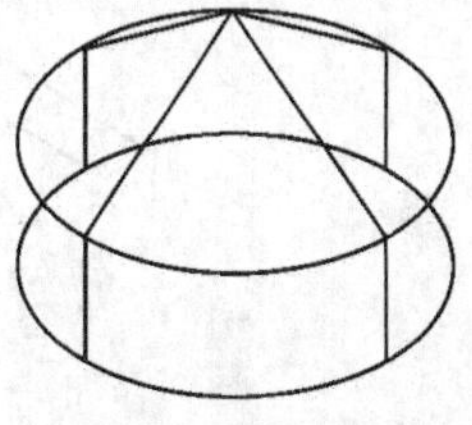

图 7-36 交集运算示例

只保留二者重叠部分，结果如图 7-36 所示。

任务 3 解决方案

1. 创建六角头

单击“左视”，再单击“西南等轴测”，将绘图区域设置成左视图控制的三维图形状况，绘制内接于ϕ20 圆的正六边形，再作其内接圆，如图 7-37（a）所示。

将正六边形向右拉伸 7（输入 7），将内接圆向左拉伸 7（输入-7），且其倾斜角度为 60°，形成圆锥，如图 7-37（b）所示。

将圆锥放大 3 倍，使之能包容六棱柱右表面，如图 7-37（c）所示。

将圆锥与六棱柱做交集，六角头创建完成，如图 7-37（d）所示。

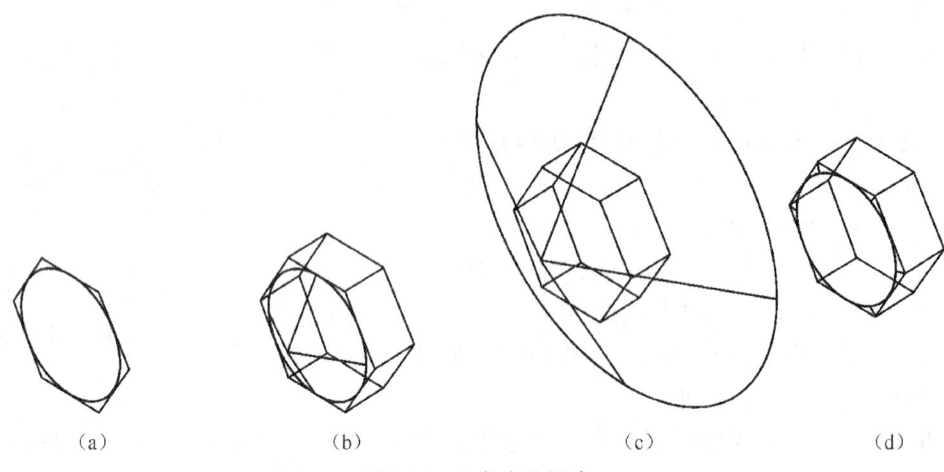
（a）（b）（c）（d）

图 7-37 六角头的创建

2. 用旋转法创建阶梯轴

单击“俯视”，再单击“西南等轴测”，将绘图区域设置成俯视图控制的三维图形状况，绘制 20×5 和 40×4.25 的两个矩形，如图 7-38（a）所示。

将两个矩形绕同一直线上的边旋转，形成同轴圆柱，如图 7-38（b）所示。

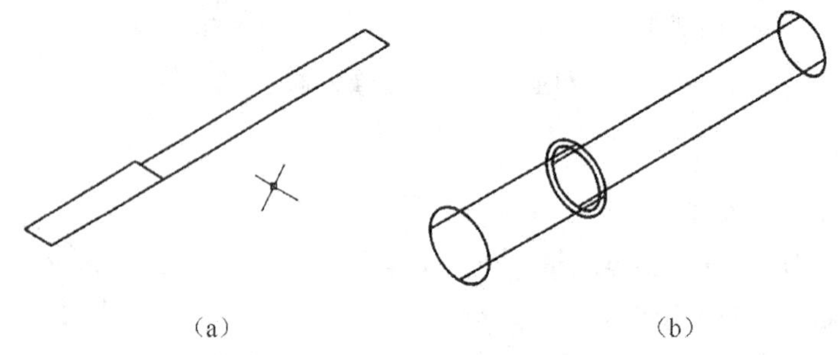
（a）（b）

图 7-38 旋转创建阶梯轴

3. 创建螺纹

同用螺旋和扫掠创建螺纹实体，将其复制到图 7-38 中，并套入阶梯轴小径处（两头各伸出 5mm），如图 7-39（a）所示。

将组成阶梯轴的两圆柱体及螺纹做并集，如图 7-39（b）所示。

这时，螺纹与圆柱重合部分不再显示，伸出的部分可用交集处理：绘制 60×5 的矩形，将其右上角倒角；再将其旋转形成带倒角的圆柱，如图 7-39（c）所示。

将其移动至与阶梯轴左端对齐，再做交集，即形成六角头螺栓的螺杆部分，如图 7-39（d）所示。

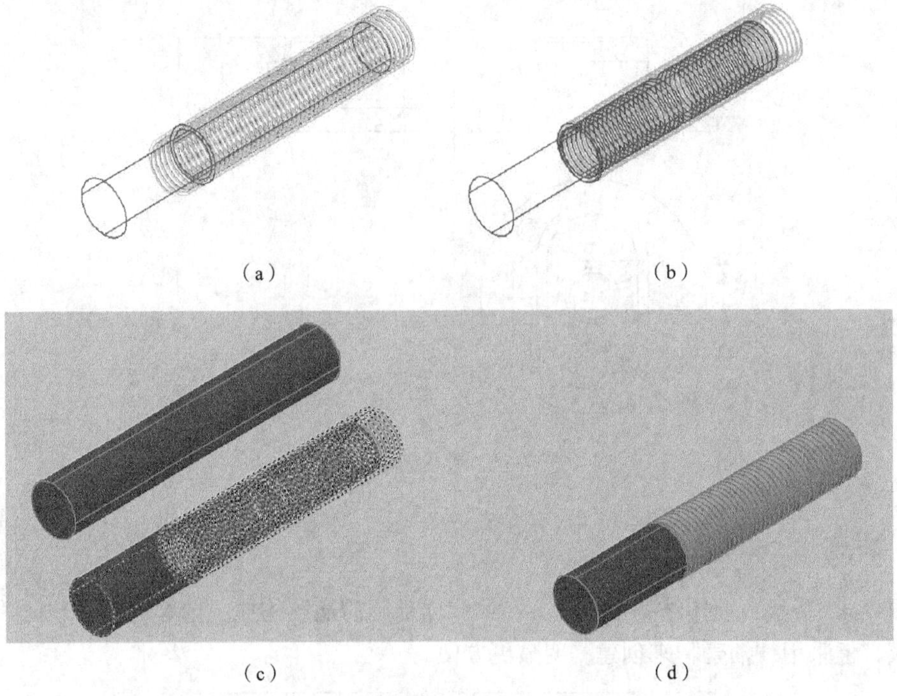

（a） （b）

（c） （d）

图 7-39 创建螺纹并形成螺杆整体

4. 装上六角头，形成螺栓整体

将六角头移动至螺杆左端，再做并集，如图 7-40 所示。

图 7-40 并集后的螺栓整体

任务 4 复杂三维实体的编辑创建

任务要求

图 7-41 所示为一零件三视图，试创建其三维实体，并将其左前四分之一剖切开来。

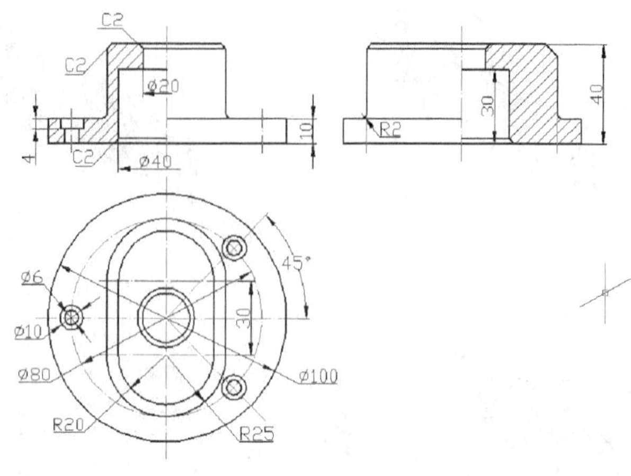

图 7-41 某零件三视图

1. 抽壳

如图 7-42 所示，箱体结构由正六方箱体和内部圆筒通孔构成，壁厚均为 10，虽然也能用差集形成，但采用“抽壳”来创建，明显更方便。

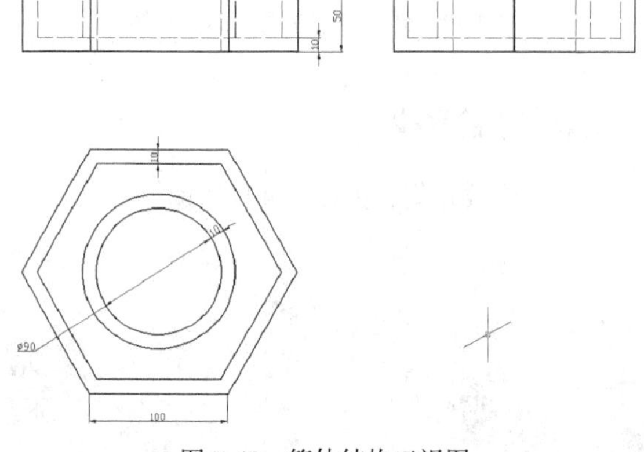

图 7-42 箱体结构三视图

（1）抽壳前的实体准备

绘制边长为 100 的正六边形和直径为 90 的圆，如图 7-43（a）所示。

将二者进行拉伸，高度为 50，如图 7-43（b）所示。

将正六棱柱与圆柱做差集运算，如图 7-43（c）所示。

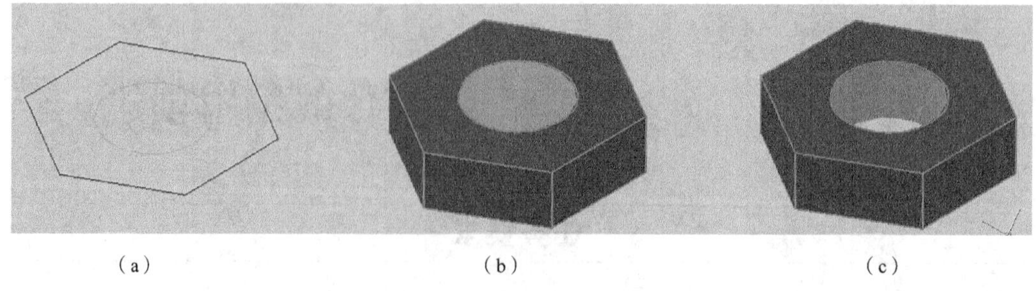

（a）（b）（c）

图 7-43 抽壳前的实体准备

（2）抽壳

- 工具栏：单击“抽壳”按钮。
- 菜单栏：“修改”→“实体编辑”→“抽壳”。
- 命令行：输入“SHELL”命令。

输入命令后，系统提示：选择三维实体（单击抽壳对象——如图 7-43（c）所示），回车→选择要删除的表面（上表面），回车→输入抽壳偏移距离（壁厚 10），回车→完成抽壳操作，结果如图 7-44 所示。

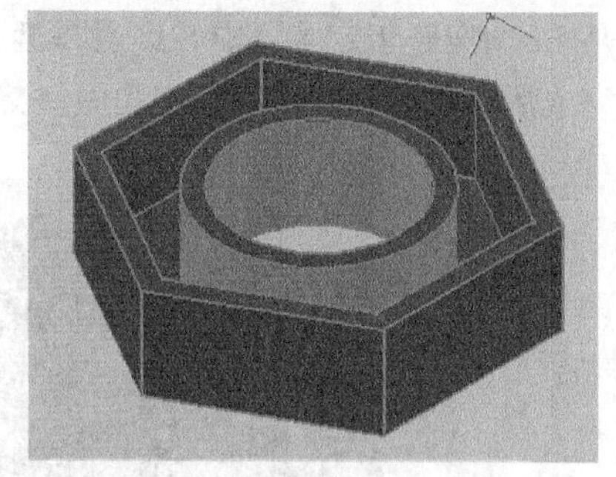

图 7-44　抽壳创建箱体结构示例

2. 镜像三维实体

对于对称的三维实体，可以用三维镜像创建，如图 7-45 所示。

- 工具栏：单击“三维镜像”按钮。
- 菜单栏：“修改”→“三维操作”→“三维镜像”。
- 命令行：输入“MIRROR3D”命令。

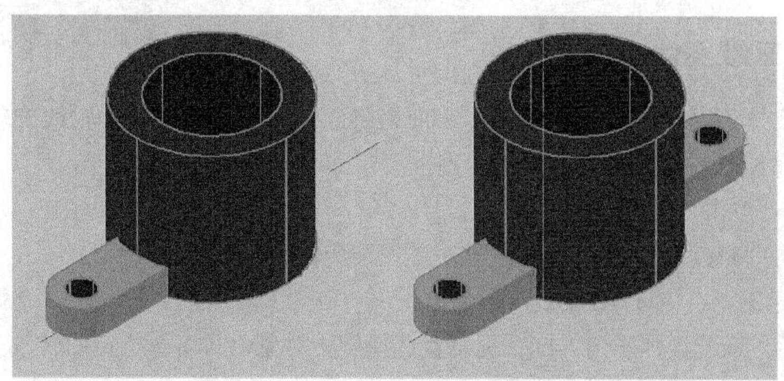

图 7-45　镜像三维实体示例

输入命令后，系统提示：选择对象，回车→指定镜像平面（默认三点），回车→指定第一点→指定第二点→指定第三点（三个点应在同一平面，且不在同一直线上）→是否删除源对象（默认否），回车→完成三维镜像操作。

当然，也可以输入与镜像平面平行的 *XY*、*YZ*、*ZX* 平面，然后指定镜像平面上的点，再确定是否删除源对象。

3. 阵列三维实体

和二维图形一样，圆盘上的均布孔及轮辐等，其三维实体也可以阵列创建。如图 7-46 所示，可先画圆盘和其中一圆孔的俯视图，将它们拉伸；再将圆孔做环形阵列。

- 工具栏：单击“三维阵列”按钮。
- 菜单栏：“修改”→“三维操作”→“三维阵列”。
- 命令行：输入“3DARRAY”命令。

输入命令后，系统提示：选择对象，回车→输入阵列类型【矩形（R）/环形（P）】，输入 P，回车→输入阵列中的项目数 6→指定要填充的角度（默认 360°），回车→是否旋转对象（默认是），回车→指定阵列中心点（圆盘上表面中心）→指定转轴第二点（圆盘下表面中心）。阵列完成后，再将圆盘和 6 个圆孔做差集运算。

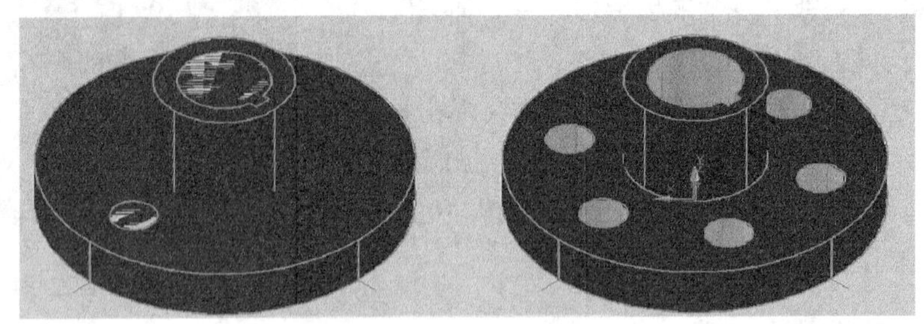

图 7-46　三维阵列创建均布孔

类似的，矩形阵列的操作如下。

输入“三维阵列”命令后，系统提示：选择对象，回车→默认矩形阵列类型，回车→输入行数，回车→输入列数，回车→输入层数，回车→输入行间距，回车→输入列间距，回车→输入层间距，回车→完成三维阵列操作。

4. 旋转三维实体

旋转三维实体不是用旋转法创建实体，而是将已形成的实体绕某一轴线旋转一个角度。图 7-47 所示为实体绕 Z 轴旋转 45° 前后的状况。

- 工具栏：单击“三维旋转”按钮。
- 菜单栏：“修改”→“三维操作”→“三维旋转”。
- 命令行：输入“ROTATE3D”命令。

输入命令后，系统显示正角方向，提示：选择旋转对象，回车→指定回转轴上的第一点→指定回转轴上的第二点→输入旋转角度 45。

应当注意的是：旋转只能在没有进行“并集”操作形成整体之前进行。

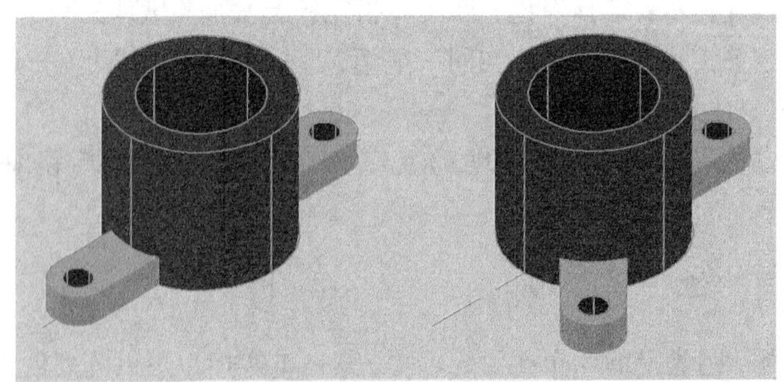

图 7-47　实体绕定轴旋转示例

5. 剖切三维实体

如果想展示机件内部结构，或者三维实体为基本几何体切割而成，可以采用剖切进行。

- 工具栏：单击“剖切”按钮。
- 菜单栏：“修改”→“三维操作”→“剖切”。

- 命令行：输入“SLICE”命令。

输入命令后，系统提示：选择对象，回车→指定剖切面上的第一点→指定第二点→指定第三点→指定要保留的一侧（若两侧都需保留，输入 B）。

与镜像平面一样，也可以输入与剖切平面平行的 *XY*、*YZ*、*ZX* 平面，然后指定剖切平面上的点，再确定是否保留两侧。

将图 7-46 剖切开来，结果如图 7-48 所示。若需要剖切到均布孔，可再作 *XOY* 平面的剖切（参见任务 4 解决方案）。

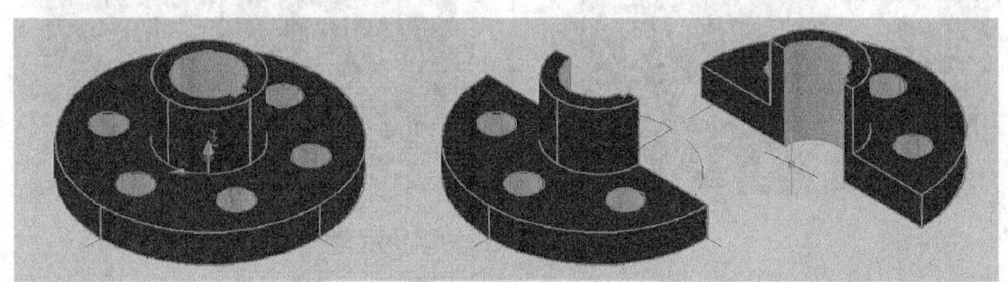

图 7-48　三维实体剖切示例

6. 三维实体倒角及倒圆角

二维实体的“倒角”、“圆角”命令，同样可以对三维实体进行倒角、倒圆角操作，只是当选择对象为三维实体时，提示选项有所不同。

（1）三维实体倒角

- 工具栏：单击“倒角”按钮。
- 菜单栏：“修改”→“倒角”。
- 命令行：输入“CHAMFER”命令。

还是以图 7-46 为例，将其圆筒上部倒角，具体操作如下。

输入命令后，系统提示：当前倒角距离→输入 D（改变倒角距离），输入 2，回车，回车（距离均为 2）→选择第一条直线（圆筒上缘），回车，回车，回车（确认倒角距离均为 2）→选择边或环（再次选择圆筒上缘），回车→完成倒角操作。结果如图 7-49 所示。

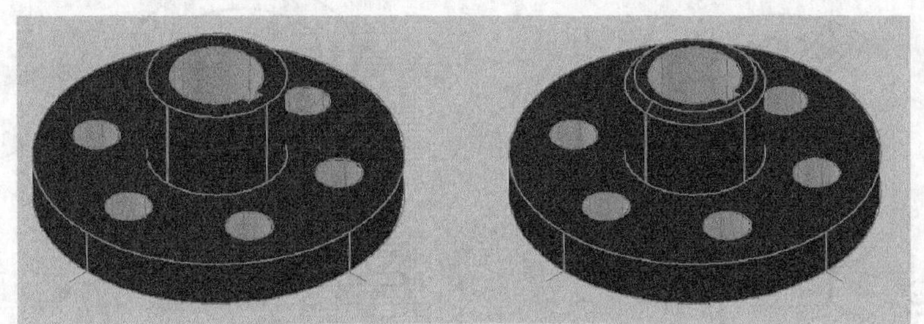

图 7-49　三维实体倒角示例

（2）三维实体圆角

- 工具栏：单击“圆角”按钮。
- 菜单栏：“修改”→“圆角”。
- 命令行：输入“FILLET”命令。

在图 7-49 的基础上，再将圆筒下缘倒圆角，操作如下。

输入命令后，系统提示：当前设置（圆角半径）→输入 R（改变圆角半径），输入 2，回车（倒角半径为 2）→选择第一条直线（圆筒下缘），回车，回车（确认圆角半径为 2）→选择边或环（再次选择圆筒下缘），回车→完成倒圆角操作。结果如图 7-50 所示。

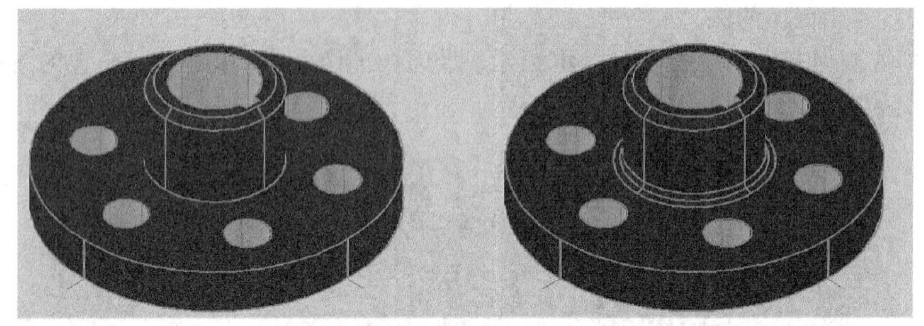

图 7-50　三维实体倒圆角示例

7. 三维实体尺寸标注简介

三维实体的尺寸标注，除了像轴测图的尺寸标注一样，要在各自轴测平面中进行之外，还须将尺寸标注的基点移动到坐标原点，否则，所标注的尺寸将不知在何方。

下面以图 7-45 所示三维实体的尺寸标注为例，简单介绍三维实体的尺寸标注方法。

（1）圆筒的尺寸标注

首先，单击“俯视图”→“西南等轴测”，将绘图区域设置成俯视图控制的三维图形状况；再将坐标原点移动至圆筒上表面中心点，单击“工具”→“新建 UCS(W)”→“原点”→单击圆筒上表面中心点，这时，坐标原点被移至该点，这时，可以标注圆筒的内外直径，如图 7-51（a）所示。

单击“主视图”→“西南等轴测”，将绘图区域设置成主视图控制的三维图形状况；再将坐标原点移动至圆筒上表面中心点：单击“工具”→“新建 UCS(W)”→“原点”→单击圆筒上表面中心点，这时，坐标原点被移至该点，这时，可以标注圆筒的高度尺寸，如图 7-51（b）所示。

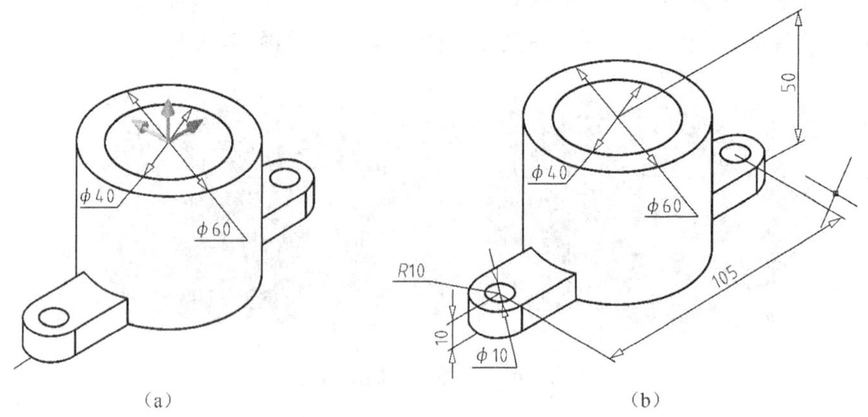

图 7-51　三维实体的尺寸标注

（2）左右两耳板的尺寸标注

与圆筒的尺寸标注类似，只是在俯视图状态下，标注 $R10$、$\phi10$ 和中心距 105；在主视图状态下，标注耳板高度 10，如图 7-51（b）所示。

任务 4　解决方案

1. 拉伸创建圆盘及圆头矩形、阶梯孔实体

打开图 7-41，单击“西南等轴测”→将俯视图中的ϕ100 圆、圆头矩形、阶梯孔同心圆复制，将圆头矩形形成面域，如图 7-52（a）所示。将ϕ100 圆向下拉伸 10mm，将圆头矩形向上拉伸 30mm，而阶梯孔同心圆则分别向下拉伸 4mm（大）和 10mm（小），结果如图 7-52（b）所示。

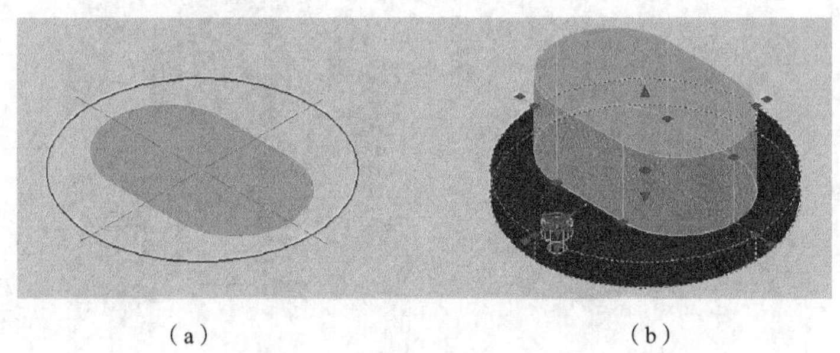

（a）　　　　（b）

图 7-52　拉伸创建零件毛坯实体

2. 将另两个阶梯孔通过镜像、旋转创建

单击“修改”→“三维操作”→“三维镜像”→选择对象：两同心圆柱，回车→输入 3（选择用三个点确定镜像平面）→指定纵向对称面→是否删除原对象（默认否），回车→完成三维镜像操作。

将右侧阶梯孔旋转 45°：单击“修改”→“三维操作”→“三维旋转”→旋转对象（右侧阶梯孔），如图 7-53（a）所示→指定基点（圆盘上表面中心点）→拾取旋转轴（垂直轴）→输入旋转角度（45°），回车。完成三维旋转操作，如图 7-53（b）所示。

类似的，再将旋转 45° 的阶梯孔，以横向对称面镜像，至此，再作差集，完成 3 个阶梯孔的创建。结果如图 7-53（c）所示。

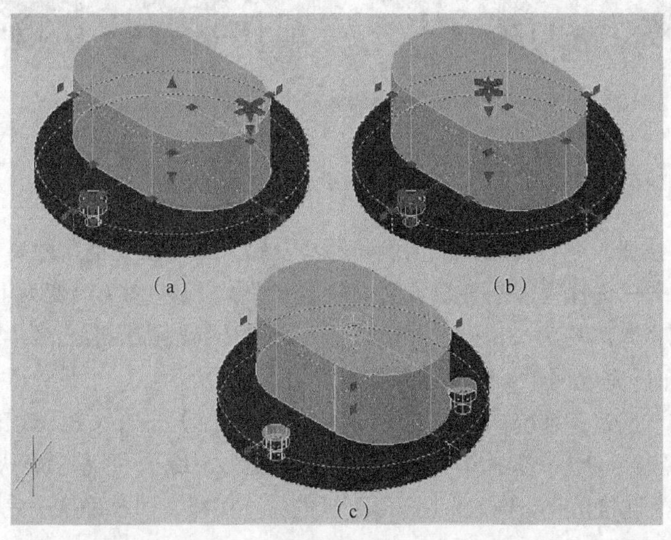

（a）　　　　（b）

（c）

图 7-53　阶梯轴的镜像、旋转创建

3. 用旋转法创建中心带倒角的阶梯孔

单击“主视图”，绘制中心带倒角的阶梯孔的半剖视图，并将其形成面域。再单击“西南等轴测”，结果如图 7-54（a）所示。

单击“旋转”按钮→选择面域→指定旋转轴（面域左侧轴线），回车，完成中心带倒角的阶梯孔的创建，如图 7-54（b）所示。

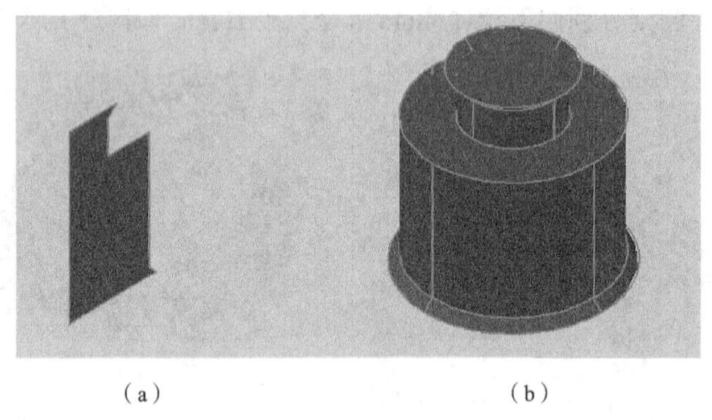

（a）　　　　（b）

图 7-54　旋转形成带倒角的阶梯孔

以阶梯孔的下表面中心点为基点，将其移动到与圆盘下表面同心，再做差集即可，结果如图 7-55 所示。

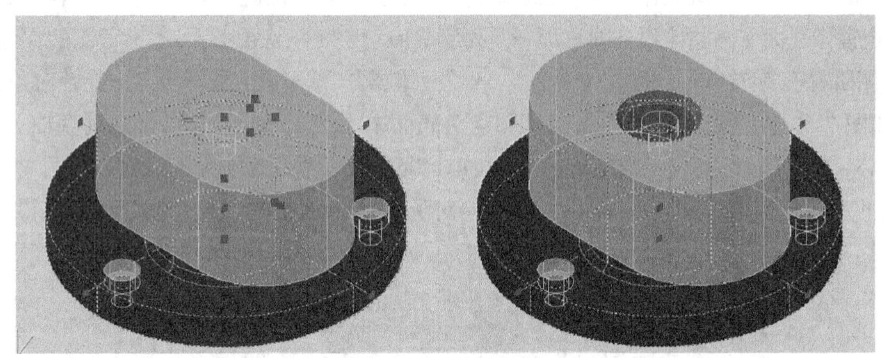

图 7-55　用差集去除中心孔的操作

4. 倒角及倒圆角

单击“倒角”按钮，系统提示：当前倒角距离→输入 D（改变倒角距离），输入 2，回车，回车（距离均为 2）→选择第一条直线（圆头矩形上缘），输入 N（改变为下一个），回车，回车，回车（确认倒角距离均为 2）→选择边或环（再次选择圆头矩形上缘，分别选择两条直线和两个半圆），回车→完成倒角操作。结果如图 7-56（a）所示。

单击“倒圆角”按钮，系统提示：当前设置（圆角半径）→输入 R（改变圆角半径），输入 2，回车（圆角半径改为 2）→选择第一条直线（圆头矩形下缘），回车（确认圆角半径为 2）→输入 C（多个边光滑连接），再选择圆头矩形下缘的另一条线，回车确认→完成倒圆角操作。结果如图 7-56（b）所示。

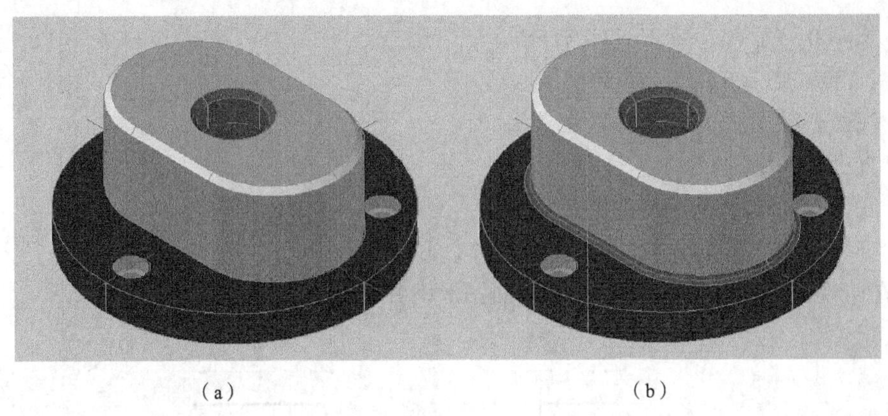

（a）　　　　　　　　　　　　　　　　（b）

图 7-56　倒角及倒圆角操作

5. 将左前四分之一剖切

单击“修改”→“三维操作”→“剖切”→选择要剖切的对象（全体），回车→输入 3（选择三点确定剖切平面），回车→选择纵向平面上三点→回车（选择保留两侧）。完成剖切操作，移开左半部分，如图 7-57（a）所示。

单击“修改”→“三维操作”→“剖切”→选择要剖切的对象（左半部分），回车→输入 3（选择三点确定剖切平面），回车→选择横向平面上三点→回车（选择保留两侧）。完成剖切操作，移动左后四分之一与右半部分对齐，再做并集，如图 7-57（b）所示。

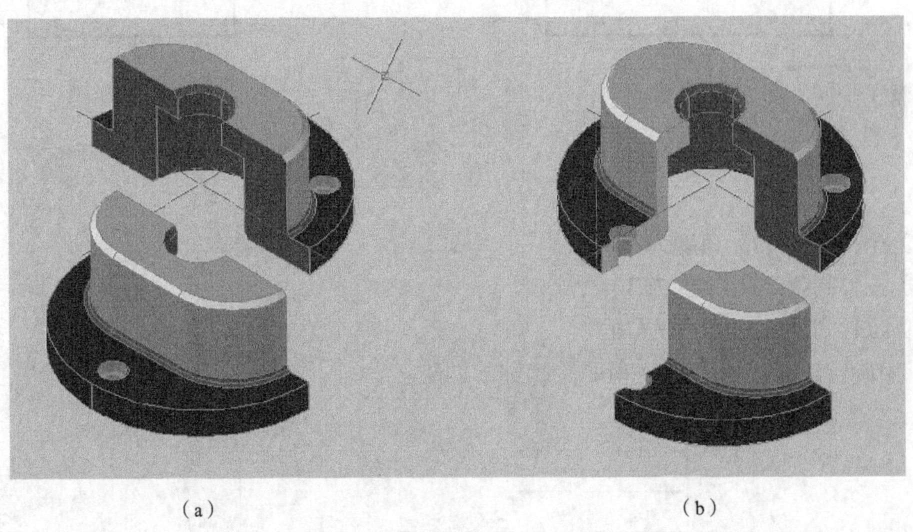

（a）　　　　　　　　　　　　　　　　（b）

图 7-57　左前四分之一剖切操作

巩固与拓展

1. 按下列尺寸要求创建基本几何体。

（1）长 100，宽 70，高 25 的长方体。

（2）长 80，宽 100，高 125 的楔体。

（3）底面直径 100，高 80 的圆锥体。

（4）直径为 90 的圆球体。

（5）底面直径 80，高 100 的圆柱体。

（6）直径为 100，圆管半径为 8 的圆环体。

2. 在俯视图中绘制如图 7-58 所示平面图形，并将其拉伸。

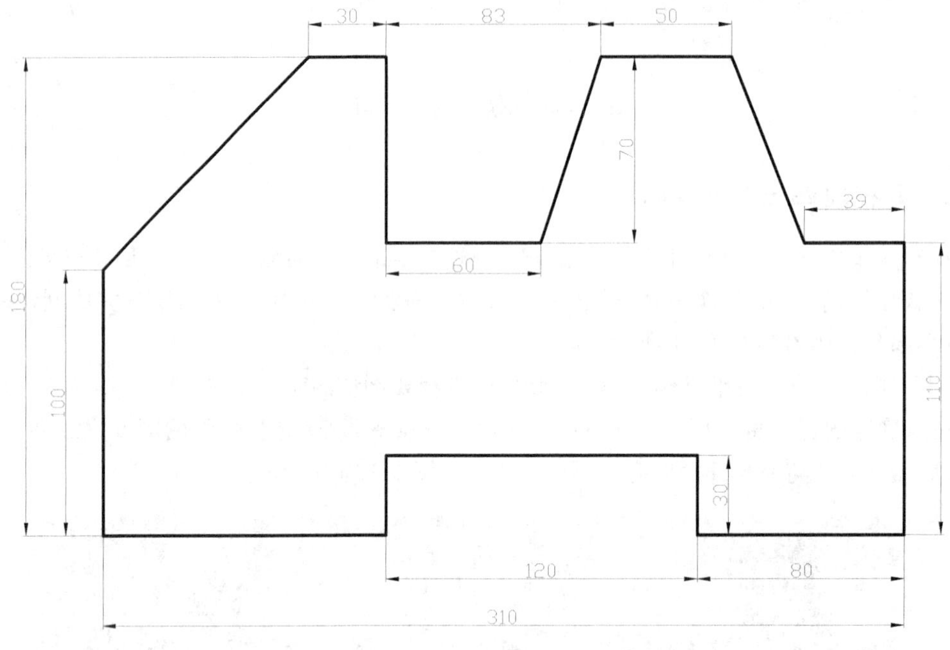

图 7-58　题 2 图

（1）拉伸高度 75，角度为 0。

（2）拉伸高度 30，角度为 30。

（3）拉伸高度 20，角度为-30。

3. 用旋转法完成如图 7-59 所示阶梯轴的创建。

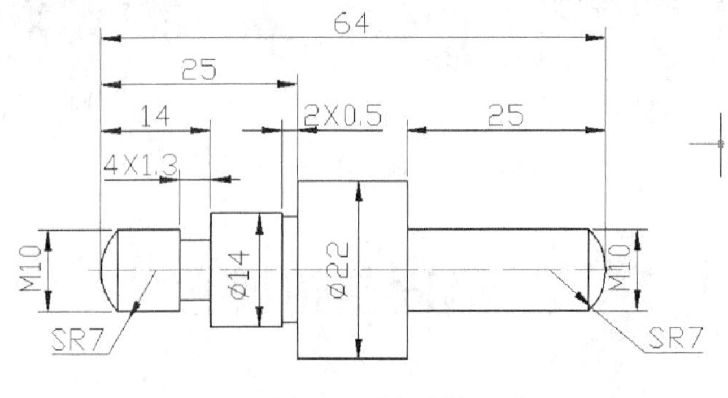

图 7-59　题 3 图

4. 分别用差集的方法和抽壳的方法，完成如图 7-60 所示正交四通管的创建。

提示：用差集的方法：绘同心圆→拉伸→复制→旋转→正交→差集。用抽壳的方法：绘圆→拉伸→复制→旋转→正交→抽壳（去除 4 个端面）

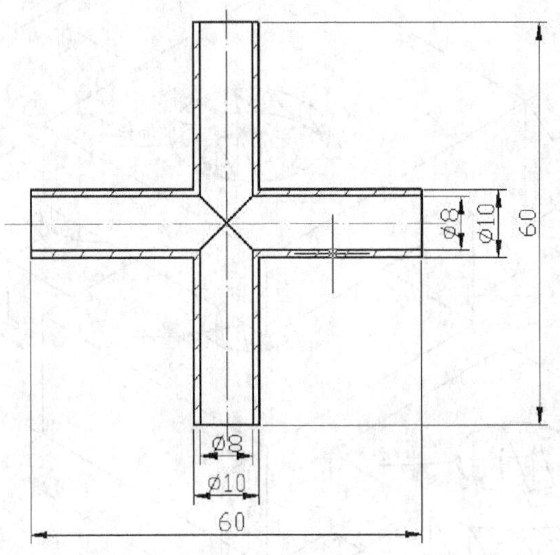

图 7-60　题 4 图

5. 三维实体由一个矩形块（100×50×25）、一个半圆柱（*R*10）、一个圆孔（ϕ10）构成，且半圆柱和圆孔均与纵向成 30° 夹角，如图 7-61 所示。试创建这一实体。

提示：半圆柱和圆孔用同心圆拉伸创建（拉伸长度应大于 80，以便伸出矩形块以外）→移动→旋转→差集→剖切，完成创建

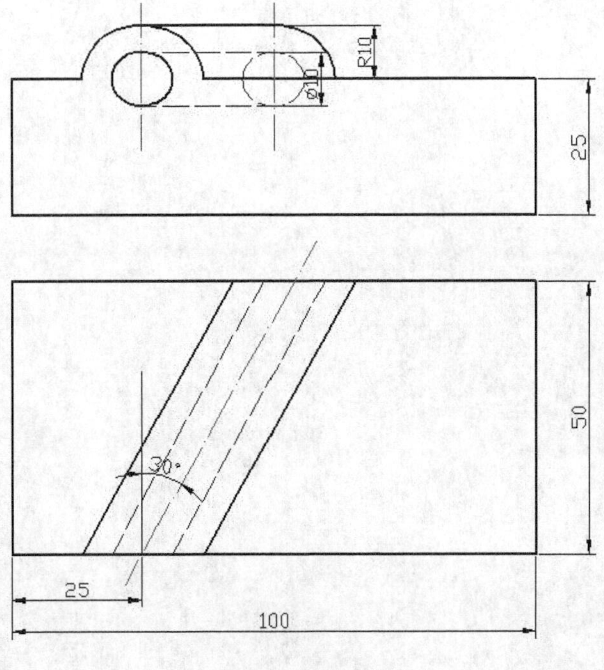

图 7-61　题 5 图

6. 完成如图 7-62 所示三维实体的创建，并标注尺寸。

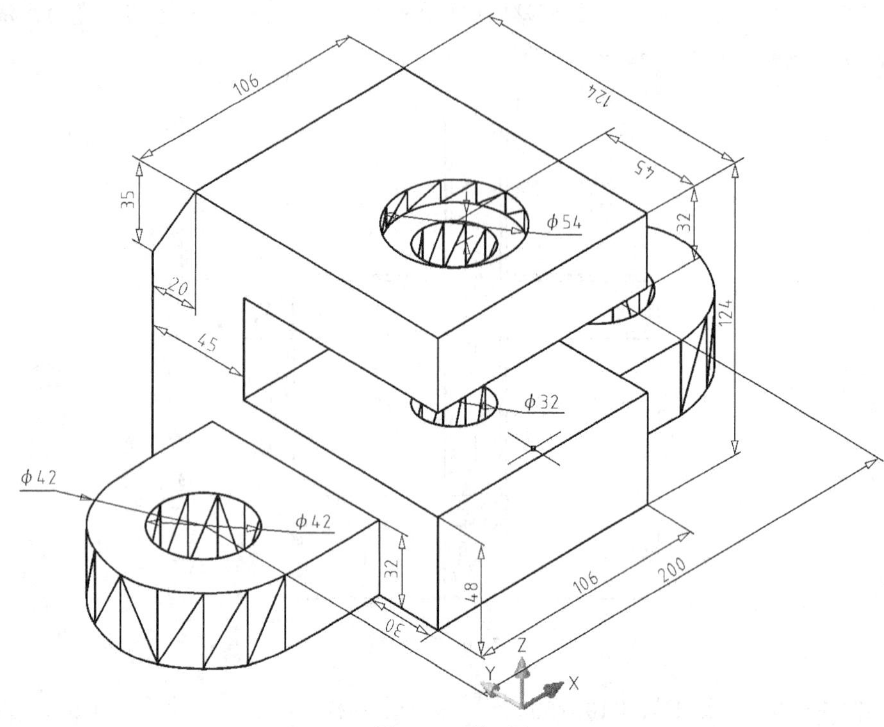

图 7-62　题 6 图

项目8

图形输出

知识目标

- 理解图纸空间和模型空间的各自含义
- 熟悉平铺视口和浮动视口各自特点及设置方法
- 掌握二维图形及三维实体各自打印方法

能力目标

- 能熟练配置打印机或绘图仪
- 能根据需要打印工程图样用于生产实际

任务 将创建的三维实体打印成为生产图样

任务要求

如图 8-1 所示实体，已在“项目 7：巩固与拓展”中完成创建，试将其打印成为三向视图加立体图的图样，以便用于生产实际。

使用 AutoCAD 绘制好的图形，可以用打印机或绘图仪输出。输出图形可以在模型空间进行，也可以在图纸空间（布局）中进行。

1．模型空间

模型空间是指用户在其中进行设计绘图的工作空间。在模型空间中，用创建的模型来完成二维图形绘制或三维物体的造型，标注必要的尺寸和文字说明。系统默认状态为模型空间。当在绘图过程中，只涉及一个绘图平面时，在模型空间即可完成图形的绘制和打印等操作。

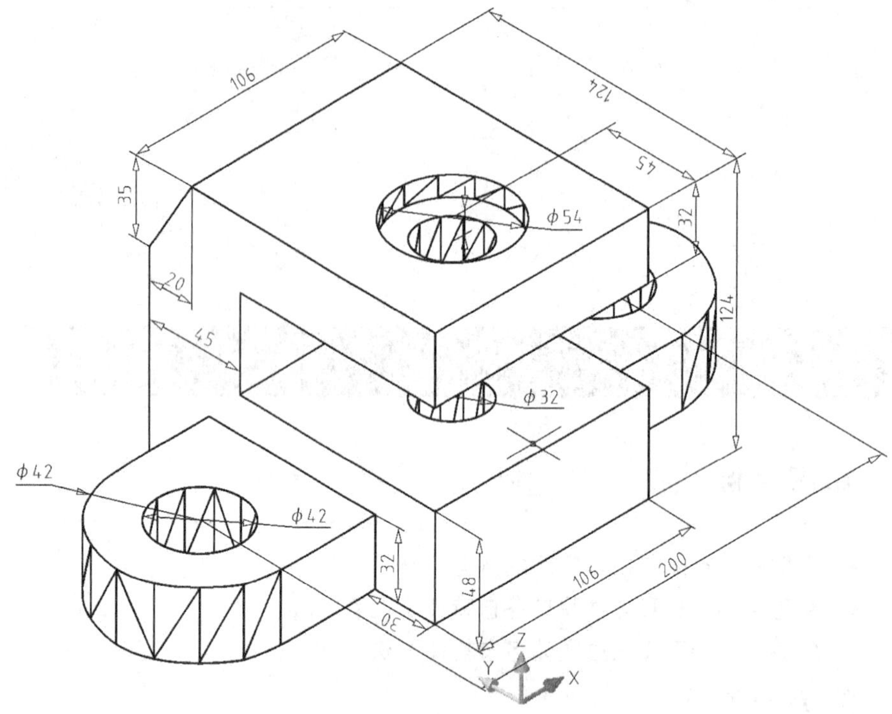

图 8-1　三维实体

2. 平铺视口

视口是指在模型空间中显示图形的某个部分的区域。对较复杂的图形，为了比较清晰地观察图形的不同部分，可以在绘图区域上同时建立多个视口进行平铺，以便显示几个不同的视图。

平铺视口是在模型空间创建的多视口。AutoCAD 提供了“视口”工具栏来修改和编辑视口，如图 8-2 所示。只有当前视口可以修改和编辑。

- 工具栏：单击“视口”按钮。
- 菜单栏：“视图”→“视口”→“新建视口”命令。
- 命令行：输入“VPOPTS”命令。

命令输入后，弹出模型空间的“视口”对话框，如图 8-3 所示。

图 8-2　“视口”工具栏

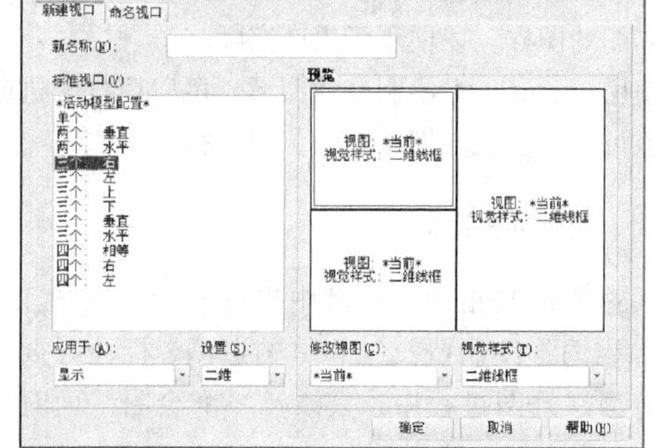

图 8-3　模型空间的“视口”对话框

各选项功能如下。

（1）“新建视口”选项卡

“新名称”文本框：用于输入新建视口的名称。

“标准视口”列表框：用于选择标准配置名称，可将当前视口分割平铺。例如，选择“三个：右”选项，视口将平铺为右侧一个视口，左侧两个视口。

“预览”窗口：用于预览选定的视口配置（即绘图区的视口个数）。用单击方式选择窗口内某个视口，即被置为当前视口。

“应用于”下拉列表框：用于选择“显示”选项还是“当前视口”选项。

“设置”下拉列表框：可在“2D”、“3D”选项中选择。“2D”可进行二维平铺视口；“3D”则继续三维视口。

“修改视图”下拉列表框：用于将所选择的视口配置代替以前的视口配置。

（2）“命名视口”选项卡

“当前名称”文本框：用于显示当前命名视图的名称。

“命名视口”列表框：用于显示当前图形中保存的全部视口配置。

“预览”窗口：用于预览当前视口的配置，如图 8-4 所示。

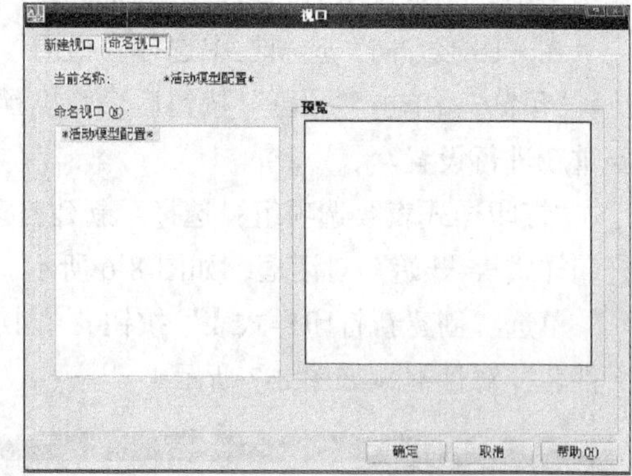

图 8-4 “视口”对话框的“命名视口”选项卡

平铺视口的特点如下。

① 视口是平铺的，它们彼此相邻，大小、位置固定，且不能重叠。

② 当前视口的边界为粗边框显示，光标呈十字型，在其他视口中呈小箭头状。

③ 只能在当前视口进行各种绘图、编辑操作。

④ 只能将当前视口中的图形打印输出。

⑤ 可以对视口配置命名保存，以备以后使用。

3. 模型空间输出图形

- 工具栏：单击“打印”按钮。
- 菜单栏：“文件”→“打印”命令。
- 命令行：输入“PLOT”命令。

命令输入后，弹出“打印-模型”对话框，如图 8-5 所示。

在该对话框中做如下设置。

在“打印机/绘图仪”选项栏的“名称”下拉列表中选择打印设备。

在“图纸尺寸”下拉列表中选择“A4”。

在“打印份数”文本框中输入份数。

在“打印区域”选项栏的“打印范围”下拉列表“图形界限”、“窗口”、“显示”中选择自己觉得合适的选项。

在“打印比例”下拉列表中选择“1∶1”（当图形按 1∶1 绘制，且图框尺寸恰当时，打印的图形与实际尺寸一致）。

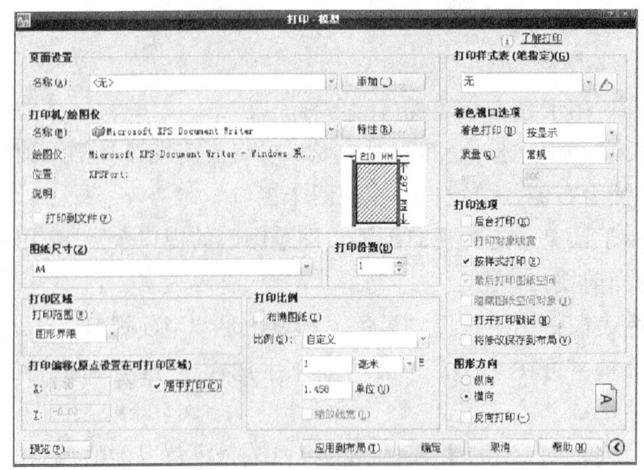

图 8-5 “打印-模型”对话框

在“打印偏移”选项栏，用于确定打印区域相对于图纸左下角的偏移量，初选“居中打印”，在图形不能完全显示时，可适当调整。

在“图形方向”选项栏中选择“横向”或“纵向”单选按钮。

“预览”：单击“预览”按钮后，弹出预览窗口，对打印效果进行预览，以便确定是否有必要重新进行设置。

“打印样式表”选项组：选择、新建打印样式。如果选择“新建”，将弹出“添加颜色相关打印样式表-开始”对话框，如图 8-6 所示。

单选“创建新打印样式表”按钮，单击“下一步”按钮，弹出“添加颜色相关打印样式表-文件名”对话框，如图 8-7 所示。

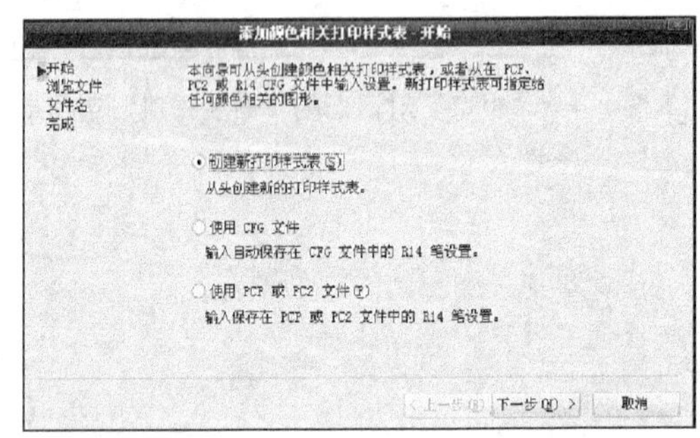

图 8-6 “添加颜色相关打印样式表-开始”对话框

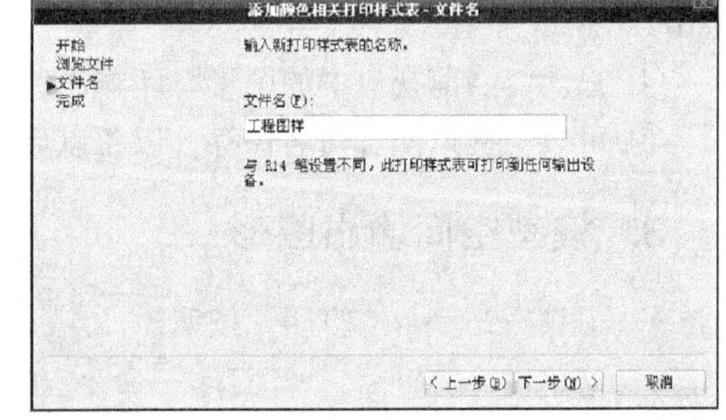

图 8-7 “添加颜色相关打印样式表-文件名”对话框

在对话框中输入打印样式的名称，如“工程图样”，单击“下一步”按钮，弹出“添加颜色相关打印样式表-完成”对话框，如图 8-8 所示。

单击对话框中的“打印样式表编辑器”按钮，弹出“打印样式表编辑器”对话框，切换到“格式视图”选项卡，如图 8-9 所示。

“打印样式表编辑器”对话框用于设置打印样式表，如果用户绘图时为各图层设置了颜色，而实际需要用黑颜色打印图形，可通过“格式视图”选项卡将打印颜色设置为黑色（在“打印样式”列表框中选择对应的颜色项，再将“特性”选项组的“颜色”下拉列表框更改为“黑”）；此外，必要时还可以对打印的“线型”和“线宽”进行设置。

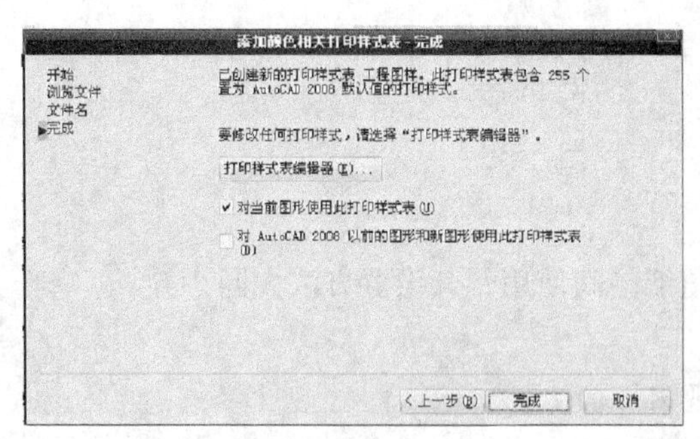

图 8-8 “添加颜色相关打印样式表-完成”对话框

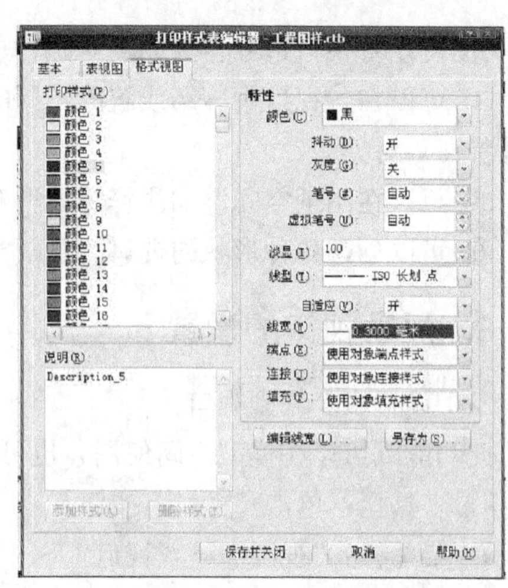

图 8-9 “打印样式表编辑器”对话框

单击“保存并关闭”按钮，关闭“打印样式表编辑器”对话框，返回到“添加颜色相关打印样式表-完成”对话框。单击“完成”按钮，返回到“页面设置”对话框，完成打印样式的建立。

4. 图纸空间

如果创建多视口时的绘图空间不同，所得到的视口形式也不同。若当前绘图空间是模型空间，创建的视口称为平铺视口，若当前绘图空间是图纸空间，则创建的视口称之为浮动视口。

图纸空间（又称为布局）可以看作是由一张图纸构成的平面，且该平面与绘图区平行。图纸空间上的所有图纸均为平面图，不能从其他角度观看图形。利用图纸空间，可以把在模型空间中绘制的三维模型在同一张图纸上以多个视图的形式排列，如主视图、俯视图、左视图等，以便在同一张图纸上输出它们，而且这些视图可以采用不同的比例，这在模型空间是无法实现的。

5. 浮动视口

浮动视口创建方法与平铺视口的创建类似，所不同的是它是在图纸空间创建的多视口。在图纸空间执行创建命令后，弹出“视口”对话框，如图 8-10 所示。

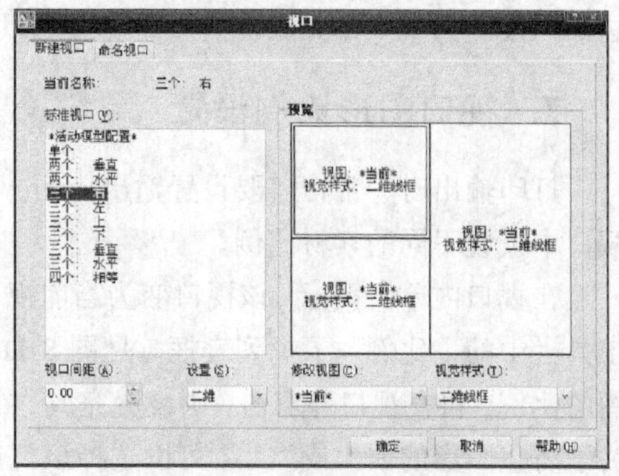

图 8-10 “视口”对话框

与平铺视口的对话框相比，它的不同之处是用“视口间距”文本框代替了“应用于”下拉列表框，用于确定图纸空间中各视图之间的距离。

浮动视口的特点如下。

① 视口是浮动的，各视口可以改变位置，也可以互相重叠。

② 浮动视口位于当前层时，可以改变视口边界的颜色，但线型总为实线。可以采用冻结边界所在图层的方式显示，也可以不打印视口边界。

③ 可以将视口边界作为编辑对象，进行移动、复制、缩放、删除等编辑操作。

④ 可以在各视口中冻结或解冻不同的图层，以便在指定的视图中显示或隐藏相应的图形、尺寸标注等对象。

⑤ 可以在图纸空间添加注释等图形对象。

⑥ 可以创建各种形状的视口。

6. 浮动视口的设置

（1）设置多个规则视口

此功能既可以在模型空间使用，也可以在图纸空间使用，其设置方法大同小异。

- 工具栏：单击“视口”按钮。
- 菜单栏：“视图”→“视口”→“新建视口”命令。
- 命令行：输入“VPOPTS”命令。

命令输入后，弹出模型空间的“视口”对话框。

在“新名称”文本框中输入要选择的视口名称，选择视口个数和平铺方式，然后激活一个视口。

在“修改视图”下拉列表框中选择一个视图，可以再激活另一个视口，再选择视图激活另一个视口，最后单击“确定”按钮，从而将视图切换为多个视图。

（2）设置单个视口或将对象转换为视口

此功能在图纸空间使用。

- 工具栏：单击“单个视口”按钮。命令输入后，根据提示指定矩形的角点、对角点，生成单个视口，视口内是当前图形。
- 在绘图区域创建一个矩形或圆的封闭线框，单击“将对象转换为视图”按钮，选择矩形或圆的封闭线框，按“回车”键完成转换。

（3）设置多边形视口

此功能也只能在图纸空间使用。

- 工具栏：单击“多边形视口”按钮，根据提示指定视口的起始点、下一点……完成多边形视口的设置。
- 在屏幕上用多段线创建一个多边形封闭线框，单击“将对象转换为视口”按钮，选择多边形，按“回车”键完成转换。

7. 视口图形比例设置

打印输出时，常常需要设置输出比例，可以在各自的视口中设置不同的素材比例。

在视口内单击鼠标，该视口变为当前视口。从“视口”工具栏中的“比例”下拉列表框（见图 8-11）中选择该视图的比例，再在视口外双击，则设置完成。在输出打印前，为了防止图形的放大或缩小，可以选择该视口，单击右键，在打开的快捷菜单中选择“显示锁定”命令，再选择“是”即可。

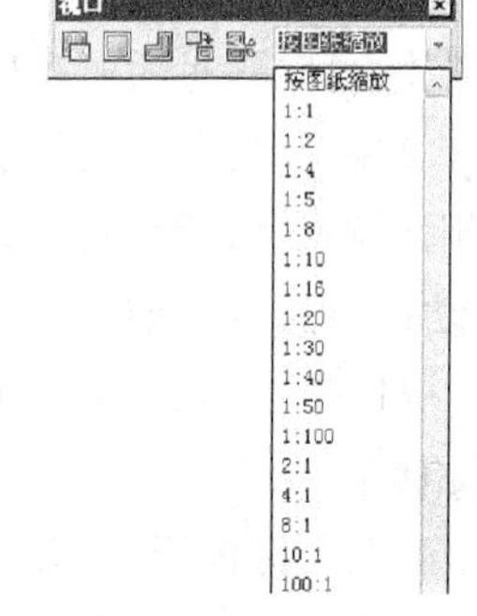

图 8-11　视口图形比例设置示例

8. 图纸空间输出图形

通过图纸空间（布局）输出图形时，可以再布局规划视图的位置和大小。

在布局中输出图形前，仍然先对要打印的图形进行页面设置，然后再输出图形。其输出的命令和操作方法与模型空间输出图形相似。

（1）创建布局（以利用向导创建布局为例）

- 工具栏："布局"按钮。
- 菜单栏："工具" → "向导" → "创建布局"命令。
- 命令行：输入"LAYOUTWIZARD"命令。

输入命令后，弹出"创建布局-开始"对话框，在"输入新布局的名称"文本框中输入新布局名"建筑图框"，如图 8-12 所示。

单击"下一步"按钮，弹出"创建布局-打印机"对话框，选择合适的打印机类型，如图 8-13 所示。

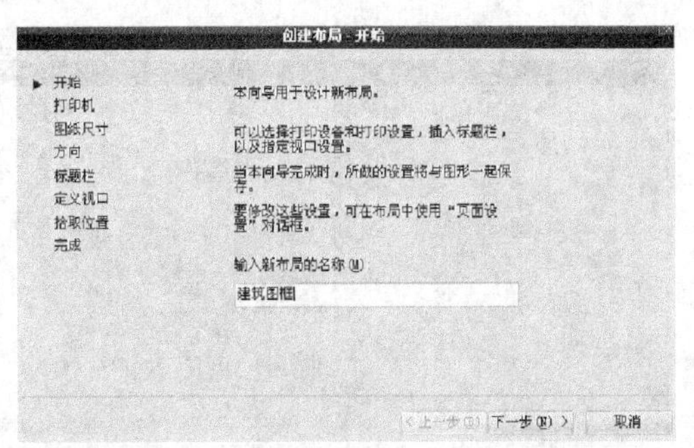

图 8-12 "创建布局-开始"对话框

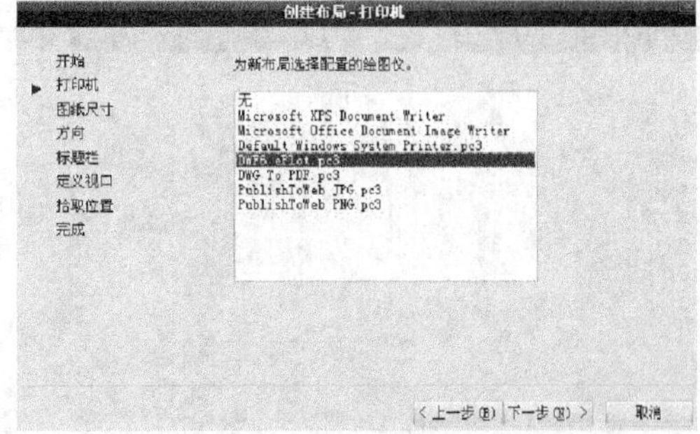

图 8-13 "创建布局-打印机"对话框

单击"下一步"按钮，弹出"创建布局-图纸尺寸"对话框，选择布局使用的图形尺寸和图形单位，如图 8-14 所示。

单击"下一步"按钮，弹出"创建布局-方向"对话框，选择"纵向"（或"横向"）单选按钮，如图 8-15 所示。

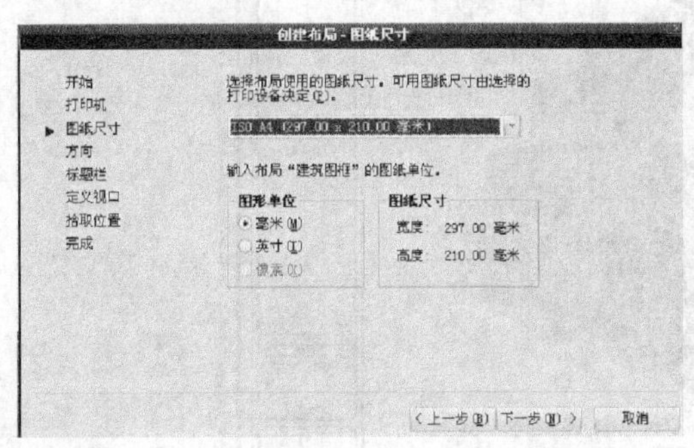

图 8-14 "创建布局-图纸尺寸"对话框

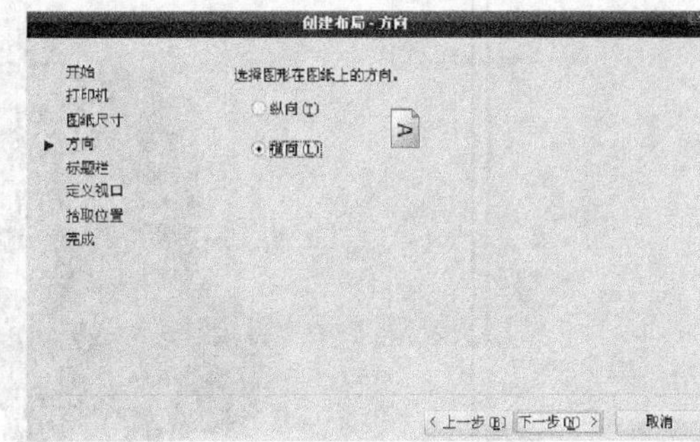

图 8-15 "创建布局-方向"对话框

单击"下一步"按钮，弹出"创建布局-标题栏"对话框，在"路径"列表框中选择需要的标题栏选项，如图 8-16 所示。

单击"下一步"按钮，弹出"创建布局-定义视口"对话框，选择相应的"视口设置"和"视口比例”，如图 8-17 所示。

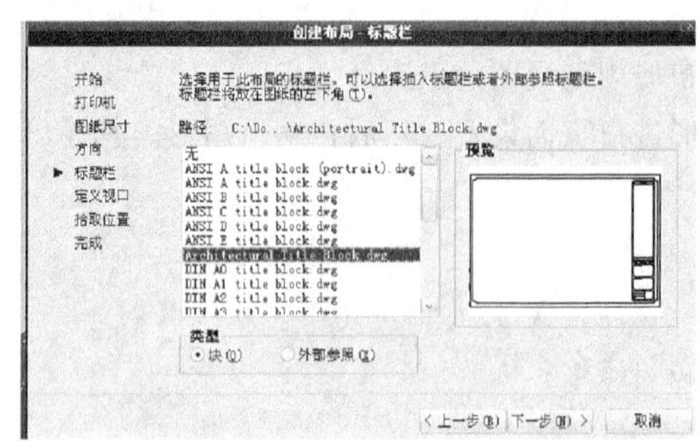

图 8-16 “创建布局-标题栏”对话框

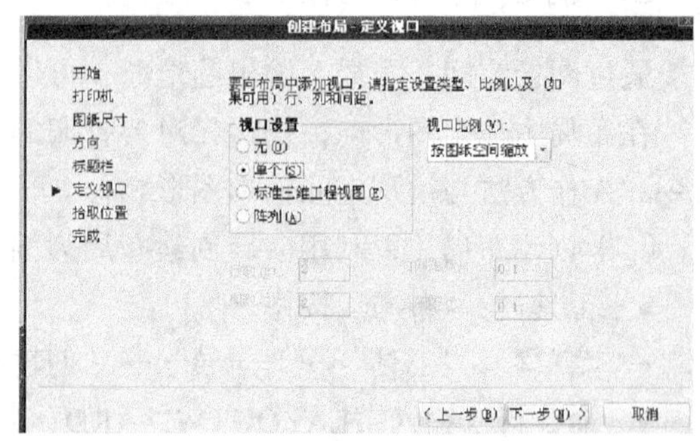

图 8-17 “创建布局-定义视口”对话框

单击“下一步”按钮，弹出“创建布局-拾取位置”对话框，如图 8-18 所示。

单击“选择位置”按钮，进入绘图区选择视口位置，通过鼠标来指定视口的大小和位置，弹出“创建布局-完成”对话框，如图 8-19 所示。

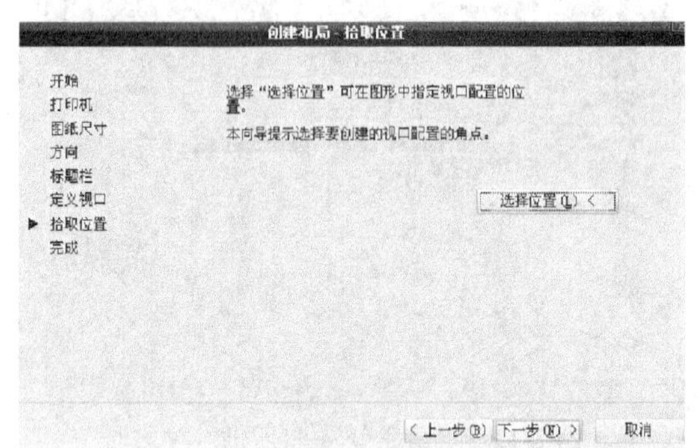

图 8-18 “创建布局-拾取位置”对话框

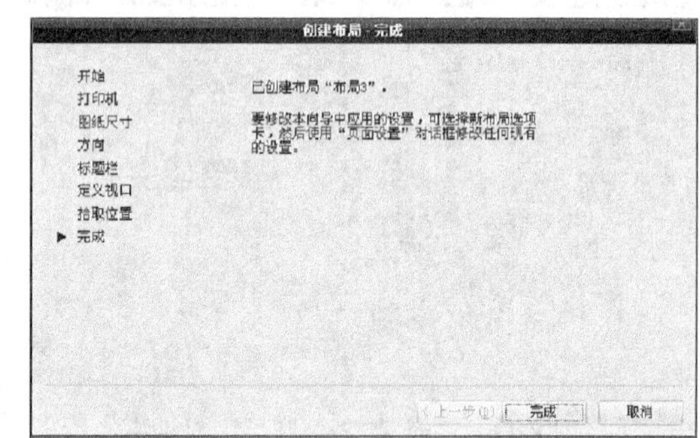

图 8-19 “创建布局-完成”对话框

单击“完成”按钮，完成新布局的创建，完成后的绘图区如图 8-20 所示。

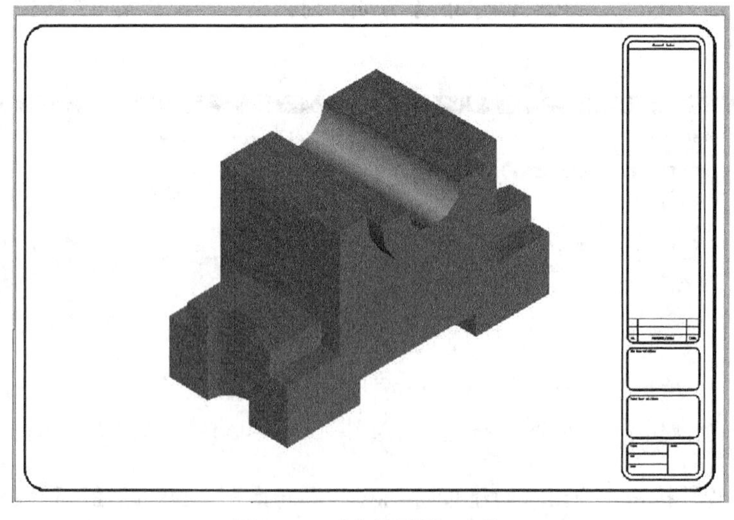

图 8-20 “建筑图框.dwg”

（2）创建视口

详见“任务解决方案”。

（3）布局视口

打开“新建文件夹/4.1.dwg”文件。

新建图层“视口”，切换当前图层为“视口”。

① 单击“布局 1”选项卡进入图纸空间，在其中选择浮动视口边界，视口显示为夹点状态。选择需要拉伸一侧的夹点，移动到新的位置，即可调整浮动视口的大小。

② 调出“视图”工具栏，将视图调整为“俯视图”，在浮动视口的右侧分别绘制矩形、正六边形和圆形。

③ 单击“将对象转换为视口”按钮，分别将矩形、正六边形、圆形转换为视口。

④ 在浮动视口，将三维实体按“西南测”显示，视觉样式为“真实”；将矩形、正六边形和圆形 3 个视口分别调整为主视图、左视图和俯视图，且变为“消隐”状态。如图 8-21 所示。

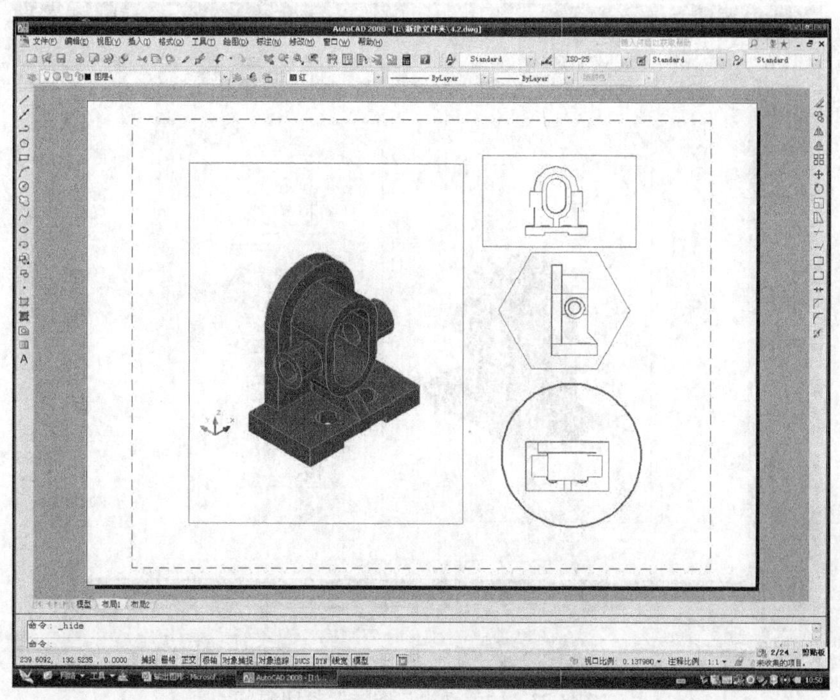

图 8-21　“浮动视口”示例

（4）打印输出

在图纸空间执行“PLOT”命令后，打开“打印-布局”对话框，如图 8-22 所示。

在“页面设置”栏的下拉列表中，选择“设置 1”。

单击“预览”按钮，观察效果如图 8-23 所示。

预览合格后，单击“确定”按钮，弹出“浏览打印文件”对话框，单击“保存”按钮，保存此文件为“浮动视口图样.pdf”。

状态栏中出现“完成打印和作业发布”信息窗口，打印工作完成。

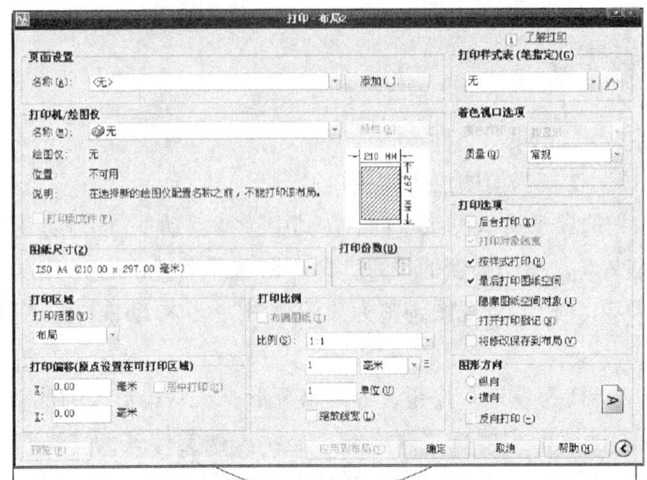

图 8-22　“打印-布局 2”对话框

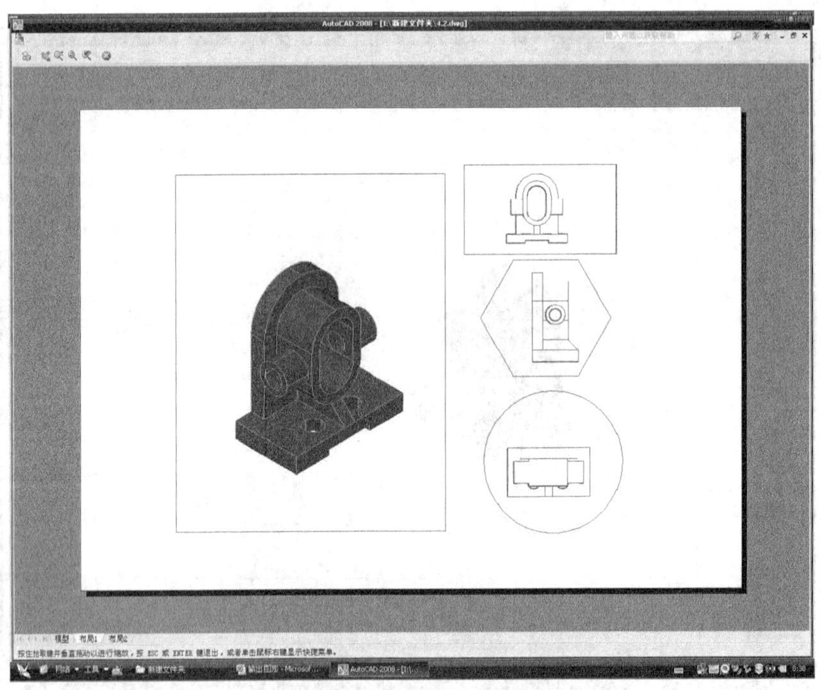

图 8-23　“浮动视口图样”打印预览

任务解决方案

分析：由于采用模型空间的平铺视口可以分别用主视、左视、俯视及西南测显示，但却无法同时打印，故需采用图纸空间的浮动视口进行布局、打印。

1. 打开图 8-1 所示的图形文件“I:\新建文件夹\4.3.dwg”。

2. 单击“布局 2”选项卡进入图纸空间；单击出现的“视口”边框，单击鼠标右键，删除原来的视口。

3. 选择“视图”→“视口”→“创建视口”菜单命令，打开“视口”对话框，如图 8-24 所示。

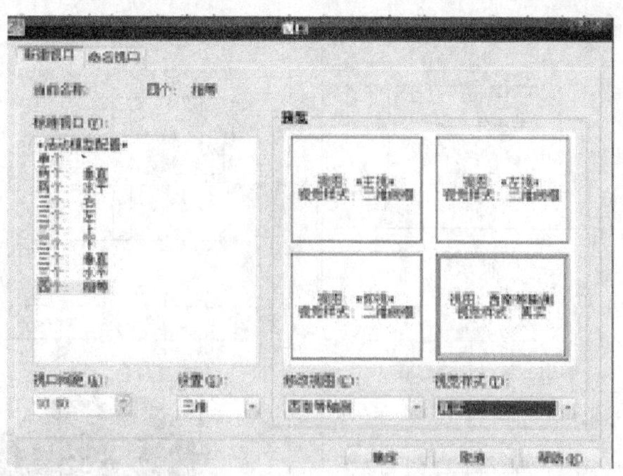

图 8-24　“四个：相等”视口创建

4. 在“新建视口”选项卡“标准视口”下拉列表框中选择“四个：相等”，确定“视口间距”为 10，“设置”改为“三维”。

5. 将左上视口的“修改视图”改为“主视”，“视觉样式”改为“二维线框”，用以显示主视图。

6. 类似的，左下视口分别改为“俯视”→“二维线框”（用以显示俯视图）；右上视口分别改为“左视”→“二维线框”（用以显示左视图）；而右下视口分别改为“西南测”→“真实”（用以显示三维实体）。

7. 在“布局 2”绘图区域内，指定视口配置的得到视口如图 8-25 所示。

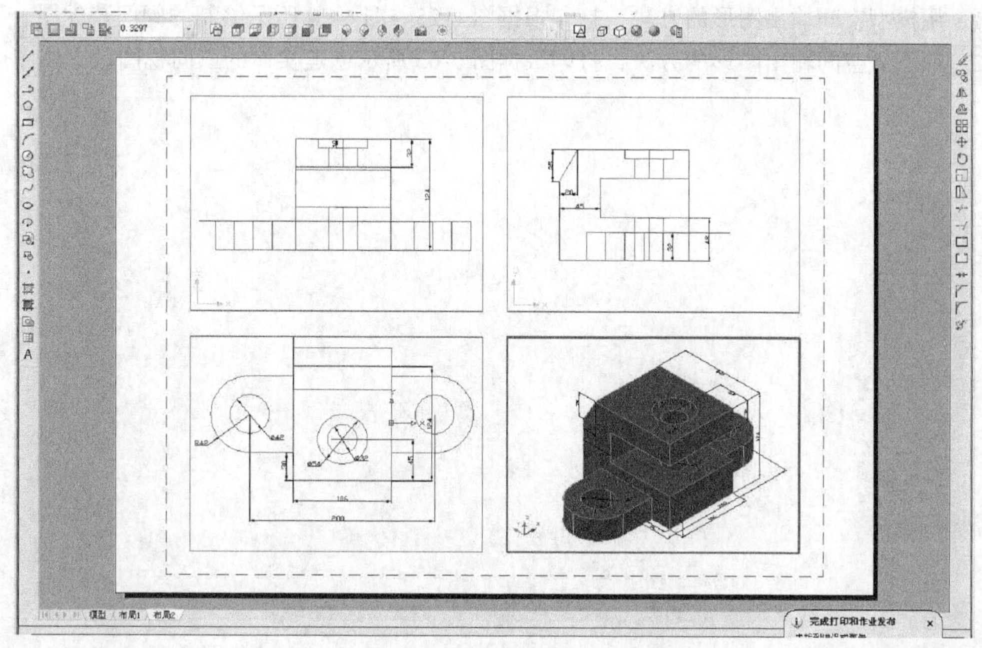

图 8-25　“图纸空间浮动视口”示例

8. 调整各视口的大小及相对位置，使之“长对正、高平齐”。

9. 单击“打印预览”按钮，结果如图 8-26 所示。

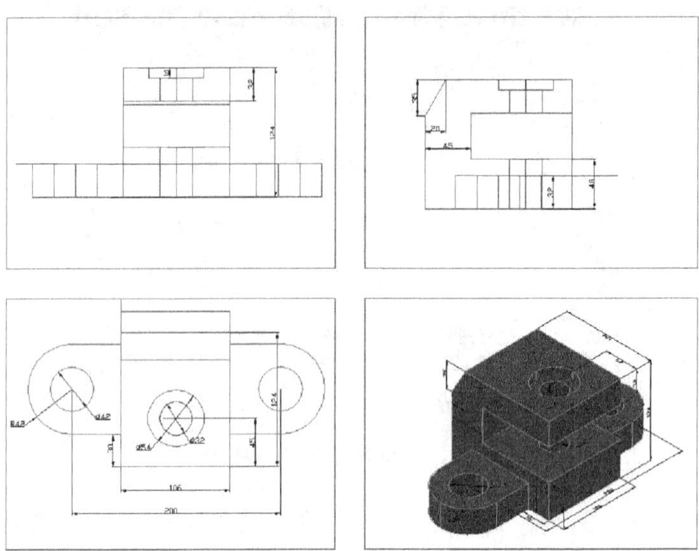

图 8-26　浮动视口打印预览

巩固与拓展

1. 用模型空间输出图形的方法，打印根据图 6-25～图 6-29 所示绘制的阀门装配图。
2. 用图纸空间输出图形的方法，打印根据图 7-62 所示创建实体的三向视图及立体图。

附录1 AutoCAD 2010简介

1 了解 AutoCAD 的发展变化

1.1 AutoCAD 2004 的工作界面

AutoCAD 2004 在目前使用较为广泛，因为其功能已经能够适用一般二维图形的绘制和三维实体的创建，满足一般研究、应用的需要。附图-1 所示为 AutoCAD 2004 的工作界面。

这一工作界面，与已高度普及的"Word"、"Excle"等完全类似，学习起来非常方便，所以，得到普遍的认同和广泛的使用。

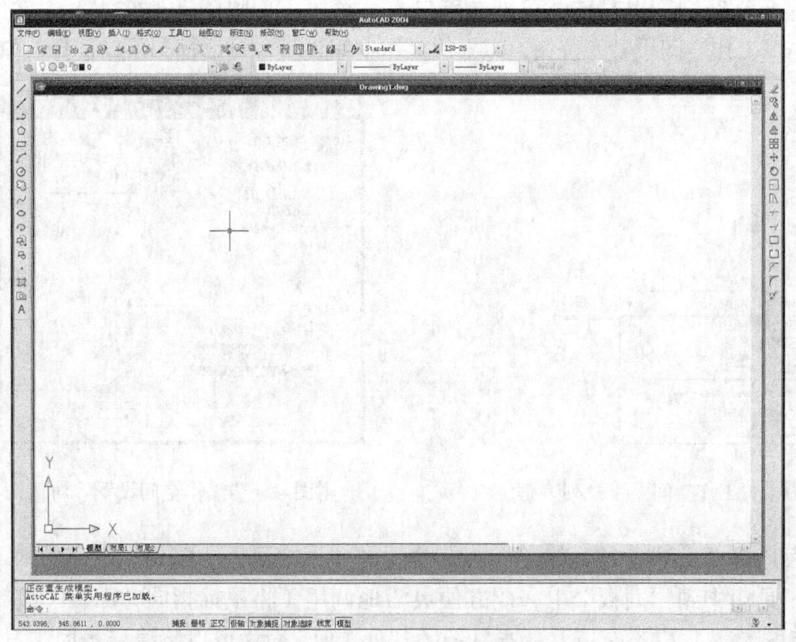

附图-1 AutoCAD 2004 的工作界面

1.2　AutoCAD 2008 的工作界面

附图-2 所示为 AutoCAD 2008 中“AutoCAD 经典”工作空间的工作界面。

这一工作界面与 AutoCAD 2004 相比非常相似。由于是一直传承下来的，所以称为“AutoCAD 经典”。除此之外，AutoCAD 2008 针对“二维图形绘制”及“三维实体创建”的不同要求，增加了“二维草图与注释”及“三维建模”两种工作空间，其转换方法如下。

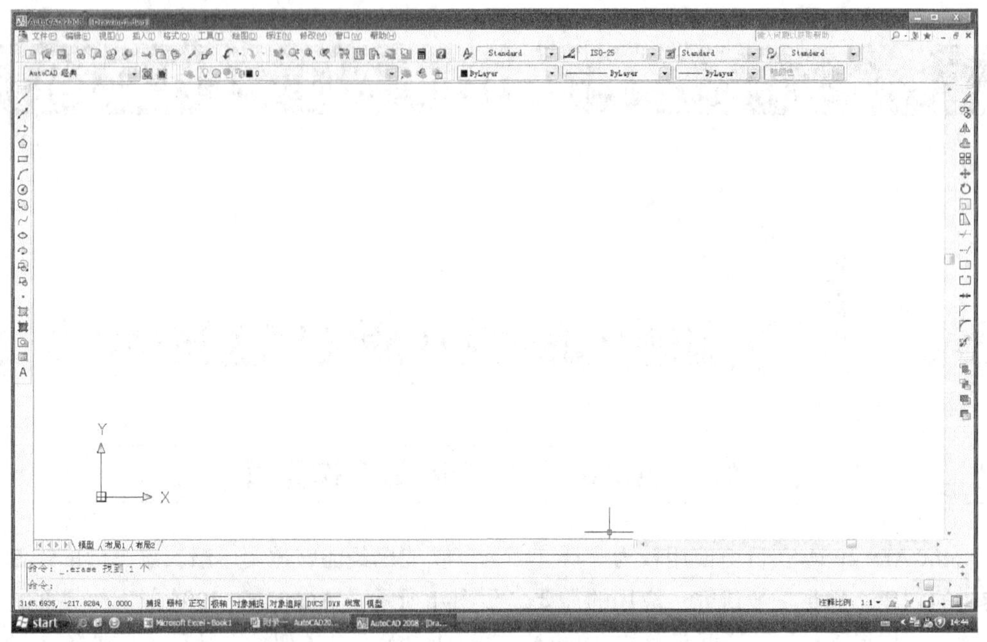

附图-2　“AutoCAD 经典”工作空间的工作界面

（1）在“工作空间”工具栏下拉列表框里直接选定，如附图-3 所示。

（2）单击“工作空间设置”按钮，弹出“工作空间设置”对话框，再作选择，如附图-4 所示。

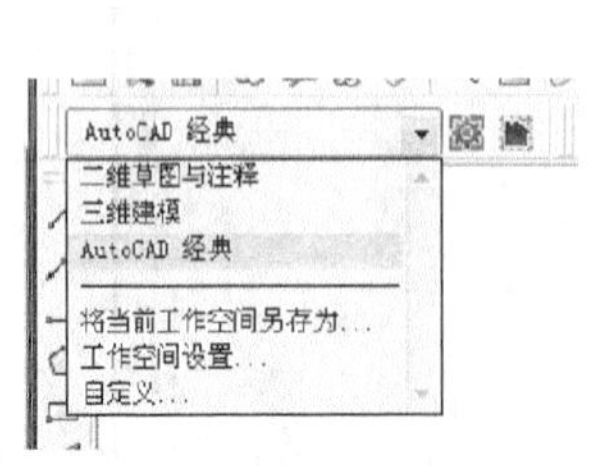

附图-3　“工作空间”下拉列表框

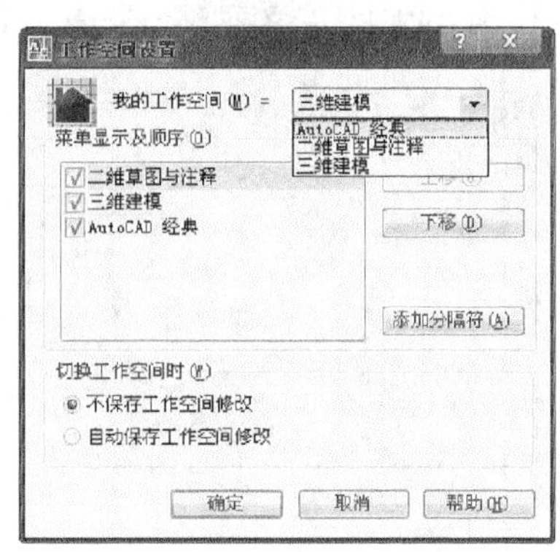

附图-4　“工作空间设置”对话框

附图-5 与附图-6 分别为“二维草图与注释”及“三维建模”两种工作空间的工作界面。它们都将常用工具集中到“面板”上，能方便灵活地调用（将鼠标指向“面板”按钮，则面板显示，移开则面板隐藏）。至于面板上没有显示的其他工具，同样可以将鼠标指向工具栏任意位置，用右键快捷菜单调出。

附图-5 “二维草图与注释”工作空间的工作界面

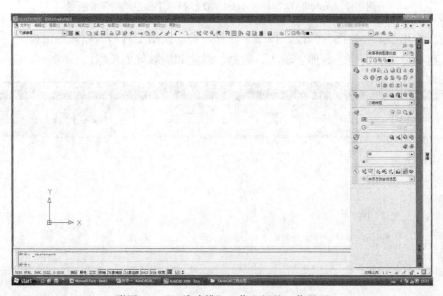

附图-6 “三维建模”工作空间的工作界面

1.3 AutoCAD 2010 的工作界面

附图-7 所示为 AutoCAD 2010 中“AutoCAD 经典”工作空间的工作界面。与 AutoCAD 2008 相比，增加了左右上角的总体控制按钮，其余的只是在色调、图案上稍有变化。而“二维草图与注释”及“三维建模”两种工作空间的工作界面变化却较大，如附图-8 和附图-9 所示。

由附图-8 可知：菜单栏、工具栏全部被面板所代替，且面板又分为“常用”、“插入”、“注释”、“参数化”、“管理”和“输出”等 6 个组，旁边的按钮还可以将面板最小化为“面板标题”或者关闭，令其收放自如。

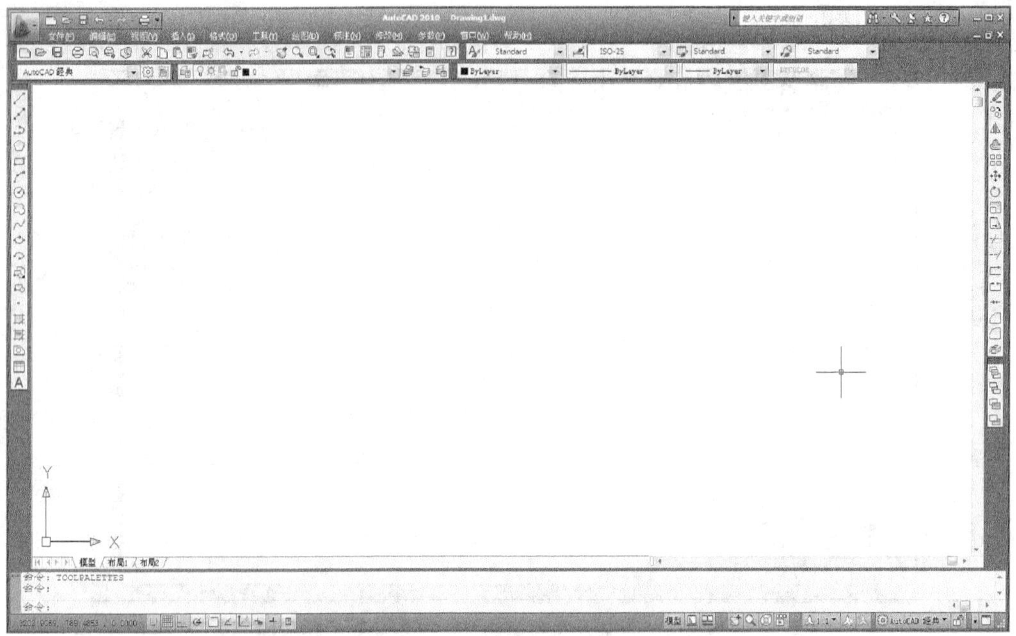

附图-7　AutoCAD 2010“AutoCAD 经典”工作空间的工作界面

其中，常用组又分绘图、修改、图层、注释、块、实用工具和剪贴板等面板组。

插入组又分块、属性、参照、输入、数据、链接和提取等面板组。

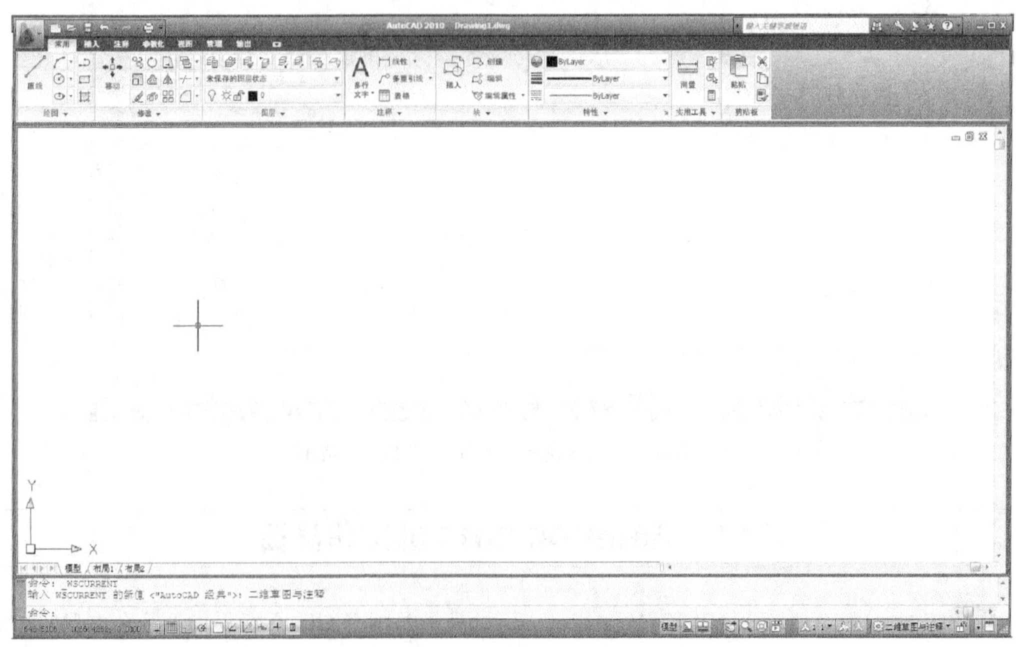

附图-8　AutoCAD 2010“二维草图与注释”工作空间的工作界面

注释组又分文字、标注、引线、表格、标记和注释缩放等面板组。

参数化组又分几何、标注和管理等面板组。

视图组又分导航、视图、坐标、视口、选项板和窗口等面板组。

管理组又分动作录制器、自定义设置、应用程序和 CAD 标准等面板组。

输出组又分打印、输出为 DWF/PDF 和输出至 Impression 等面板组。

附图-9 所示的“三维建模”与“二维草图与注释”类似，其面板分为“常用”、“插入”、“网格建模”、“渲染”、“注释”、“视图”、“管理”和“输出”7 个组，“最小化”按钮功能相同。

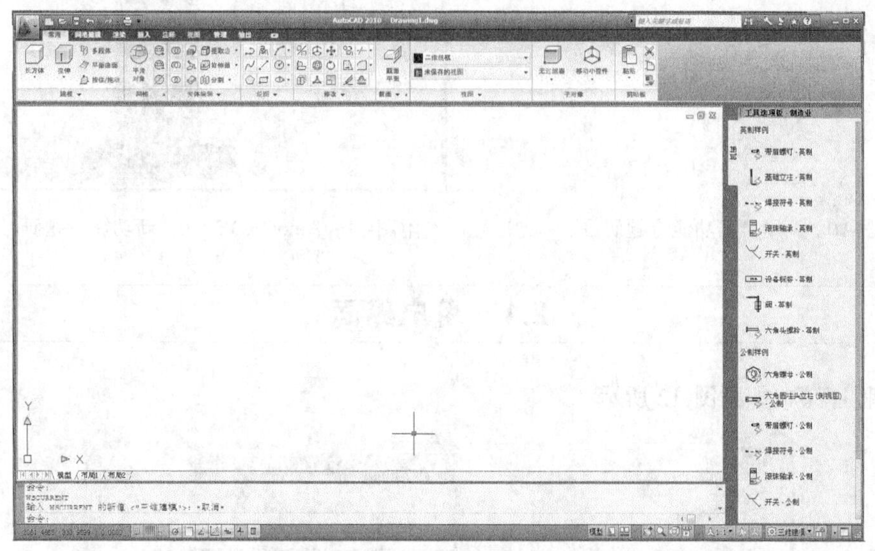

附图-9　AutoCAD 2010“三维建模”工作空间的工作界面

常用组又分建模、网格、实体编辑、绘图、修改、截面、视图、子对象和剪贴板等面板组。

网格建模组又分图元、网格、编辑网格、转换网格、截面和子对象等面板组。

渲染组又分视觉样式、边缘效果、光源、阳光和位置、材质和渲染等面板组。

插入组又分块、属性、参照、输入、数据和链接和提取等面板组。

注释组又分文字、标注、引线、表格、标记和注释缩放等面板组。

视图组又分导航、视图、坐标、视口、选项板、三维选项板和窗口等面板组。

管理组又分动作录制器、自定义设置、应用程序和 CAD 标准等面板组。

输出组又分打印、输出为 DWF/PDF、输出至 Impression 和三维打印等面板组。

2 了解 AutoCAD 2010 新功能

要了解 AutoCAD 2010 新功能，只需单击“帮助”菜单的下拉菜单“新功能专题研习”即可，如附图-10 所示。

AutoCAD 2010 的“新功能专题研习”还包括 AutoCAD 2008、2009 的新功能介绍，如附图-11 所示。图中，左边为新功能的主菜单，右边则是 AutoCAD 2010 的启动图标。这里，只介绍 AutoCAD 2010 的新功能部分。

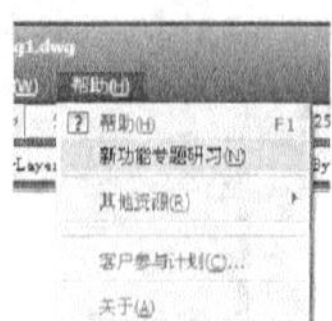

附图-10　调用“新功能专题研习”

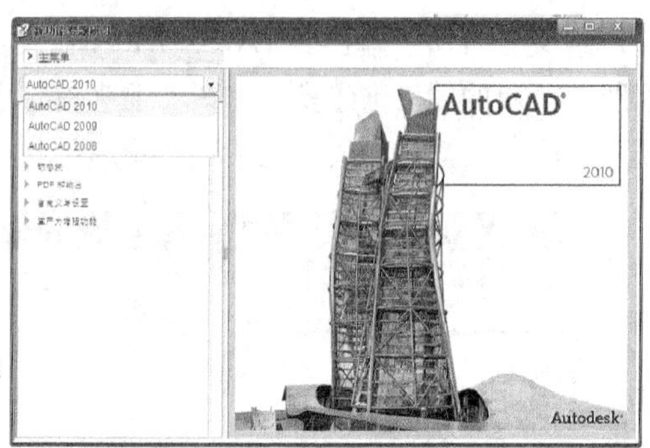

附图-11　AutoCAD 2010“新功能专题研习”

2.1　用户界面

应用程序菜单如附图-12 所示。

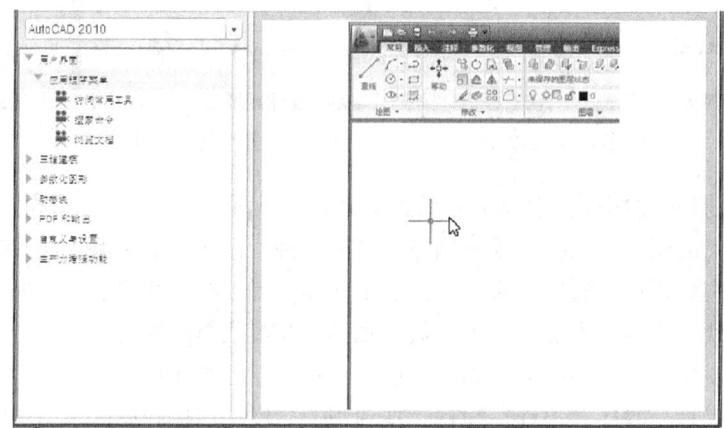

附图-12　应用程序菜单

（1）访问常用工具，如附图-13 和附图-14 所示。

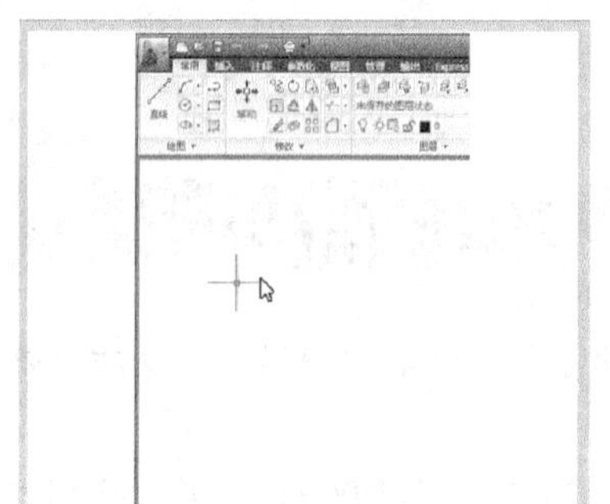

附图-13　创建图形

附图-14　创建输出格式

单击应用程序按钮可快速实现以下功能。

- 创建图形。
- 打开现有图形。

- 保存图形。
- 准备带有密码和数字签名的图形。
- 打印图形。
- 发布图形。
- 退出 AutoCAD。

（2）搜索命令，如附图-15 所示。

在快速访问工具栏、应用程序菜单和功能区中实时搜索命令。

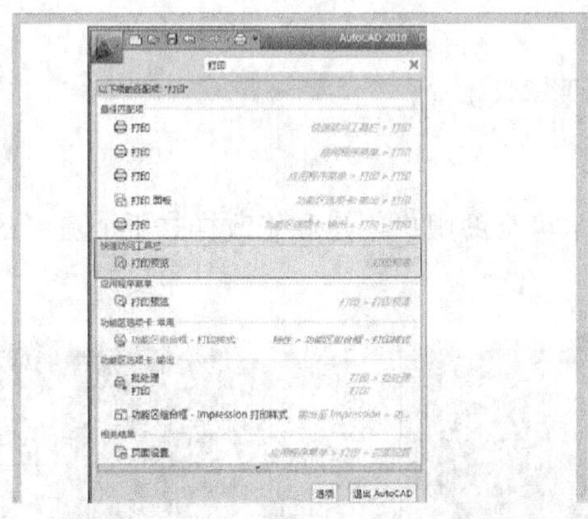

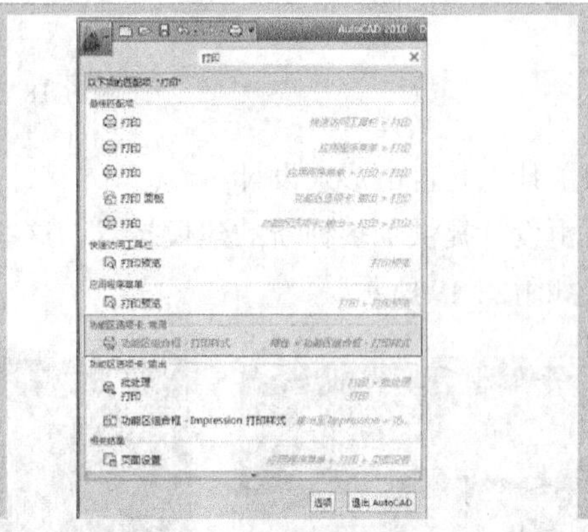

附图-15 实时搜索命令

（3）浏览文档。

显示、排序和访问最近打开过的支持 AutoCAD 的文件。

可以使用“最近使用的文档”列表查看最近打开过的文件，可以使用“打开文档”列表仅查看当前处于打开状态的文件，如附图-16 和附图-17 所示。

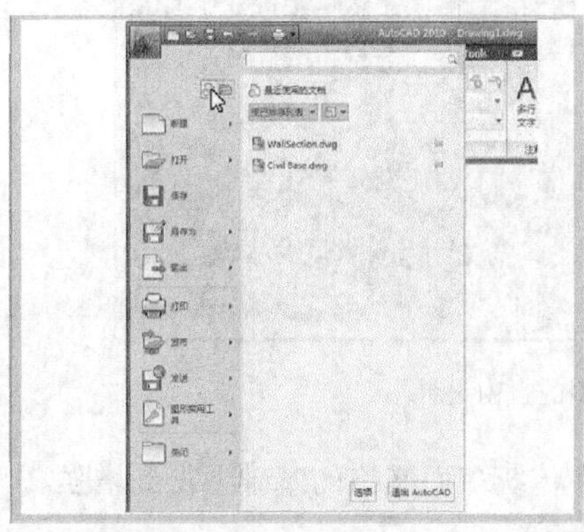

附图-16 最近使用的文档

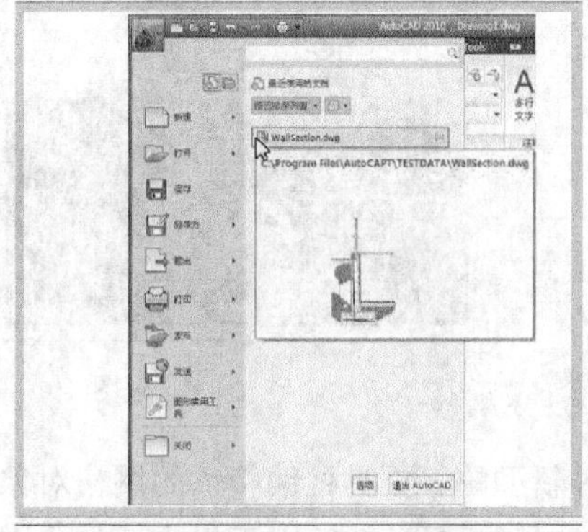

附图-17 显示预览

2.2 三维建模

2.2.1 自由形式设计

自由形式设计如附图-18 所示。

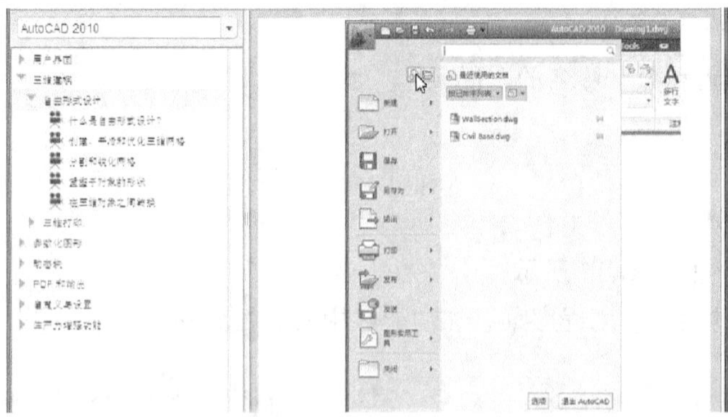

附图-18　自由形式设计

（1）什么是自由形式设计

自由设计提供了多种新的建模技术，这些技术可帮助用户创建和修改样式更加流畅的三维模型，如附图-19 所示。

附图-19　三维模型的自由设计

一种新型的、更具可编辑性的网格对象类型在传统多面网格的基础上得到增强。

可以对网格对象执行以下操作（如附图-20 所示）：

进行逐步平滑处理以呈现更加圆润的外观。

通过移动、缩放或旋转面、边或顶点进行编辑。

通过锐化边进行锐化。

进行优化以在整体上或仅在指定的区域中增加可编辑的面数。

通过分割单个面进一步进行分段。

（2）创建、平滑和优化三维网格

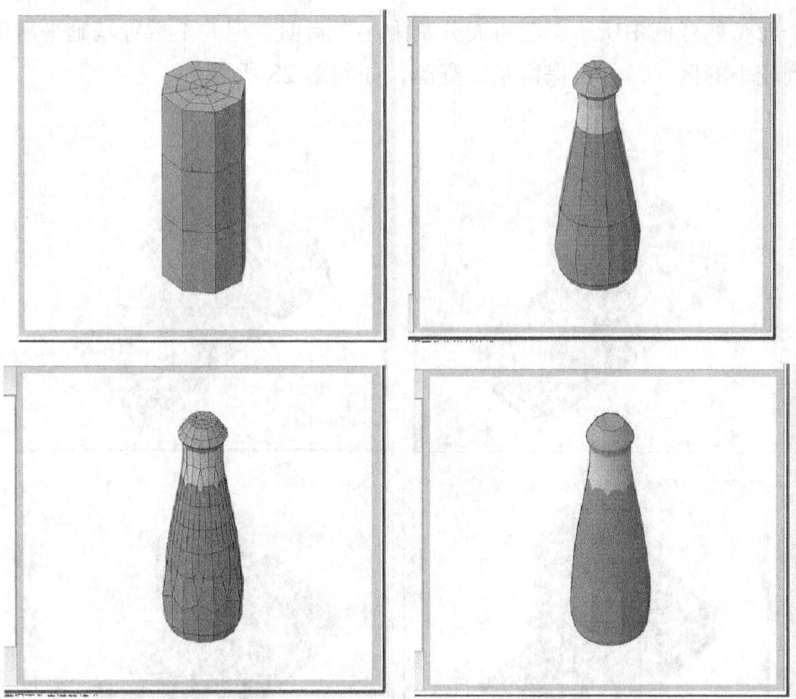

附图-20　对网格对象的操作

可以将多个标准网格形状（称为图元）用作网格建模的起点。

网格的创建方法与创建三维实体图元所使用的方法相同。默认情况下，可以创建无平滑度的网格图元，之后再根据需要应用平滑度。

在“网格图元选项”对话框中，可以修改默认镶嵌，该镶嵌用于为每种类型的网格图元对象定义每个标注的面数，如附图-21 所示。

修改现有网格的一种方法是增加或降低其平滑度。

平滑度 0 表示最低平滑度，不同对象之间可能会有所差别。平滑度 4 表示高圆度。附图-22 表示不同平滑度的变化。

附图-21　创建三维网格

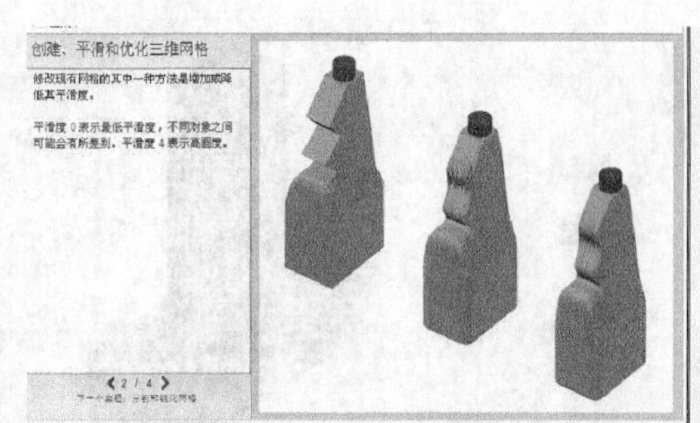

附图-22　平滑度逐步变化

要处理细节，请优化平滑的网格对象或单个面。

优化对象会将所有底层网格镶嵌面转换为可编辑的面。优化对象还会将当前平滑度重置为 0。

优化单个面（如样例中所示）会将面分割为 4 个新面，但并不重置基础平滑度。此方法可将更改限制到较小的区域，并可保留系统资源，如附图-23 所示。

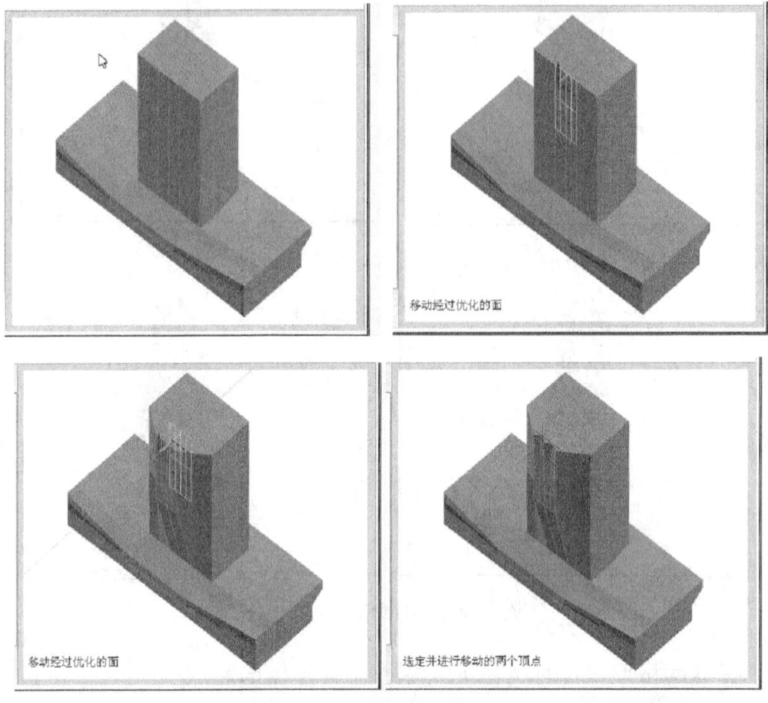

附图-23　优化网格的面

（3）分割和锐化网格

要修改小型区域而不影响整个网格对象的形状，可以分割面或锐化边。

例如，分割一个面会将其分为两个独立的面，随后对相关子对象所做的更改会对周围的面产生更加细微的效果。

在此样例中，分割了 3 个面，以便可以使用三维缩放小控件删除建筑细节。为防止扭曲，请锐化面，如附图-24 所示。

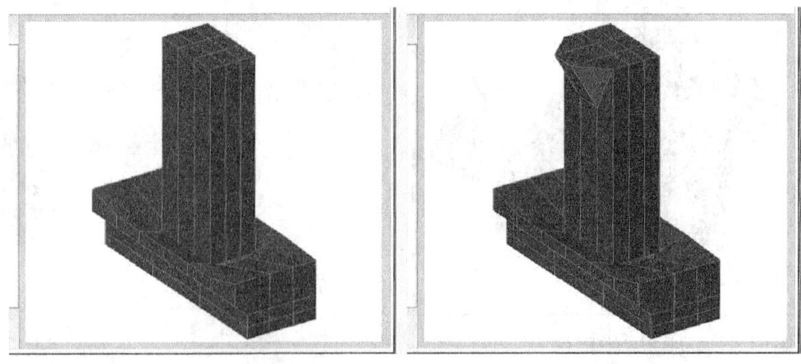

附图-24　分割和锐化网格的面

锐化可锐化网格边可以保护边免受随后进行的平滑操作的影响，并使相邻面的扭曲达到最小。

如果过后需要平滑锐化的边，只需删除锐化即可。

此样例演示了可以如何通过拉伸和小控件编辑操作修改圆锥体，然后对其进行锐化处理，以保持指定的边，如附图-25 所示。

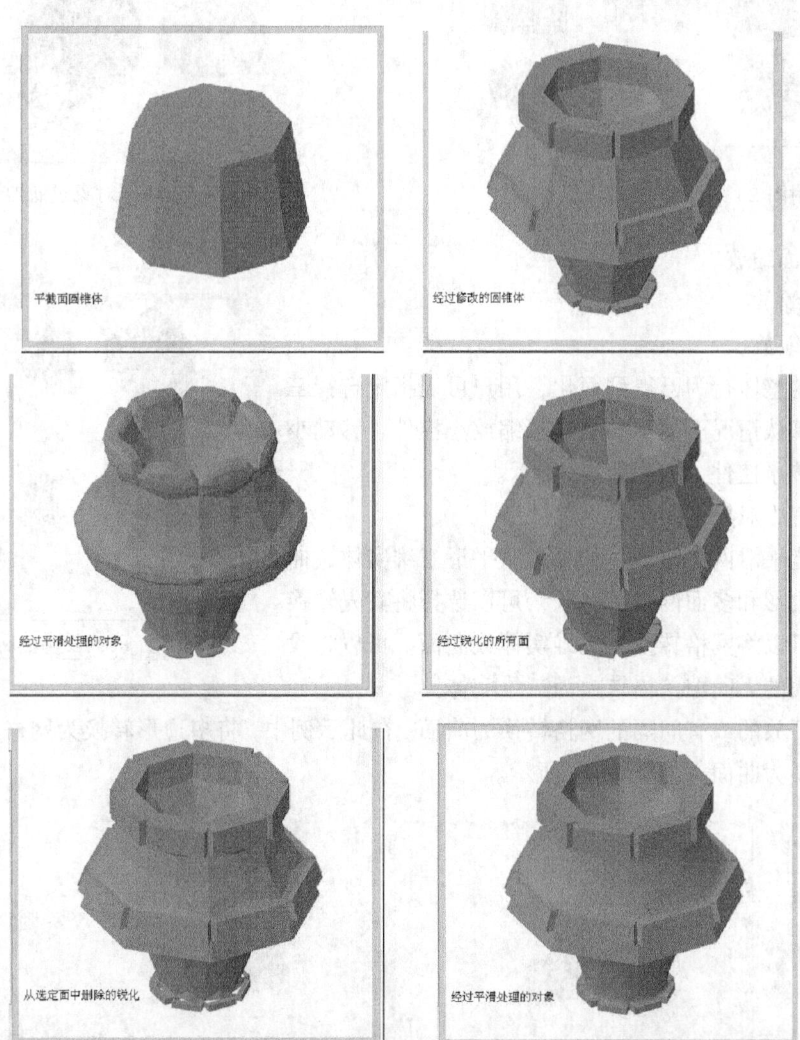

附图-25　锐化网格的边

（4）重塑子对象的形状

拖动夹点可拉伸、旋转或移动一个或多个网格子对象，包括面、边缘或顶点。

拖动时，周围的面和边会继续附着到修改的子对象的边界，如附图-26 所示。

在复杂三维实体、曲面或网格中，选择特定的子对象可能会非常困难。通过设置子对象过滤器，可以将选择候选限制到特定的子对象类型。

例如，如果将过滤器设置为“边”，则按住“Ctrl”键并单击三维对象时，只能选择边子对象。

可以从多个访问点（包括功能区和快捷菜单）获取子对象过滤器，如附图-27 所示。

三维缩放小控件可以调整三维对象的大小，从而将更改约束到指定的范围。

通过单击小控件的不同部分，可以将修改限制为以下各项：

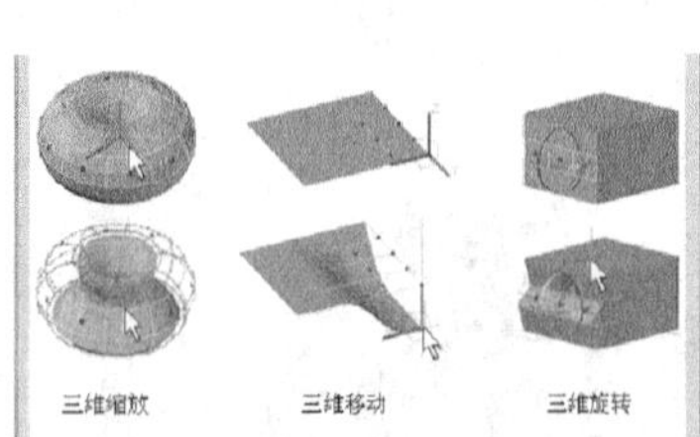

附图-26　拖动夹点修改子对象

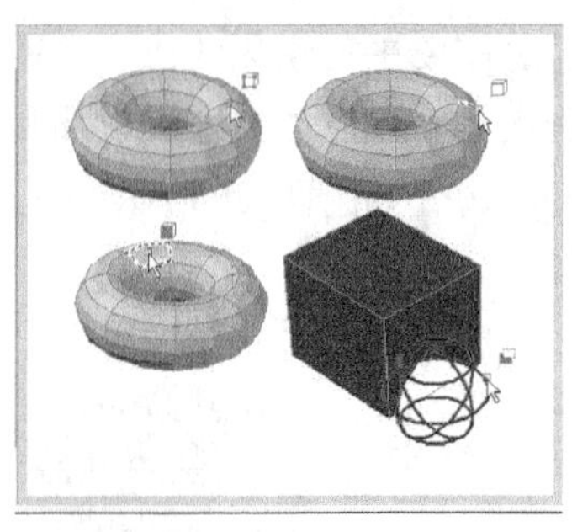

附图-27　设置子对象过滤器

- 沿平面缩放
- 统一缩放
- 沿轴缩放

小控件的整体行为已得到简化，用户可以指定选择三维对象时，默认情况下显示的是显示缩放小控件、移动小控件还是旋转小控件，如附图-28 所示。

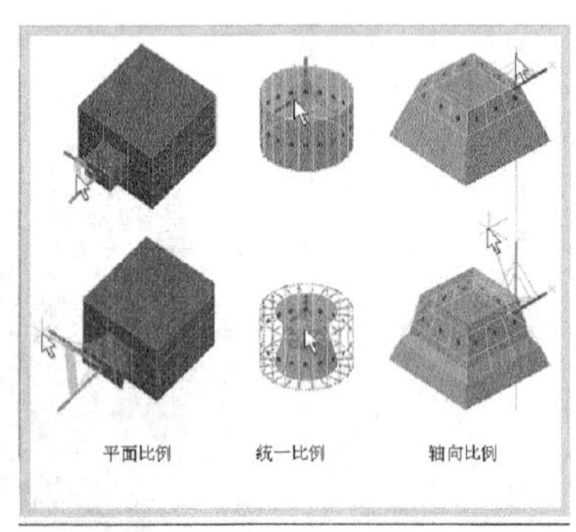

附图-28　三维缩放小控件

（5）在三维对象之间转换

用户只能平滑网格对象，如果尝试平滑三维实体、曲面或传统多边形和多面网格等对象，可以选择将其先转换为网格，也可以将网格转换为三维实体或曲面。可以将没有任何相交面的无间隙网格转换为三维实体。

可以将开放的或有间隔的网格转换为曲面。在此示例中，将多边形转换为网格，进行修改，然后将其转换为曲面，如附图-29 所示。

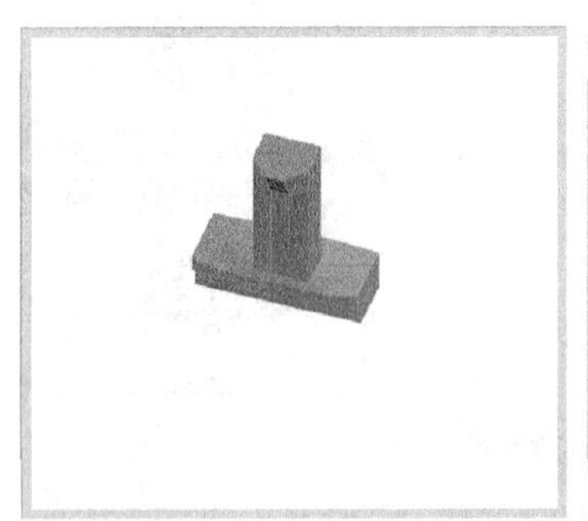

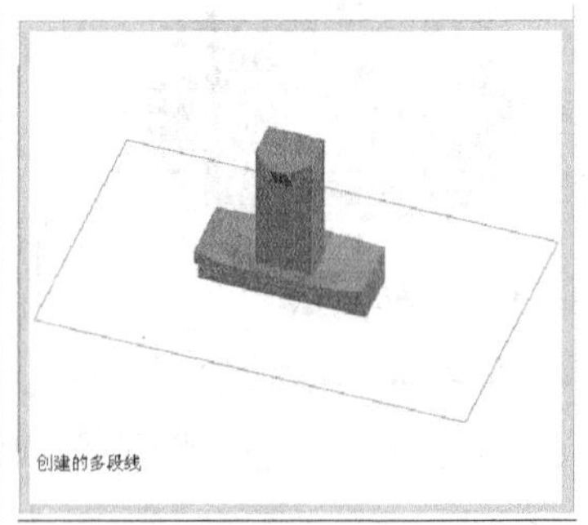

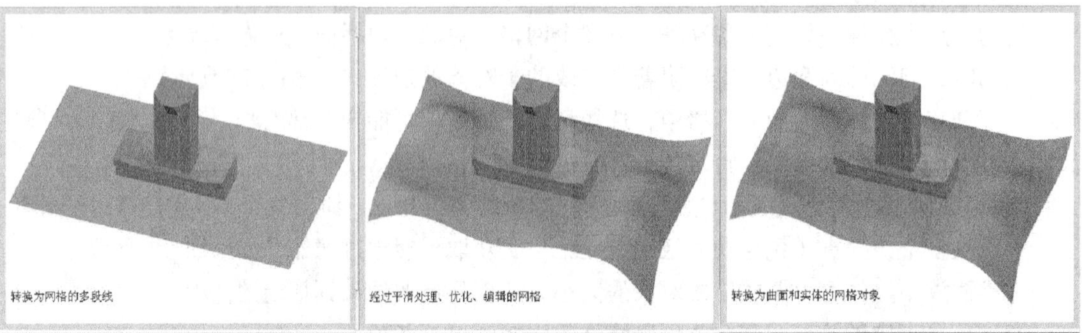

附图-29　转换为曲面和实体的网格对象

要对网格对象完成并集、交集或差集操作，必须先将它们转换为曲面或实体。

现在可从曲面以及三维实体创建复合对象，包括两种对象类型的混合。在此示例中，通过从由网格转换的曲面中减去实心长方体来剪切建筑物周围的空间，如附图-30 所示。

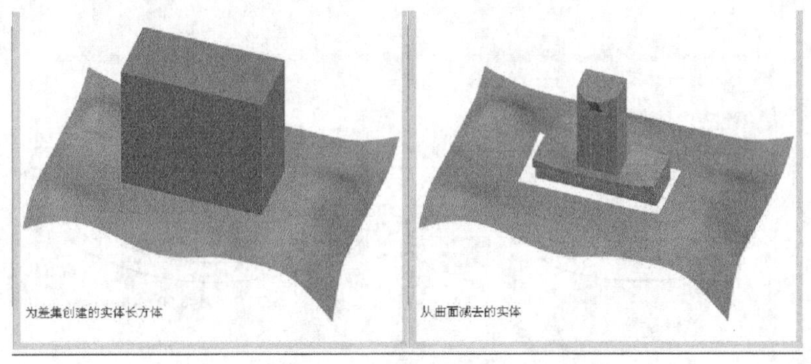

附图-30　对网格对象进行差集操作

2.2.2　三维打印

三维打印是在几小时（而非几天或几周）内创建三维模型的真实且准确的原型的过程。

可以将三维模型直接发送给供应商，该供应商可以使用三维打印机创建原型。与其他方法相比，通过此方法创建或修改原型能够节约时间和成本。

可以根据使用的三维打印机的功能从各种材质创建原型。三维打印机可以根据三维模型的设计创建开放原型或无间隙原型，如附图-31 所示。

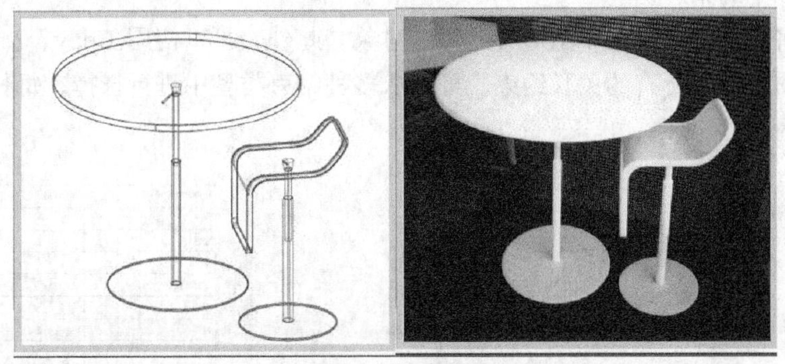

附图-31　三维打印

2.3　参数化图形

2.3.1　约束

通过参数化图形，用户可以为二维几何图形添加约束。约束是一种规则，可决定对象彼此间的放置位置及其标注。通常在工程的设计阶段使用约束。对一个对象所做的更改可能会影响其他对象。例如，如果一条直线被约束为与圆弧相切，更改该圆弧的位置时将自动保留切线，这称为几何约束，如附图-32 所示。

还可以约束距离、直径和角度，这称为标注约束。如附图-32 所示，右侧圆的直径目前被约束为 0.60。由于这两个圆被约束为大小相等，因此对右侧圆的直径进行修改将同时影响这两个圆。此类功能使得用户可以在保留指定关系和距离的情况下尝试各种创意，高效率地对设计进行修改。

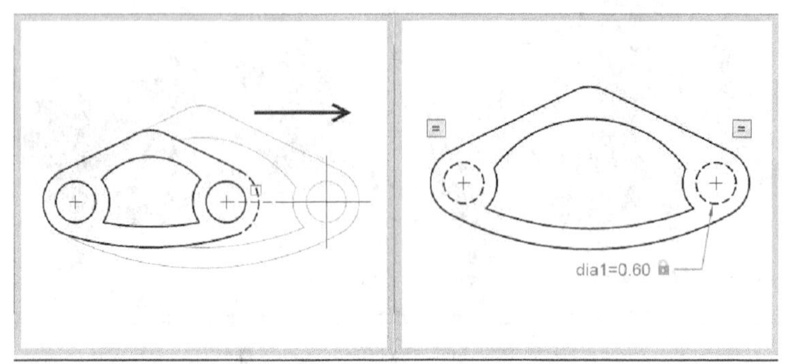

附图-32　几何约束与标注约束

2.3.2　创建几何关系

（1）概述

几何约束可以确定对象之间或对象上的点之间的关系。创建后，它们可以限制对于违反约束的所有更改。此处对圆应用固定约束以锁定其位置，然后在圆和直线之间应用相切约束。使用夹点拉伸直线时，直线或其延长线仍与圆相切，如附图-33 所示。

（2）应用多个约束

通常可以将多个约束应用于图形中的每个对象。此外，可以使用 Copy、Array、Mirror 等命令复制几何图形及其所有的关联约束。可以从多种约束类型中进行选择，每种类型都具有独特的图标，如附图-34 所示。

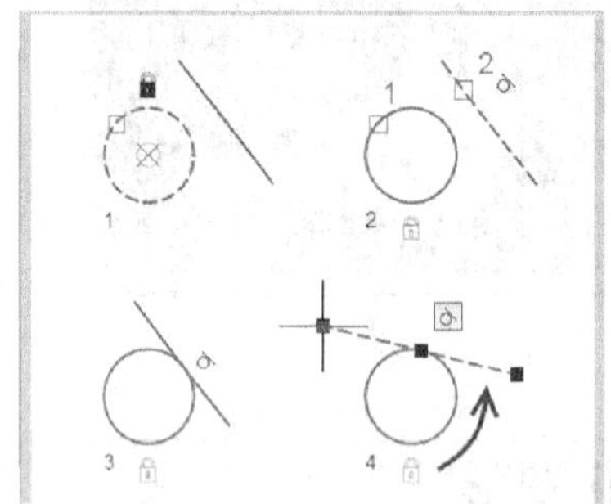

附图-33　几何约束示例

约束类型	光标图标	约束图标
水平		
竖直		
垂直		
平行		
相切		
相等		
平滑		
重合		
同心		
共线		
对称		
固定		

附图-34　约束图标

（3）使用约束栏

约束栏可显示一个或多个与图形中的对象关联的几何约束。将鼠标悬停在某个对象上可以亮显与对象关联的所有约束图标。将鼠标悬停在约束图标上可以亮显与该约束关联的所有对象。使用“约束设置”对话框可以为特定约束启用或禁用约束栏的显示，如附图-35 所示。

（4）自动约束对象

可以将几何约束自动应用于选定对象或图形中的所有对象。通过此功能，用户可以将几何约束快速应用于可能满足约束条件的对象，如附图-36 所示。

使用“约束设置”对话框可以指定以下各项：

- 应用的约束类型
- 约束的应用顺序
- 应计算的公差

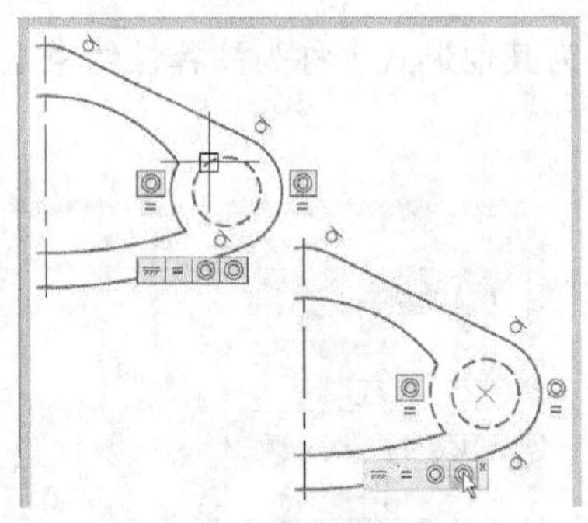

附图-35　使用约束栏

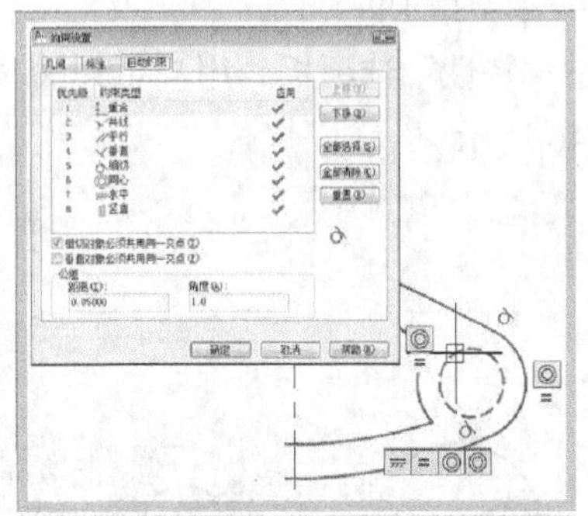

附图-36　自动约束对象

2.3.3　创建标注关系

（1）概述

标注约束可以确定对象、对象上的点之间的距离或角度，也可以确定对象的大小。如附图-37 所示，对圆与圆之间的水平距离应用了标注约束。标注约束包括名称和值。编辑标注约束中的值时，关联的几何图形会自动调整大小。

（2）应用标注约束

可以在两个点之间应用标注约束，如附图-38 中的 d1 所示。点图标捕捉到对象的端点、中点和中心。此处，指定了选定垂直线端点处的点。也可以通过选择对象（如 d2 所示）或通过选择一对对象来应用标注约束。

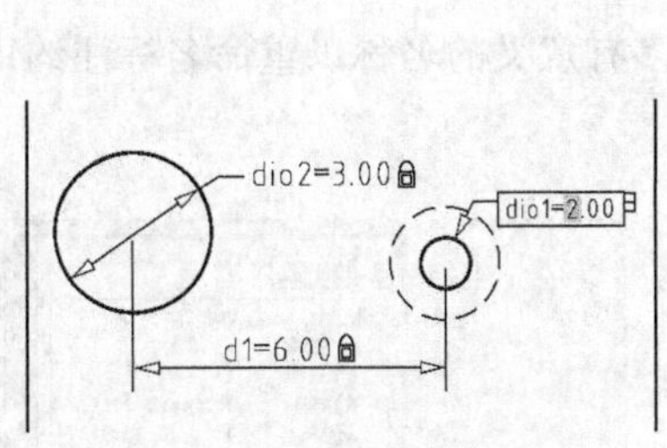

附图-37　创建标注关系

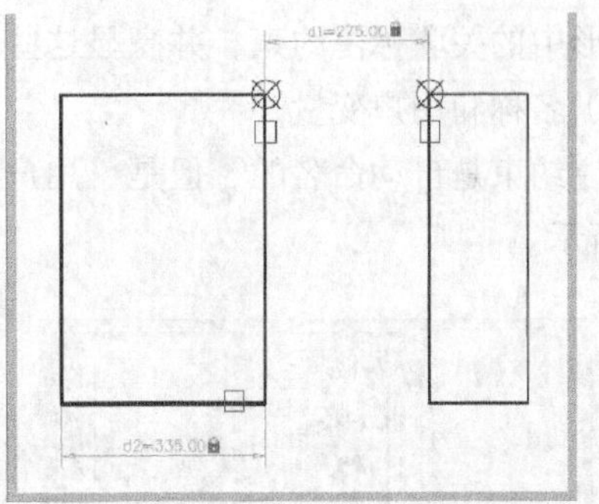

附图-38　应用标注约束

（3）动态约束

默认情况下，标注约束是动态的。对常规参数化图形和设计任务来说，它们是非常理想的，如附图-39 所示。

动态约束具有以下特征：

- 缩小或放大时大小不变。
- 可以轻松打开或关闭。
- 以固定的标注样式显示。
- 提供有限的夹点功能。
- 打印时不显示

（4）注释性约束

通过“特性”选项板，用户可以将动态约束更改为其他形式（称为注释性约束）的约束，如附图-40 所示。

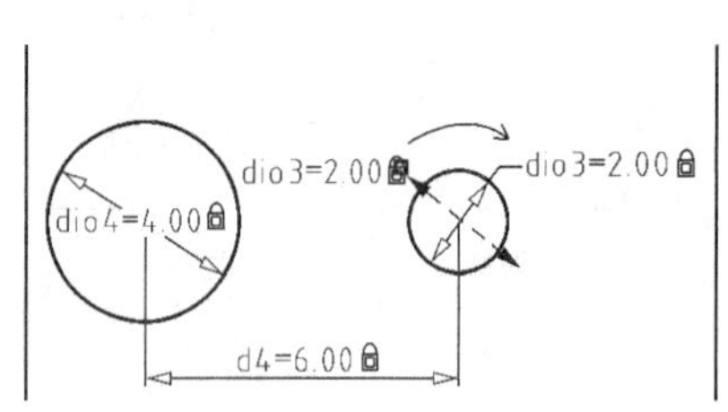

附图-39　动态约束

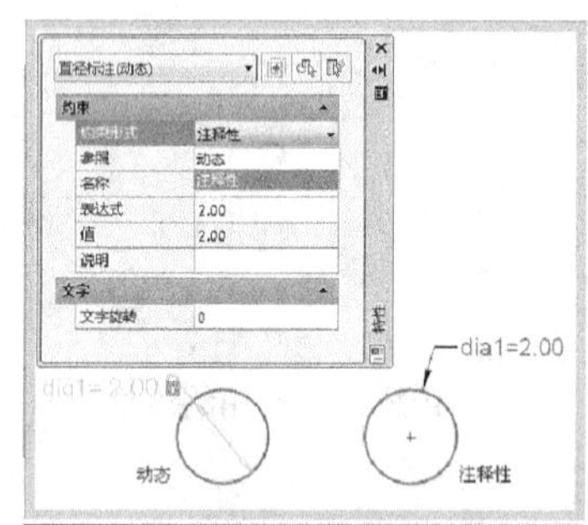

附图-40　注释性约束

如果希望标注约束具有以下特征，注释性约束将非常有用：

- 以当前的标注样式显示。
- 缩小或放大时大小发生变化。
- 提供全部夹点功能。
- 打印时显示。

（5）参数管理器

通过参数管理器，用户可以创建、编辑、重命名、删除和过滤图形中的所有标注约束和用户变量。可以通过更改列表中的值来驱动受约束的几何图形中的更改。单击列表中的约束可以选择图形中的关联标注约束，并亮显这些约束，如附图-41 所示。

（6）名称和用户变量

标注约束是自动命名的，但是，用户可以输入更多有意义的名称以重命名标注约束，如附图-42 所示。

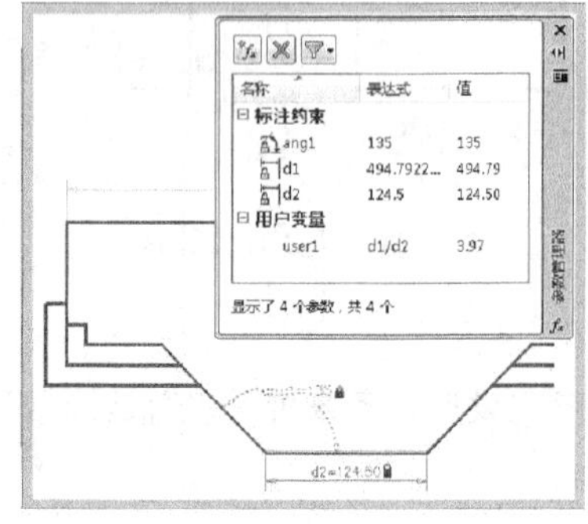

附图-41　参数管理器

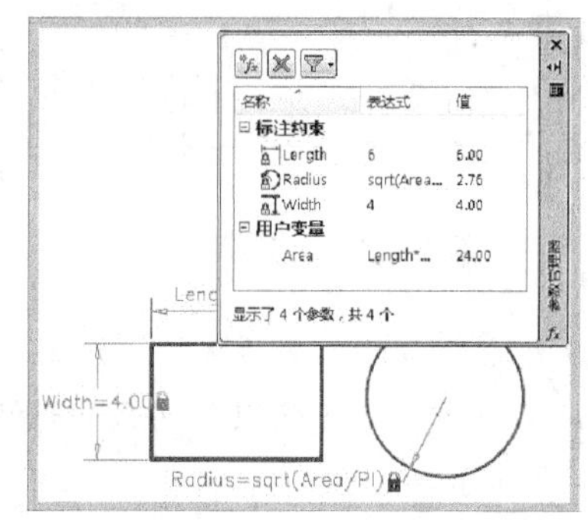

附图-42　名称和用户变量

除 6 和 4 等常数外，还可以使用“Radius”行中所示的数学表达式。

对于可以从标注约束中参照的公式，可以创建如“Area”行中所示的用户变量。

每个表达式单元格中的快捷菜单中，有大量的函数和常数供用户选择。

2.3.4 编辑受约束的几何图形

（1）编辑受约束的几何图形

编辑未完全约束的几何图形时，约束会精确发挥作用，但可能会出现意外结果。

例如，假定无限长的直线或完整的圆上存在未完全约束的直线和圆弧，如附图-43 所示。

（2）约束和设计更改

使用以下方法可以轻松对受约束的几何图形进行设计更改：

- 标准编辑命令。
- 夹点模式。
- “特性”选项板。
- 参数管理器。

更改完全约束的图形时，几何约束和标注约束可以控制结果。用户可以精确查看各种方案和更改如何影响设计，如附图-44 所示。

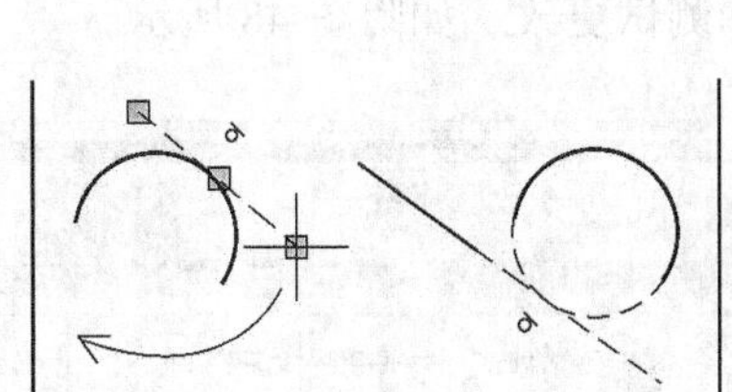

附图-43 编辑未完全约束的几何图形

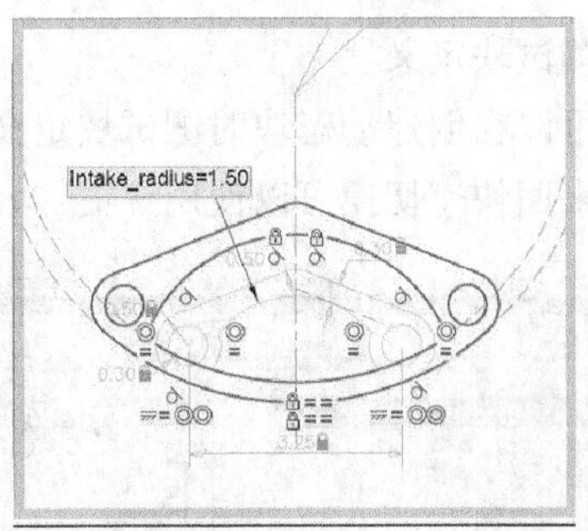

附图-44 约束和设计更改

2.4 动态块

（1）概述

在动态块定义中使用几何约束和标注约束以简化动态块创建。基于约束的控件，特别适用于取决于用户输入尺寸或部件号的图块的插入，如附图-45 所示。

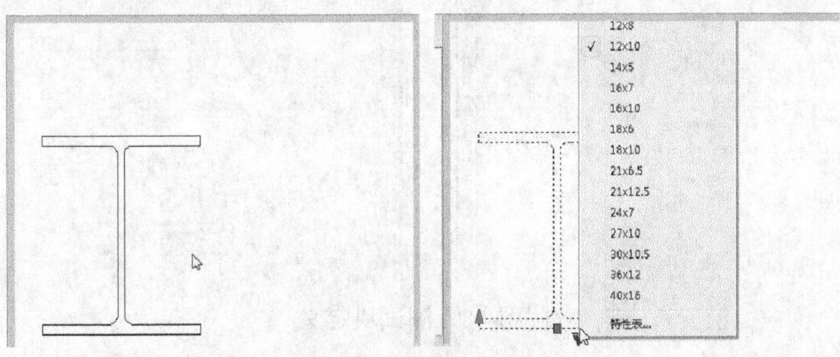

附图-45 增强的动态块

（2）动态块中的约束

创建块定义时，可以通过与将在参数化图形中使用的相同方法应用几何约束。此外，插入块后，称为约束参数的空间标注约束将提供对参数值的访问。块特性表显示块定义中一组参数、特性和属性的可用值，如附图-46 所示。

（3）参数管理器

在块编辑器中，参数管理器显示约束、用户和操作参数以及属性定义的列表。

可以使用参数管理器为块定义创建新的用户参数，如附图-47 所示。

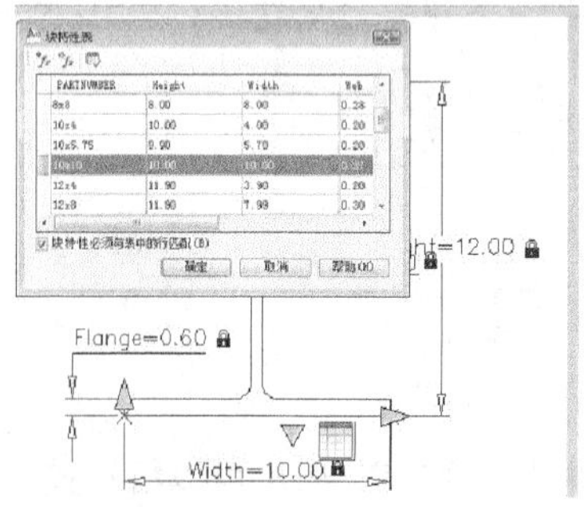

附图-46　动态块中的约束

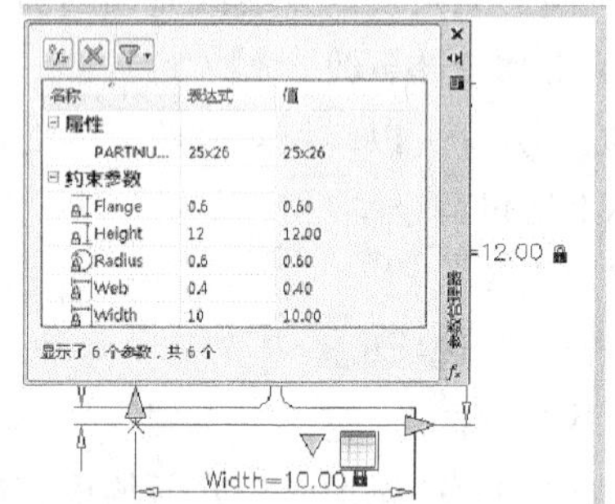

附图-47　参数管理器

（4）测试块定义

用户可以在创建动态块时测试块定义，而无须保存并退出块编辑器。在块编辑器和测试块窗口之间来回快速切换可以使用户更加轻松地尝试和测试更改，如附图-48 所示。

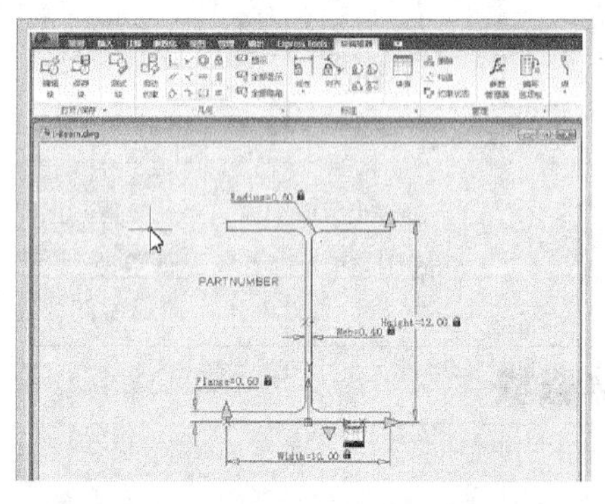

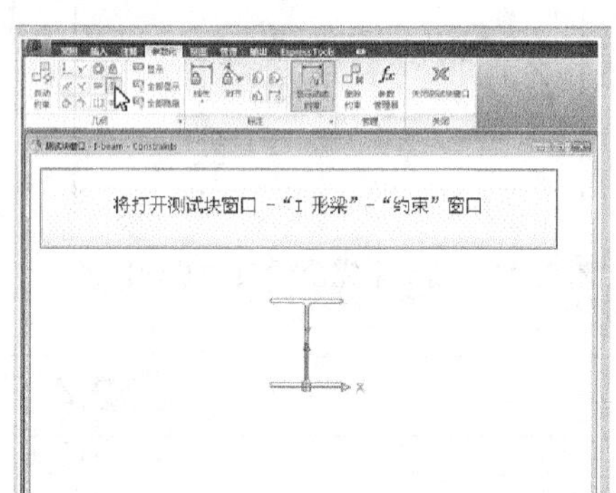

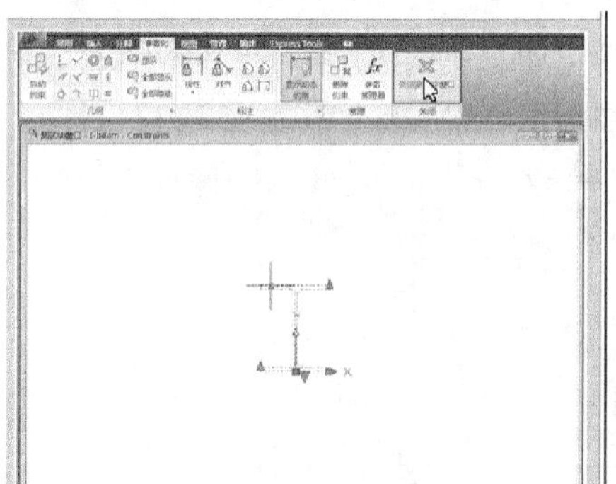

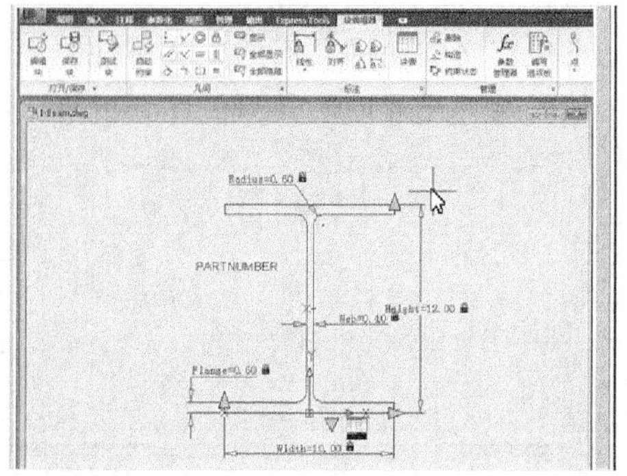

附图-48　测试块定义

2.5 PDF 和输出

2.5.1 图形输出

通过“输出到”功能区面板，用户可以快速访问用于输出模型空间中的区域或将布局输出为 DWF、DWFx 或 PDF 文件的工具。输出时，可以使用页面设置替代和输出选项控制输出文件的外观和类型，如附图-49 所示。

在模型空间中，可以从以下选项中选择：

- 显示。
- 范围。
- 窗口。

在布局中，可以从以下选项中选择：

- 当前布局。
- 所有布局。

Auto CAD 2010 已简化了发布布局和图纸的流程。图纸包含在最近打开的或保存的图纸列表（DSD）文件中。除可以从最近打开的图纸列表中发布图纸外，还可以将布局和图纸直接发布为与 DWF 或 DWFx 文件类似的 PDF 文件，如附图-50 所示。

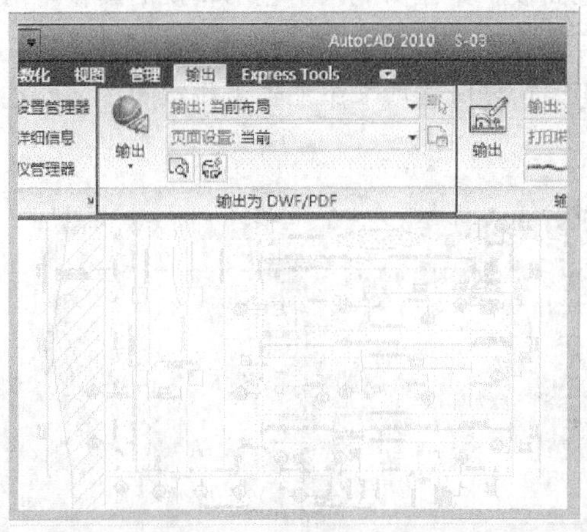

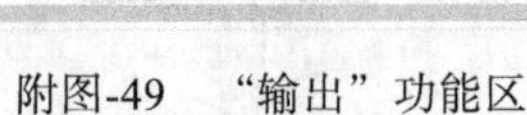

附图-49 “输出”功能区

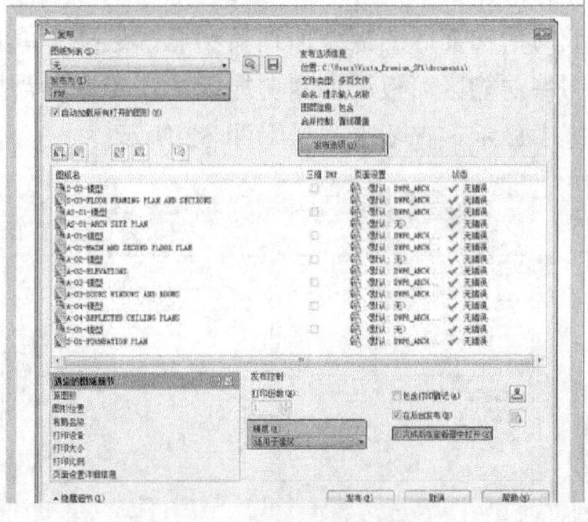

附图-50 发布 PDF 文件

除简化了流程外，还对发布进行了以下更改：

- 可以使用标准精度预设和自定义精度预设控制发布的文件的精确度。
- 可以从布局和图纸创建多页 PDF 文件。
- 可以直接从图纸集管理器发布 PDF 文件。
- 关闭或保存图形时，可以创建并自动发布 PDF 文件。

2.5.2 PDF 参考底图

可以将 PDF 文件附着到图形作为参考底图，方法与附着 DWF 和 DGN 文件时使用的方法相同。通过将 PDF 文件附着在图形上，可以利用存储在 PDF 文件中的内容，此类 PDF 文件通常附着在如详细信息或标准免责声明等内容中。

将 PDF 文件附着到图形时，需要确定应参照的页面，以及该页面应以何种方式显示在图形中，如附图-51所示。

将 PDF 文件附着到图形后，可以通过以下方式控制 PDF 参考底图的显示：

- 打开或关闭单个图层。
- 调整内容的淡入度和对比度。
- 剪裁参考底图以仅显示参照页面的局部。

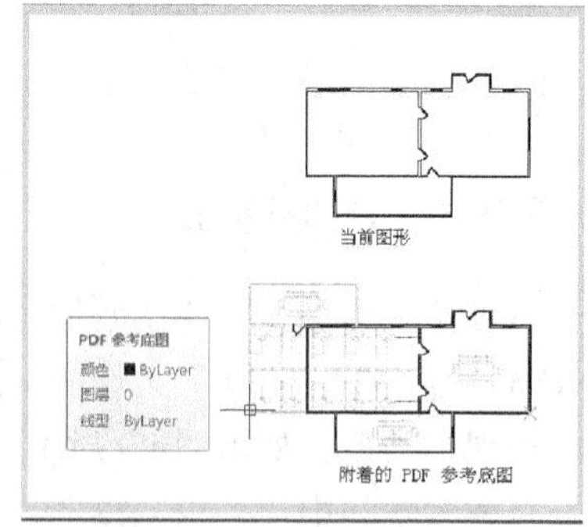

附图-51　附着的参考底图

2.6　自定义与设置

2.6.1　自定义

（1）移植面板

通过自定义用户界面（CUI）编辑器的“传输”选项卡，可以将在 AutoCAD 2008 中创建的自定义面板转换为功能区面板。

转换面板后，可以在功能区中修改和显示这些面板。要在功能区中显示转换的面板，请将生成的新功能区面板添加到新功能区选项卡或现有的功能区选项卡。

将功能区面板添加到功能区选项卡后，需要将该功能区选项卡添加到工作空间，才能在功能区中显示该选项卡，如附图-52 所示。

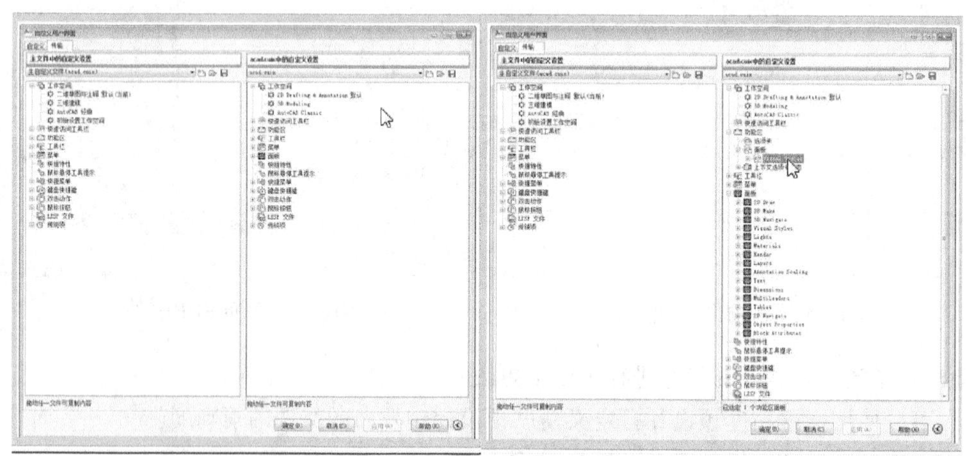

附图-52　移植面板

（2）自定义快速访问工具栏（QAT）

自定义和控制快速访问工具栏（QAT）相对于功能区的方向已得到增强。

用户可以在“自定义设置位于”窗格中创建新工具栏，并向其添加命令，而无需将命令直接添加到工作空间的“快速访问工具栏”节点。

自定义快速访问工具栏后，可以将其添加到工作空间的“快速访问工具栏”节点。将其添加到“快速访问工具栏”节点可以在工作空间为当前工作空间时显示列出的命令和控件。

在自定义用户界面（CUI）编辑器中，还可以在快速访问工具栏水平固定时，将其方向定义为功能区上方或功能区下方，如附图-53 所示。

（3）自定义功能区上下文选项卡状态

可以将功能区选项卡指定给功能区上下文选项卡状态，以控制在图形窗口中选择对象时或激活命令时显示的功能区面板。

如果满足上下文状态，则指定的功能区选项卡在功能区中将显示为单个功能区选项卡或合并的功能区选项卡。

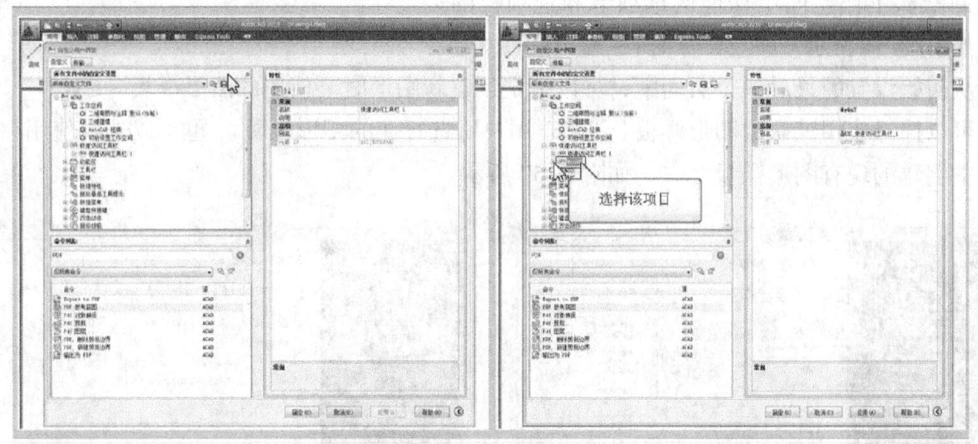

附图-53　自定义快速访问工具栏

要将功能区选项卡添加到功能区上下文选项卡状态，请将功能区选项卡从“自定义设置位于”窗格中的“选项卡”节点拖动到“上下文选项卡状态”节点下的上下文选项卡状态，如附图-54 所示。

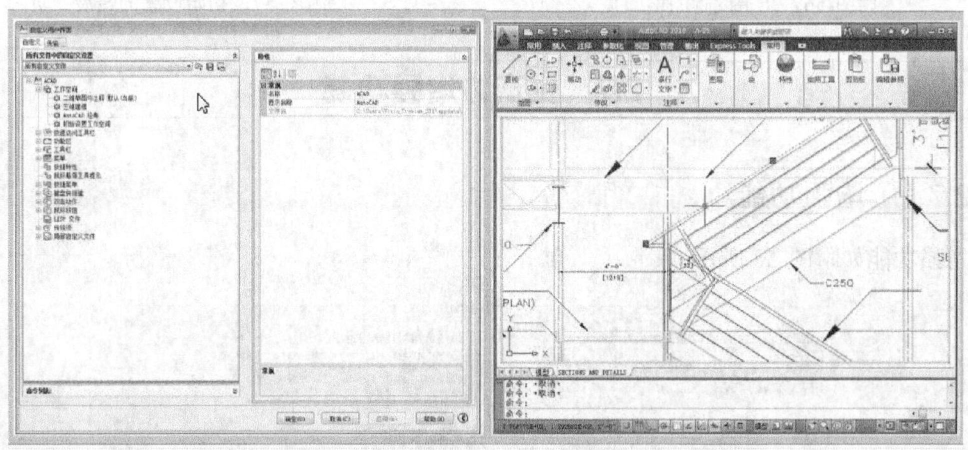

附图-54　自定义功能区上下文选项卡状态

2.6.2　初始设置

在初始设置中，可以在 AutoCAD 安装完成后执行 AutoCAD 的某些基本自定义和配置。

在初始设置的首页上，选择最能描述用户从事工作的所属行业。在 Autodesk Seek 网站上搜索内容时需要使用此信息；它有助于识别相关的合作伙伴产品和服务，如附图-55 所示。

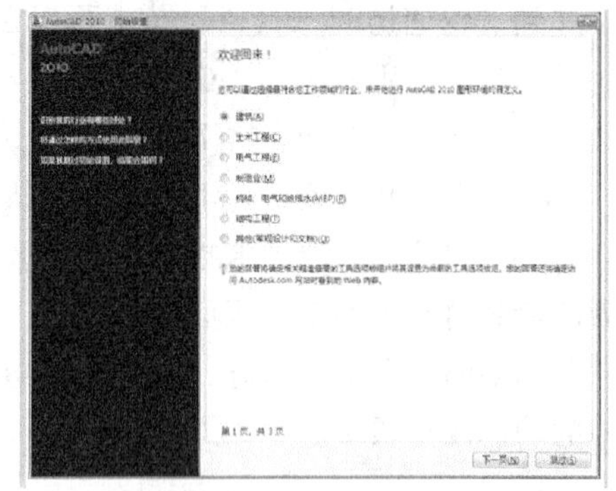

附图-55 初始设置的首页

在初始设置的第二个页面中，可以选择除标准二维设计工具外还希望使用的基于任务的其他工具。

基于任务的工具包括处理三维对象时使用的工具以及管理和发布图形集时使用的工具等。每种工具均可控制默认工作空间中功能区选项卡和选项板的显示，如附图-56 所示。

从初始设置的最后一个页面中，可以指定创建新图形时要使用的图形模板（DWT）文件。

可以选择使用默认的图形样板（即基于用户所选行业的图形样板），也可以选择使用在早期版本中创建的现有图形样板之一，如附图-57 所示。

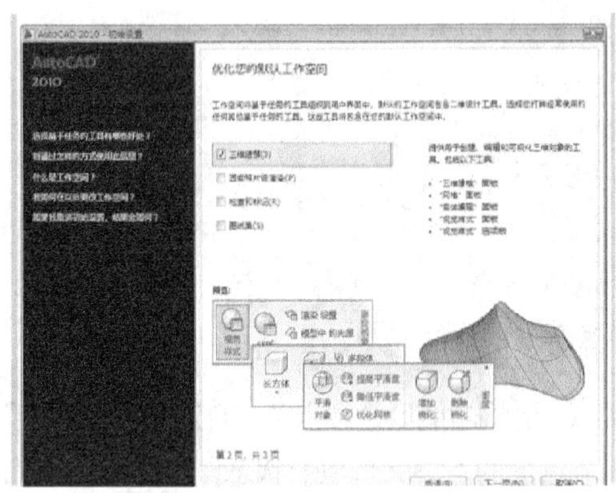

附图-56 初始设置的第二页

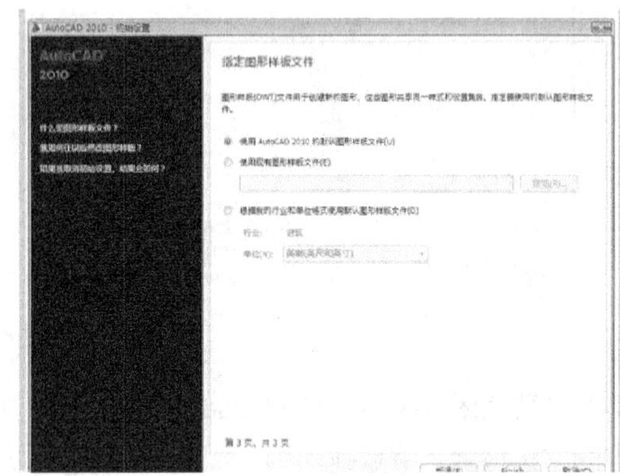

附图-57 初始设置的最后一页

2.7 生产力增强功能

2.7.1 增强功能

增强功能如附图-58 所示。

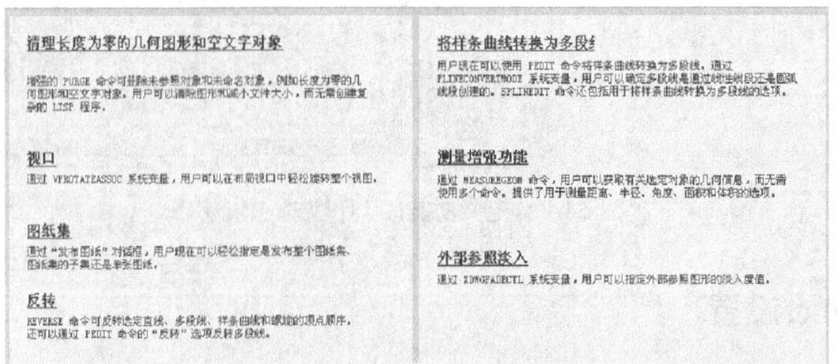

附图-58 增强功能

2.7.2 图案填充

（1）编辑非关联图案填充

可以使用夹点轻松更改非关联图案填充的范围。可以显示非关联图案填充对象的边界夹点控件。用户可以使用这些夹点同时修改边界和图案填充对象。

将光标悬停在某个夹点上时，工具提示将显示该夹点的编辑选项。可以通过选择夹点并按“Ctrl”键在选项之间循环。

夹点编辑选项根据图案填充边界的类型（多段线、圆、样条曲线或椭圆）而有所不同。

通过顶点夹点，可以执行添加或删除操作。对于多段线线段，可以将边夹点转换为直线或圆弧，如附图-59 所示。

（2）显示无效的图案填充边界

如果图案填充边界未完全闭合，用户将始终无法成功创建图案填充。

此时会检测到无效的图案填充边界，并显示红色圆，以显示问题区域的位置。退出 HATCH 命令后，红色圆仍处于显示状态，从而有助于用户查找和修复图案填充边界，如附图-60 所示。

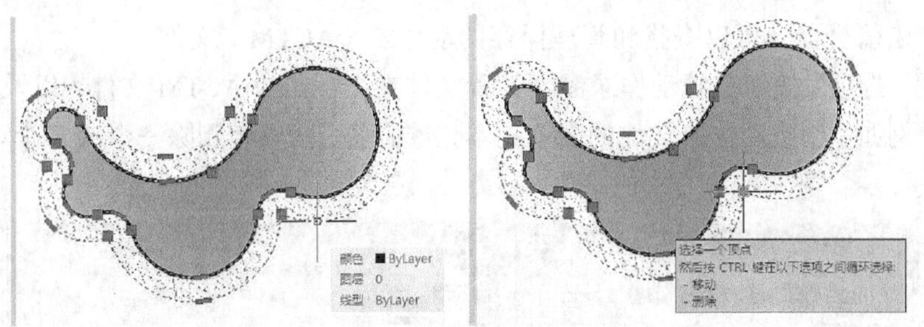

附图-59 编辑非关联图案填充

再次启动 HATCH 时，或者输入 REDRAW 或 REGEN 命令时，红色圆将消失。

2.7.3 联机许可证转移

通过许可证转移实用程序，用户可在多台计算机上使用一件 Autodesk 产品，而无需购买额外的许可，如附图-61 所示。

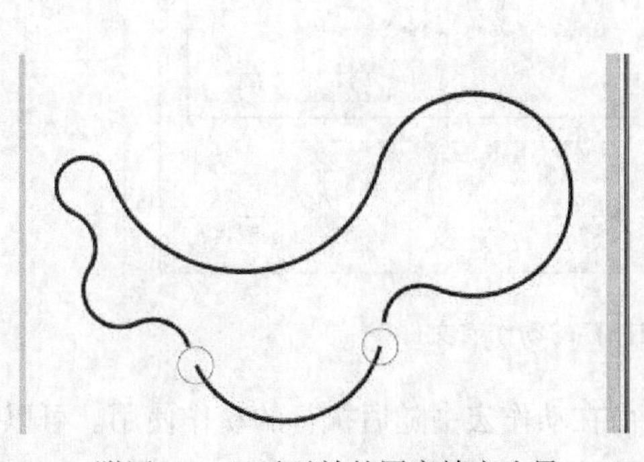

附图-60 显示无效的图案填充边界

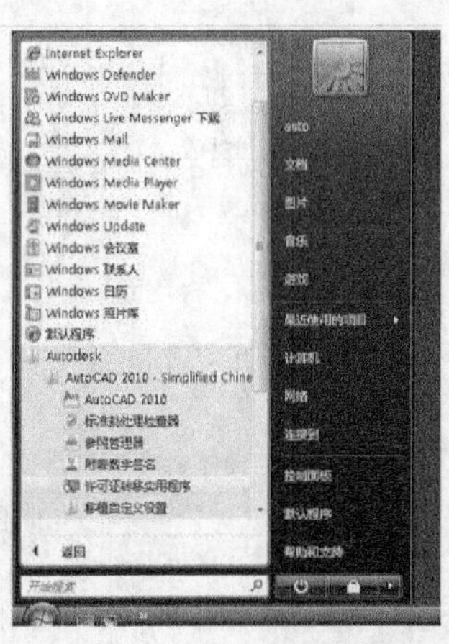

附图-61 许可证转移程序调用

许可证转移开始时将输出许可证。许可证转移实用程序将把产品许可从一台计算机中移至联机的 Autodesk 服务器。

许可从联机的 Autodesk 服务器输入计算机后，许可证转移便完成了，如附图-62 所示。

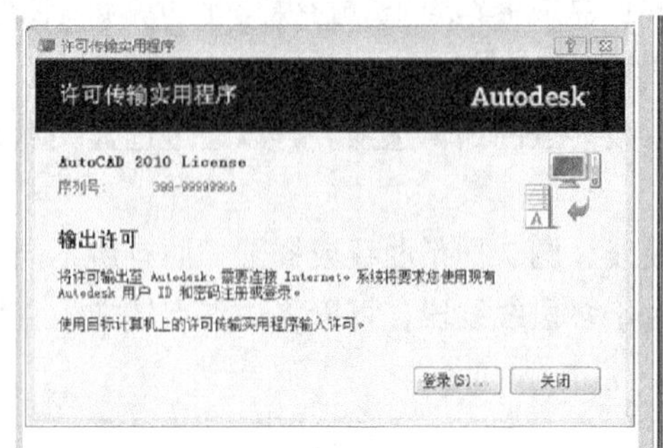

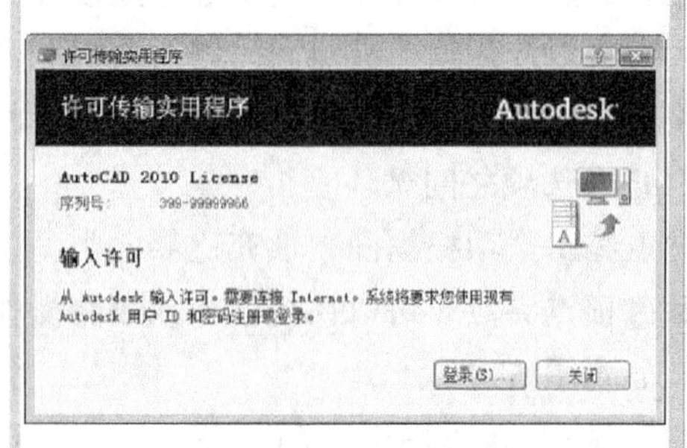

附图-62　许可证的输出、输入许可操作

2.7.4　动作录制器

通过动作宏管理器，可以查找和管理保存的动作宏（ACTM）文件。

可以使用“选项”按钮查找动作录制器设置文件夹中存储的 ACTM 文件，以及执行基本文件管理任务（例如，创建动作宏文件的多个副本，重命名、修改和删除一个或多个动作宏），如附图-63 所示。

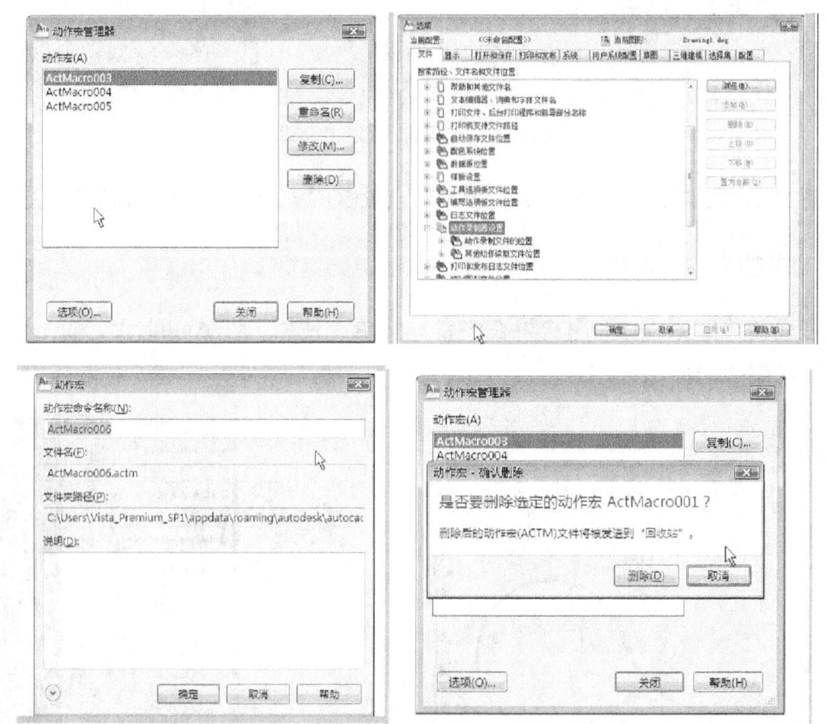

附图-63　查找和管理保存的动作宏文件

可以插入基点以建立绝对坐标点，该坐标点由在动作宏中随后执行的动作使用。可以通过动作树将基点插入到动作宏中。

在动作宏回放过程中，默认情况下将请求用户为动作宏中每个基点指定一个新的坐标点，如附图-64 所示。

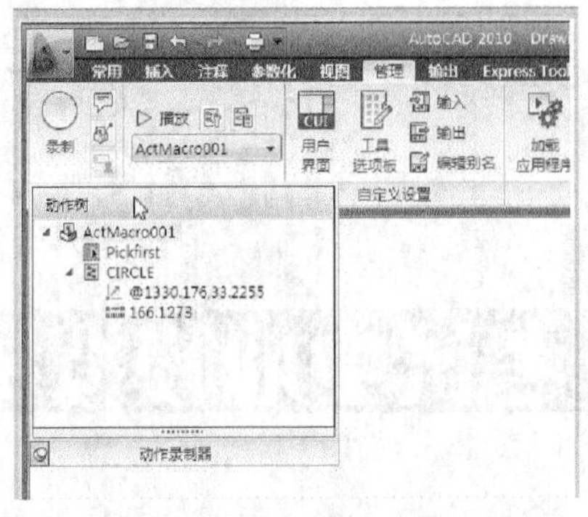

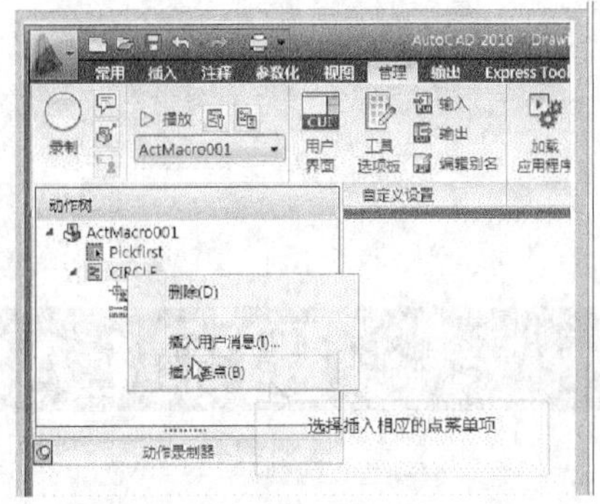

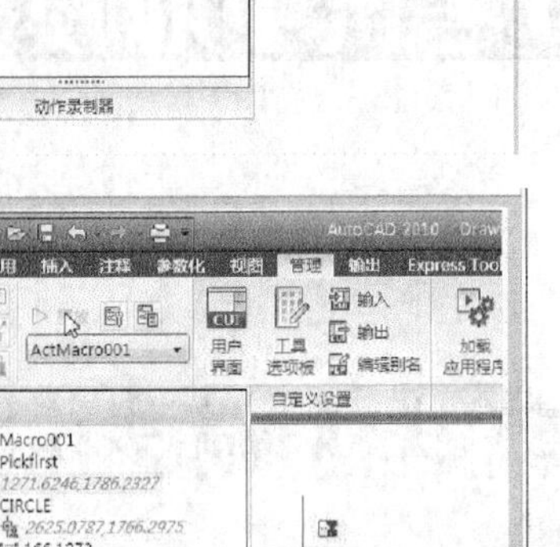

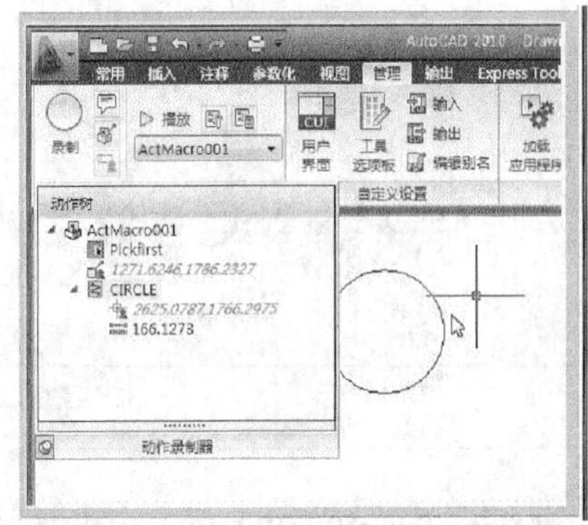

附图-64　通过动作树将基点插入到动作宏

可以将动作宏中的动作修改为使用录制的值进行回放，也可以修改为在回放过程中暂停以等待输入。

录制动作宏时，可以录制命令行中显示的当前默认值，也可以使用回放动作宏时的当前默认值。如果在录制过程中按“Enter”键但不输入特定值，则将显示一个对话框，从中可以选择是使用录制过程中的当前值，还是使用回放时的默认值。

在动作树中，可以通过启用“暂停以请求用户输入”将值节点修改为回放过程中暂停并请求用户输入，如附图-65 所示。

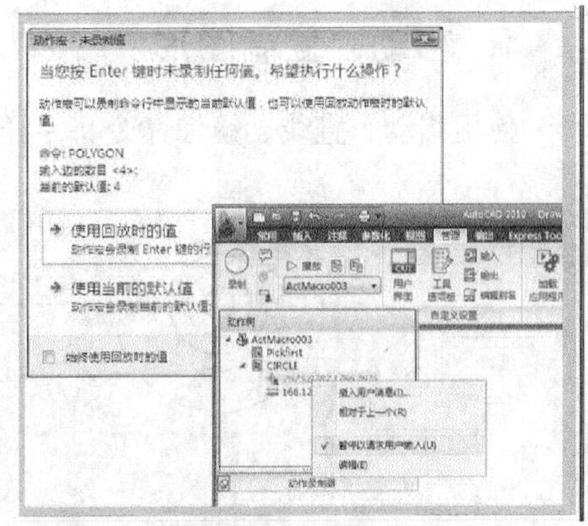

附图-65　录制动作宏

附录2

国家CAD考试中心模拟试题

1 AutoCAD 2005（机械）高级绘图员试题

第一单元

打开 C:\ata\Temp\001\0210801010010001\dit\[CITT7 期 _AutoCAD 高级 _ 机械 _A_T03][O]3\1.3\sucai\中的图形文件 Scadl-3.dwg（如【样张 1-01A】所示），完成后面的工作。

1. 移动、复制图形

使用移动、直线、镜像命令将【样张 1-01A】编辑成【样张 1-01B】所示的图形。

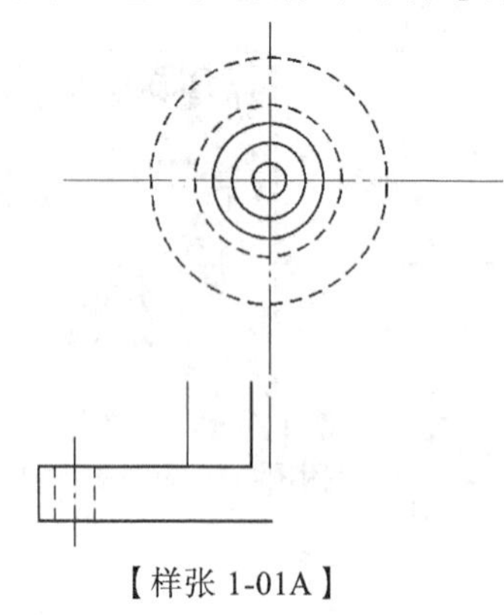

【样张 1-01A】

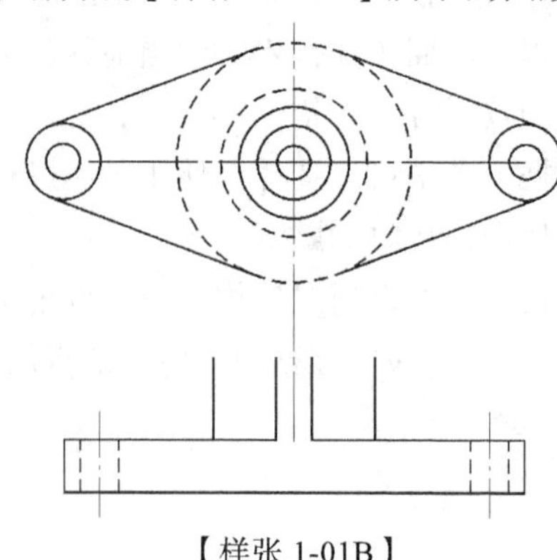

【样张 1-01B】

2. 旋转、延伸图形

使用旋转、延伸命令编辑图形，如【样张 1-01C】所示。

3. 修改圆角并修剪图形

使用圆角、修剪命令编辑图形完成作图（圆角半径为 5），如【样张 1-01D】所示。

将完成的图形以 Tcadl-3.dwg 为文件名存入 C:\ata\Temp\001\0210801010010001\ dit\[CITT7 期_AutoCAD 高级_机械_A_T03][O]3\1.3 中。

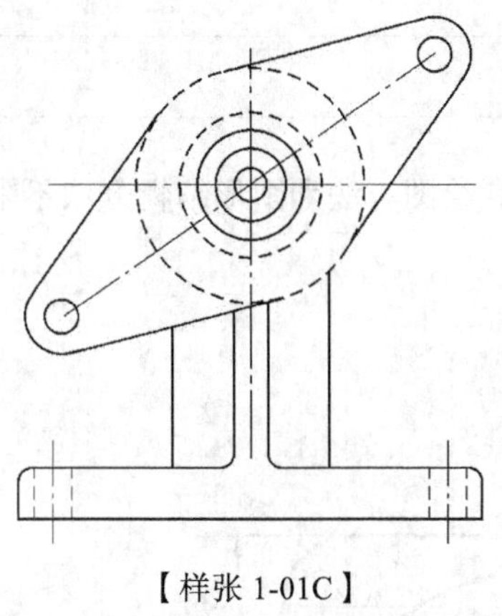

【样张 1-01C】

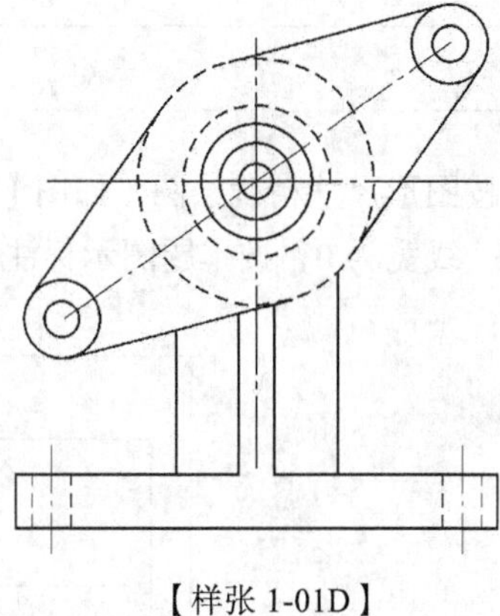

【样张 1-01D】

第二单元

打开 C:\ata\Temp\001\0210801010010001\dit\[CITT7 期_AutoCAD 高级_机械_B_T02][O]1\2.2\sucai\中的图形文件 Scad2-2.dwg，完成以下操作。

1. 创建块

（a）创建新图层 block，将颜色设置为红色，线型设置为细实线。

（b）在图层 block 中绘制块图形。

（c）在块图形中插入属性。

（d）将块图形定义成块。

2. 插入块

参照图【样张 2-02A】所示，在指定位置插入块。

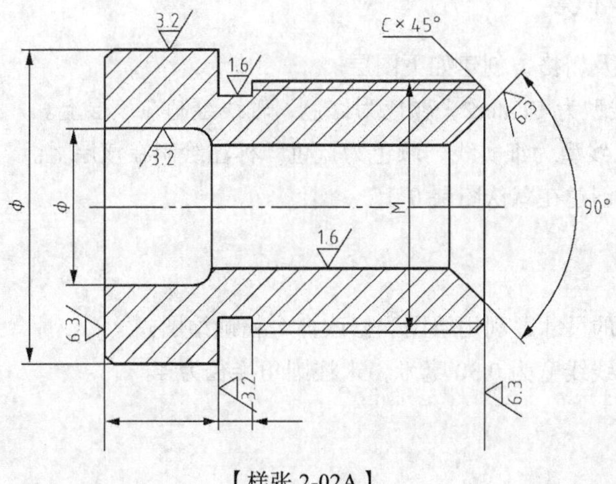

【样张 2-02A】

完成后将图形存入 C:\ata\Temp\001\0210801010010001\dit\[CITT7 期_AutoCAD 高级_机械_B_T02][O]1\2.2 中，命名为 TCAD2-2.dwg。

第三单元

按图形尺寸精确绘图（如图【样张 3-03A】所示），绘图方法和图形编辑方法不限，未明确线宽，线宽为 0，按本题图示标注图形。

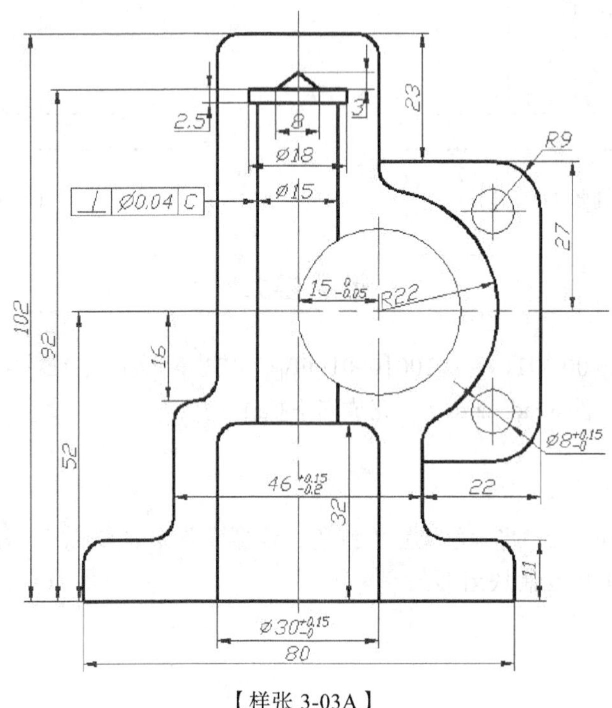

【样张 3-03A】

建立新文件，完成以下操作。

1. 设置绘图环境

建立合适的图限及栅格，创建如下图层。

（a）图层 L1，线型为 Center2，颜色为红色，轴线绘制在该层上。

（b）图层 DIM，线型为细实线，颜色为蓝色，标注绘制在该层上。

（c）其他图形均创建在默认图层 0 上。

2. 精确绘图

（a）根据试题中的尺寸，利用绘图和修改命令精确绘图。

（b）图中外轮廓线线宽为 0.30 毫米，未注圆角半径为 4。

3. 尺寸标注

创建合适的标注样式，标注图形。

完成后将图形存入 C:\ata\Temp\001\0210801010010001\dit\[CITT7 期_AutoCAD 高级_机械_C_T03][O]1\3.3 中，命名为 TCAD3-3.dwg。

第四单元

建立新文件，完成以下操作。

1. 设置绘图环境

建立合适的图限及栅格，创建“标注”图层，将其颜色设置为蓝色，线型为细直线，标注应绘制在该层上。

2. 绘制图形

根据试题注释的尺寸精确绘图，绘图方法和图形编辑方法不限。

3. 尺寸标注

创建合适的标注样式，在“标注”图层标注图形，如图【样张 4-04A】所示。

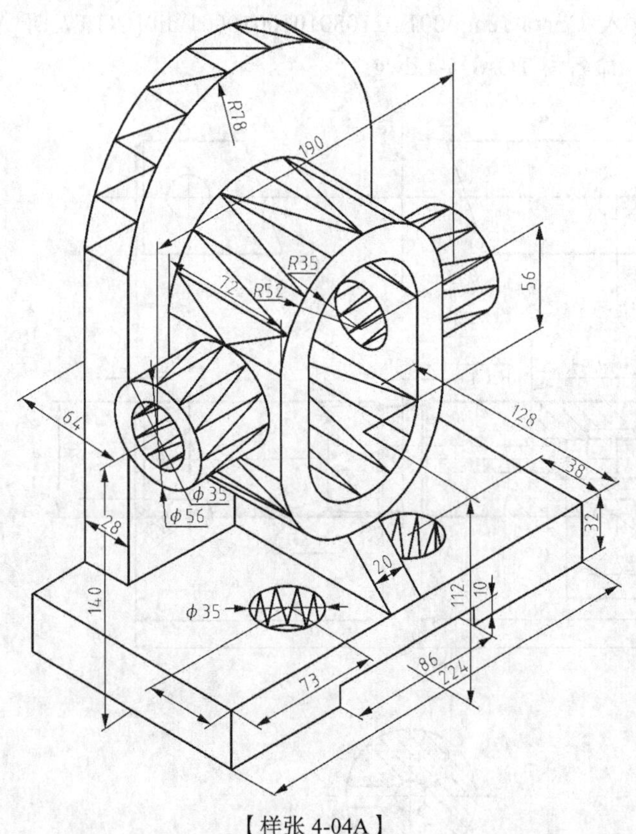

【样张 4-04A】

完成后将图形存入 C:\ata\Temp\001\0210801010010001\dit\[CITT7 期_AutoCAD 高级_机械_D_T02][O]1\4.2 中，命名为 TCAD4-2.dwg。

第五单元

建立新文件，完成以下操作。

1. 设置绘图环境

建立合适的图限及栅格，创建如下图层。

（a）图层 L1，颜色设置为红色，线型设置为 Center2，轴线绘制在该层上。

（b）图层 L2，颜色设置为蓝色，线型设置为细直线，螺纹线以及尺寸标注绘制在该层上。

（c）其余图形均绘制在默认图层 0 上。

2. 精确绘图

（a）根据试题注释的尺寸精确绘图，绘图方法和图形编辑方法不限。

（b）未明确线宽者，线宽为 0。

3. 尺寸标注

创建合适的标注样式，标注图形，如【样张 5-05A】所示。

完成后将图形存入 C:\ata\Temp\001\0210801010010001\dit\[CITT7 期_AutoCAD 高级_机械_E_T01][O]1\5.1 中，命名为 TCAD5-1.dwg。

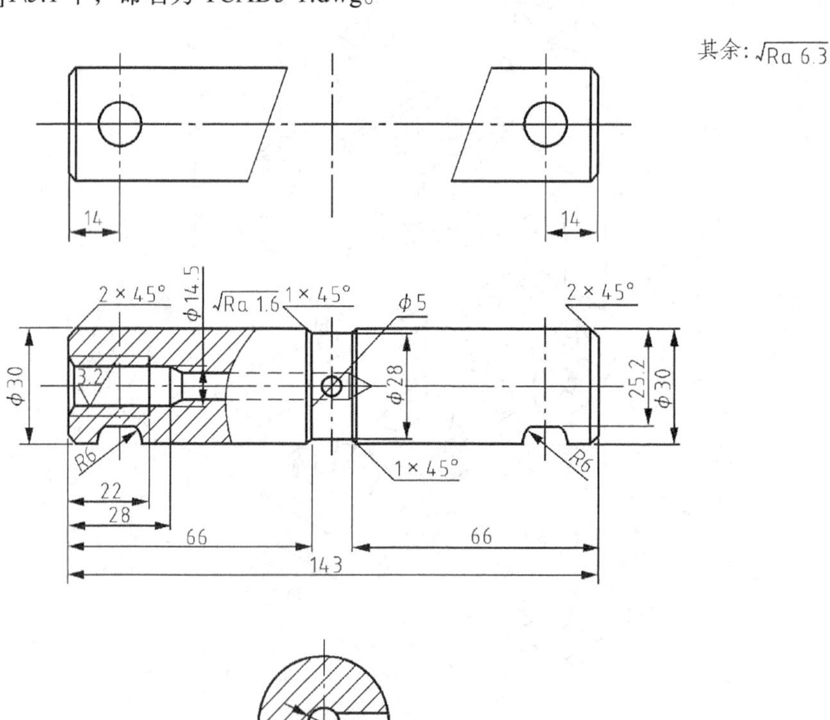

【样张 5-05A】

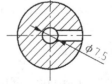

第六单元

建立新文件，完成以下操作。

1. 绘制图形

绘制如【样张 6-06A】所示图形，图形的尺寸不限，编辑方法不限。

2. 调整显示

创建多视口并调整各视口中的视图。

完成后将图形存入 C:\ata\Temp\001\0210801010010001\dit\[CITT7 期_AutoCAD 高级_机械_F_T03][O]1\6.3 中，命名为 TCAD6-3.dwg。

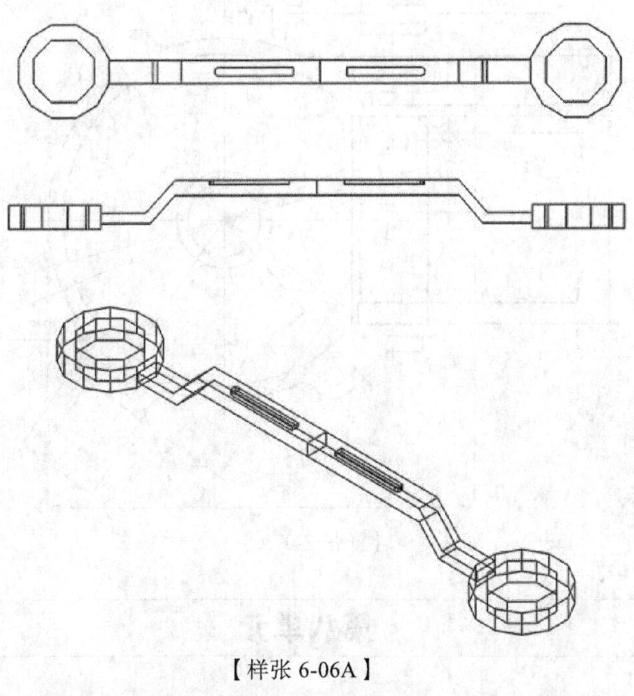

【样张 6-06A】

第七单元

建立新文件，完成以下操作。

1. 设置绘图环境

建立合适的图限及栅格，创建如下图层。

（a）“轴线”：颜色设置为蓝色，轴线绘制在该层上。
（b）“标注”：颜色设置为红色，标注绘制在该层上。
（c）“实线”：颜色设置为黑色，框线绘制在该层上。
（d）其他图形均绘制在默认图层 0 上。

2. 绘制图形

（a）根据试题注释的尺寸精确绘图，绘图方法和图形编辑方法不限。

（b）未明确线宽者，线宽为 0。图示中有未标注尺寸的地方，请按建筑有关规范自行定义尺寸。

3. 标注

设置合适的标注样式，按【样张 7-07A】所示在“标注”图层上标注图形。

完成后将图形存入 C:\ata\Temp\001\0210801010010001\dit\[CITT7 期_AutoCAD 高级_机械_G_T01][O]1\7.1 中，命名为 TCAD7-1.dwg。

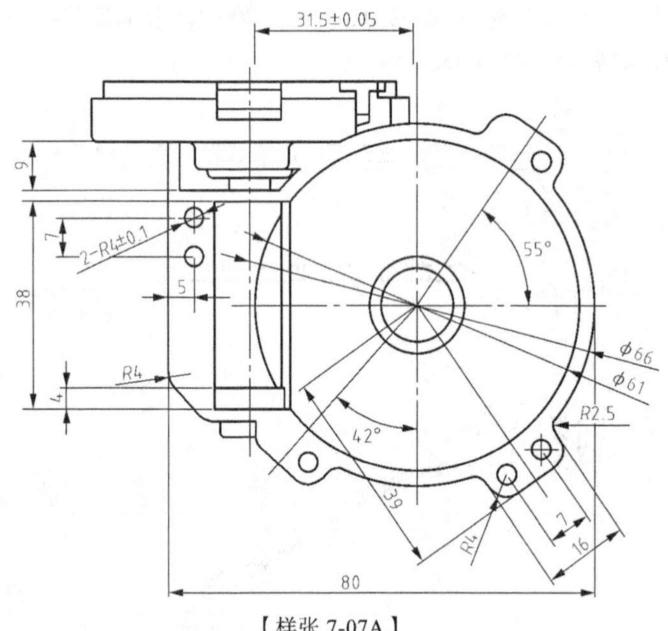

【样张 7-07A】

第八单元

建立新文件，完成以下操作。

1. 装配与分解联轴部件，如【样张 8-08A】所示。

【样张 8-08A】

2. 完成后将图形存入 C:\ata\Temp\001\0210801010010001\dit\[CITT7 期_AutoCAD 高级_机械_H_T05][O]1\8.5 中，命名为 TCAD8-5.dwg。

2 AutoCAD 2005（机械）中级绘图员试题

第一单元

【操作要求】

1. 建立新文件

运行 AutoCAD 软件，建立新模板文件，模板的图形范围是 120 × 90，0 层颜色为红色（RED）。

2. 保存

将完成的模板图形以 KSCAD1-1.DWT 为文件名保存在 C:\ata\Temp\001\0210801010010001\dit\[CITT7 期_AutoCAD 中级_A_T01][O]1\T01-1 中。

第二单元

【操作要求】

1. 建立新图形文件

建立新图形文件，绘图区域为：240 × 200。

2. 绘图

（a）绘制一个 100 × 25 的矩形。

（b）在矩形中绘制一个样条曲线，样条曲线顶点间距相等，左端点切线与垂直方向的夹角为 45°，右端点切线与垂直方向的夹角为 135°，完成后的图形参见第二单元【样张】。

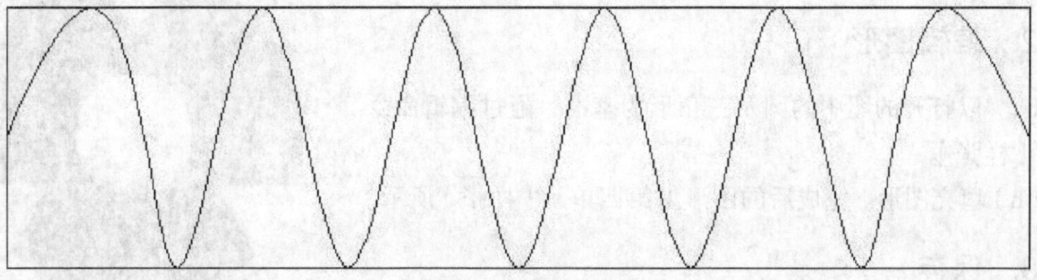

第二单元【样张】

3. 保存

将完成的图形以 KSCAD2-2.DWG 为文件名保存在 C:\ata\Temp\001\0210801010010001\dit\[CITT7 期_AutoCAD 中级_B_T02][O]1\T02-2 中。

第三单元

【操作要求】

1. 打开图形文件

打开图形文件 C:\ata\Temp\001\0210801010010001\dit\[CITT7 期_AutoCAD 中级_C_T03][O]1\T03-3\sucai\CADST3-3.DWG。

2. 属性操作

（a）将图中白色线更改为红色线，线型为 center，线型比例合适。

（b）将虚线中的小圆定义为图块，块名为 A，删除小圆，再将图块 A 插入到图中合适位置。完成后的图形如第三单元【样张】所示。

第三单元【样张】

3. 保存

将完成的图形以 KSCAD3-3.DWG 为文件名保存在 C:\ata\Temp\001\0210801010010001\ dit\[CITT7 期_AutoCAD 中级_C_T03][O]1\T03-3 中。

第四单元

【操作要求】

1. 打开图形

打开图形文件 C:\ata\Temp\001\0210801010010001\dit\[CITT7 期_AutoCAD 中级_D_T07][O]1\4.7\sucai\CADST4-7.DWG。

2. 编辑图形

（a）以打开的图中的圆及三角形为基准，通过编辑命令形成【样张】。

（b）填充图形。完成后的图形如第四单元【样张】所示。

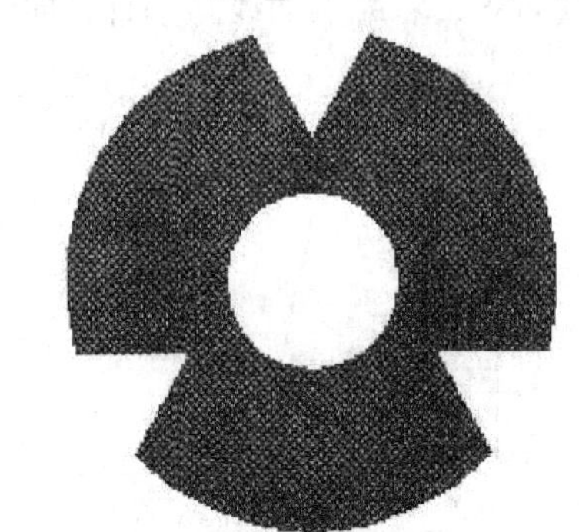

第四单元【样张】

3. 保存

将完成的图形以 KSCAD4-7.DWG 为文件名保存在

C:\ata\Temp\001\ 021080101001000l\dit\ [CITT7 期_AutoCAD 中级_D_T07][O]1\4.7 中。

第五单元

【操作要求】

1. 建立绘图区域

建立合适的绘图区域，图形必须在设置的绘图区内。

2. 绘图

按第五单元【样张】规定的尺寸绘图，中心线线型为 center，调整线型比例。

3. 保存

完成的图形以 KSCAD5-5.DWG 为文件名保存在 C:\ata\Temp\001\021080101001000l\dit\[CITT7 期_AutoCAD 中级_E_T05][O]1\T05-5 中。

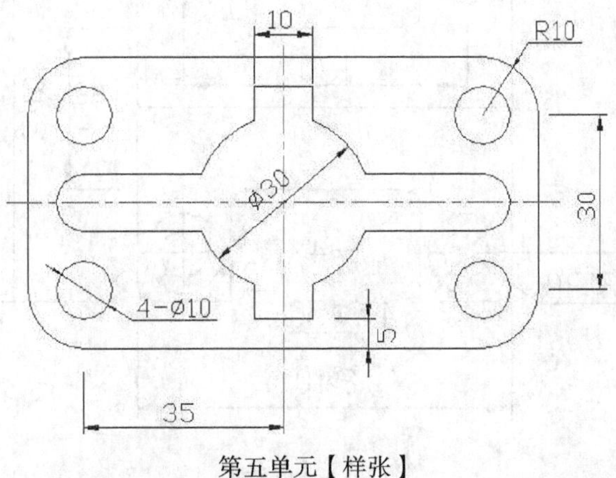

第五单元【样张】

第六单元

【操作要求】

打开图形文件 C:\ata\Temp\001\021080101001000l\dit\[CITT7 期_AutoCAD 中级_F_T03][O]1\T06-3\sucai\CADST6-3.DWG，按本题图示要求标注尺寸与文字，要求文字样式、文字大小、尺寸样式等设置合理恰当。

1. 建立尺寸标注图层

建立尺寸标注图层，图层名自定。

2. 设置尺寸标注样式

设置尺寸标注样式，要求尺寸标注各参数设置合理。

3. 标注尺寸

按第六单元【样张】的尺寸要求标注尺寸。

4. 修饰尺寸

修饰尺寸线、调整文字大小，使之符合制图规范要求。

5. 保存

将完成图形以 KSCAD6-3.DWG 为文件名保存在 C:\ata\Temp\001\0210801010010001\dit\[CITT7 期_AutoCAD 中级_F_T03][O]1\T06-3 中。

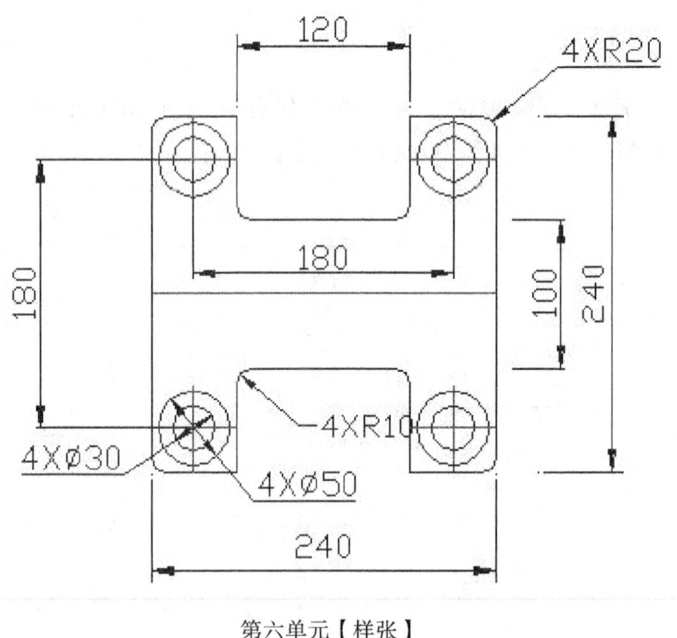

第六单元【样张】

第七单元

【操作要求】

1. 建立新文件

建立新图形文件，图形区域等考生自行设置。

2. 建立三维视图

按第七单元【样张】给出的尺寸绘制三维图形。

3. 保存

将完成的图形以 KSCAD7-2.DWG 为文件名保存在 C:\ata\Temp\001\0210801010010001\

dit\[CITT7 期_AutoCAD 中级_G_T02][O]1\T07-2 中。

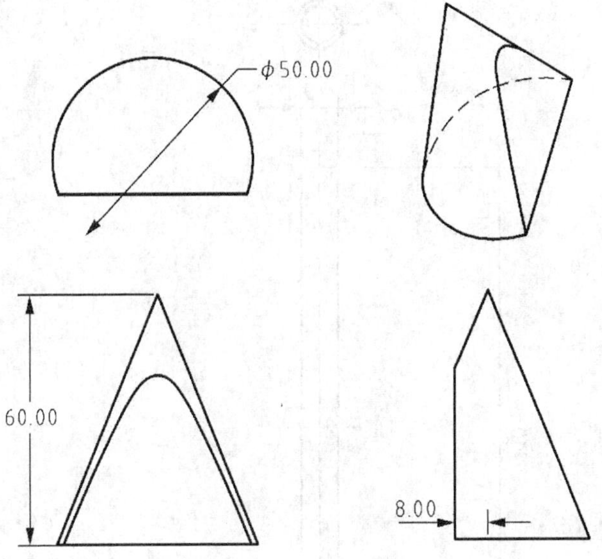

第七单元【样张】

第八单元

【操作要求】

1. 新建图形文件

建立新图形文件，绘图参数由考生自行确定。

2. 绘图

（a）参照第八单元【样张】绘制图形。
（b）绘制图框。
（c）要求图形层次清晰、图形布置合理。
（d）图形中文字、标注、图框等符合国家标准。

3. 保存

将完成的图形以 KSCAD8-5.DWG 为文件名保存在 C:\ata\Temp\001\0210801010010001\dit\[CITT7 期_AutoCAD 中级_H_T05][O]1\T08-5 中。

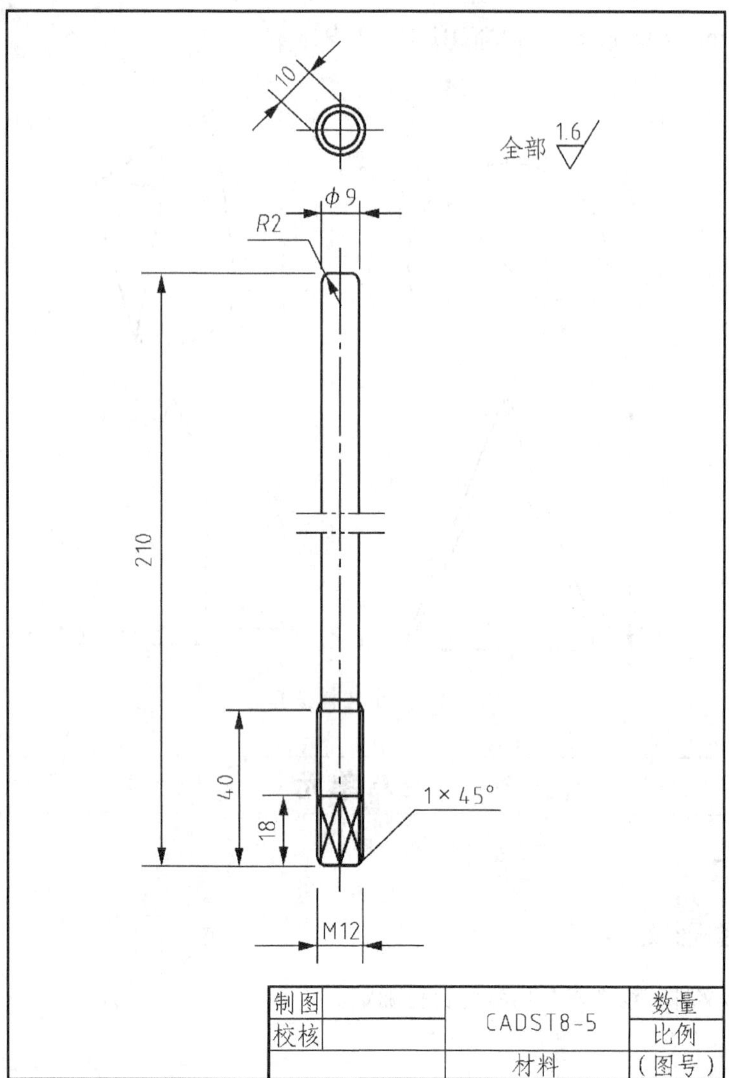

第八单元【样张】

附录3

相关实用工具

1 机械工程 CAD 制图规则

中华人民共和国国家标准

机械工程 CAD 制图规则

Mechanical engineering drawings rules of CAD

GB/T14665—1998 代替 GB/T14665—93

目录

1.范围 199
2.引用标准 199
3.基本原则 200
4.图线 200
4.1 图线组别 200
4.2 图线的结构 200
4.2.1 双折线 200
4.2.1.1 双折线的尺寸 200
4.2.1.2 计算双折线各部分尺寸的公式 200
4.2.1.3 举例 201
4.2.2 虚线（F 型线） 201
4.2.2.1 虚线的尺寸 201
4.2.2.2 计算虚线各部分尺寸的公式 201
4.2.2.3 举例 201
4.2.3 点划线（G 型线、J 型线） 202
4.2.3.1 点划线的尺寸 202
4.2.3.2 计算点划线各部分尺寸的公式 202
4.2.3.3 举例 202

4.2.4 双点划线（K 型线）......202
4.2.4.1 双点划线的尺寸......202
4.2.4.2 计算双点划线各部分尺寸的公式......203
4.2.4.3 举例......203
4.3 重合图线的优先顺序......203
4.4 非连续线的画法......204
4.4.1 相交线......204
4.4.2 接触与连接线和转弯线的画法......204
4.5 图线颜色......204
5.字体......204
5.1 数字......204
5.2 小数点......204
5.3 字母......205
5.4 汉字......205
5.5 标点符号......205
5.6 图纸幅面......205
5.7 字（词）距、行距......205
6.尺寸线的终端形式......205
7.图形符号的表示......206
8.图样中各种线型在计算机中的分层......206

1.范围

本标准规定了机械工程中用计算机辅助设计（以下简称 CAD）时的制图规则。

本标准适用于在计算机及其处围设备中进行显示、绘制、打印的机械工程图样及有关技术文件。

2.引用标准

下列标准所包含的条文，通过在本标准中引用而构成为本标准的条文。本标准出版时，所示版本均为有效。所有标准都会被修订，使用本标准的各方应探讨使用下列标准最新版本的可能性。

GB/T4458.4—84 机械制图尺寸注法。

GB/T10609.4—89 技术制图对缩微复制原件的要求。

GB/T13362.4—92 机械制图用计算机信息交换常用长仿宋矢量字体、代（符）号。

GB/T13362.5—92 机械制图用计算机信息交换常用长仿宋矢量字体、代（符）号数据集。

GB/T14691—93 技术制图字体。

GB/T17450—1998 技术制图图线。

3.基本原则

3.1 凡在计算机及其外围设备中绘制机械工程图样时，如涉及本标准中未规定的内容，应符合有关标准和规定。

3.2 在机械工程制图中用 CAD 绘制的机械工程图样，首先应考虑表达准确，看图方便。在完整、清晰、准确地表达机件各部分形状的前提下，力求制图简便。

3.3 用 CAD 绘制机械图样时，尽量采用 CAD 新技术。

4.图线

在机械工程的 CAD 制图中，所用图线，除按照以下的规定外，还应遵守 GB/T17450 中的规定。

4.1 图线组别

为了便于机械工程的 CAD 制图需要，将 GB/T17450 中所规定的 8 种线型分为以下几组，见表 1。一般优先采用第 4 组。

表 1

组别	1	2	3	4	5	一般用途
线宽 mm	2.0	1.4	1.0	0.7	0.5	粗实线、粗点划线
	1.0	0.7	0.5	0.35	0.25	细实线、波浪线、双折线、虚线、细点划线、双点划线

4.2 图线的结构

4.2.1 双折线

4.2.1.1 双折线的尺寸

双折线的尺寸和表示如图 1、图 2 和图 3 所示。

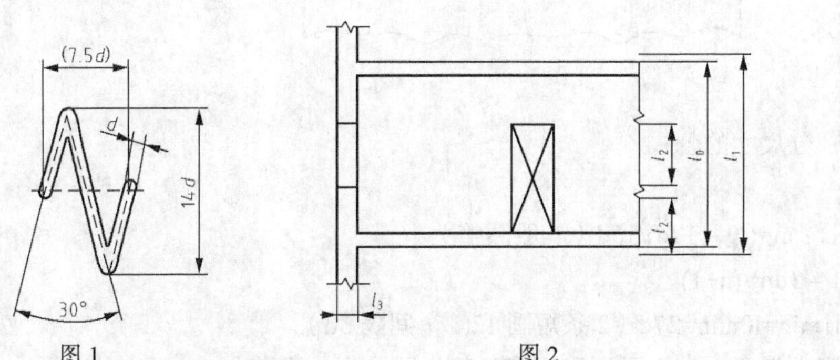

图 1　　图 2

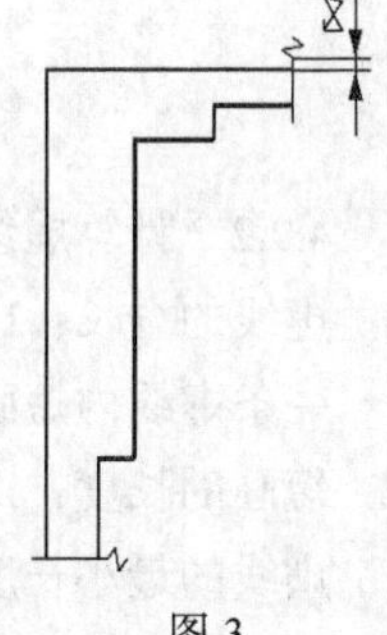

图 3

4.2.1.2 计算双折线各部分尺寸的公式

双折线的完整长度：l1= l0+10d

在一条双折线内 Z 形的数目：n= l1/80+1(一般圆整，l1<40n=1)

两个 Z 形之间的线段长度：l2= l1/n-7.5d

在线的两端的线段长：
当有两个或多个 Z 形时 l3= l2/2
当只有一个 Z 形时 l3=(l1-7.5d)/2
l0<=10d，Z 形的配置如图 3 所示。
4.2.1.3 举例
l0 = 125，d=0.25
l1=125+2.5=127.5
n=127.5/80+1=2.594(圆整为 3)
l2=127.5/3-(7.5*0.25)=40.625
l3=40.625/2=20.313

4.2.2 虚线（F 型线）

4.2.2.1 虚线的尺寸
虚线的尺寸和表示如图 4 和图 5 所示。

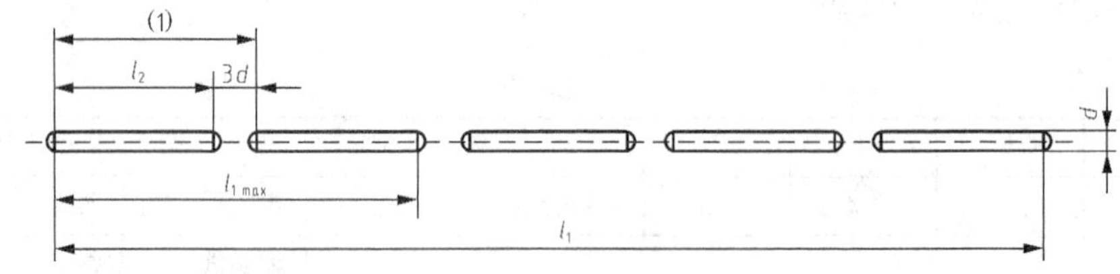

注：图中 (1) 为线的分段长度。

图 4

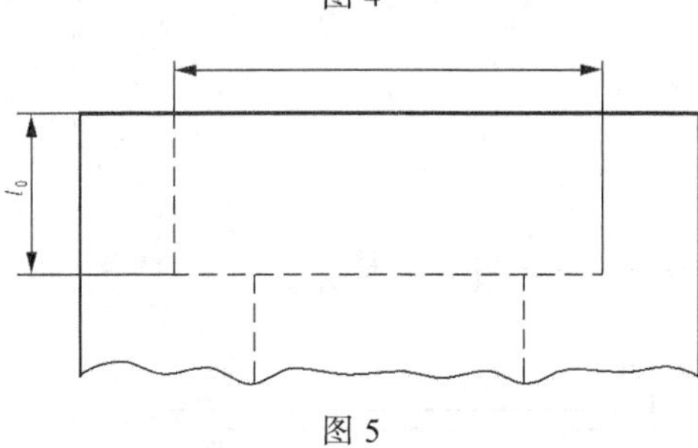

图 5

4.2.2.2 计算虚线各部分尺寸的公式
虚线的全长：l1=l0
一条虚线内短画数目：n=(l0 – 12d)/15d（一般圆整）
短画的长度：l2=(l1 – 3dn)/(n+1)
虚线的最小长度：l1min=l0min=27d（2 条短画 12,1 个间隔 3d）
如果在画虚线时长度小于 l1=27d，可以采用将各部分尺寸放大的形式。
4.2.2.3 举例
l1=125，d=0.35
n=(125-4.2)/5.25=23.01（圆整为 23）
l2=（125 – 24.15)/24=4.202
允许按固定的短画（12d）画线，此时线的一端可能是较短或较长的短画。

4.2.3 点划线（G 型线、J 型线）

4.2.3.1 点划线的尺寸

点划线的尺寸和表示见图 6、图 7。

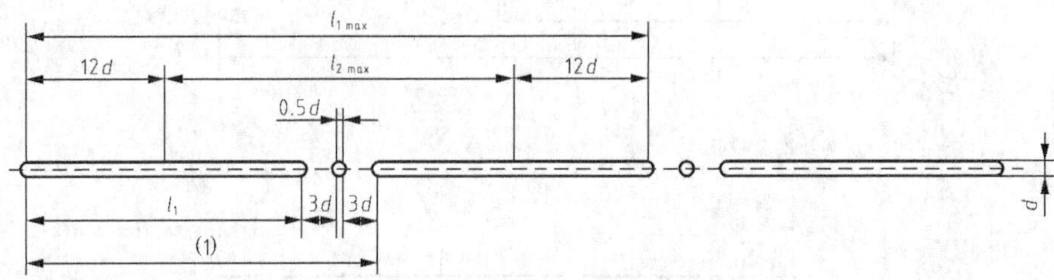

图中（1）为线的分段长度。

图 6

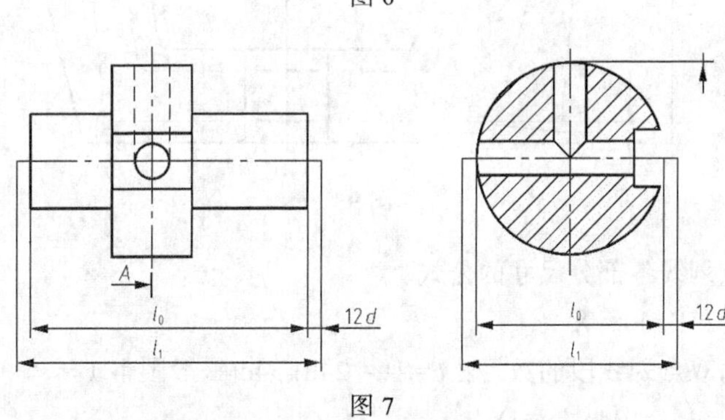

图 7

4.2.3.2 计算点划线各部分尺寸的公式

点划线的全长：l1=l0 + 24d（在可见轮廓的两端线条要延伸出来）

在点划线全长内点划线段的数目：n=(l1 – 24d)/30.5d(一般圆整）

长画的长度：l3=(l1 – 6.5dn)/(n+1)

点划线的最小长度：l1min=54.5d

4.2.3.3 举例

l0=125，d=0.25

l1=125+6=131

n=(131 – 6)/7.625=16.393(圆整为 16）

l3=（131 – 26）/17=6.176

点划线小于 l1min=35.5d 时，可画成细实线。

4.2.4 双点划线（K 型线）

4.2.4.1 双点划线的尺寸

双点划线的尺寸和表示如图 8 和图 9 所示。

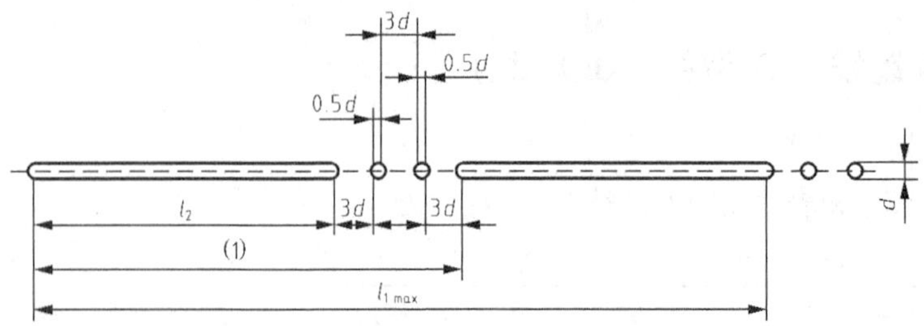

注：图中 (1) 为线的分段长度。

图 8

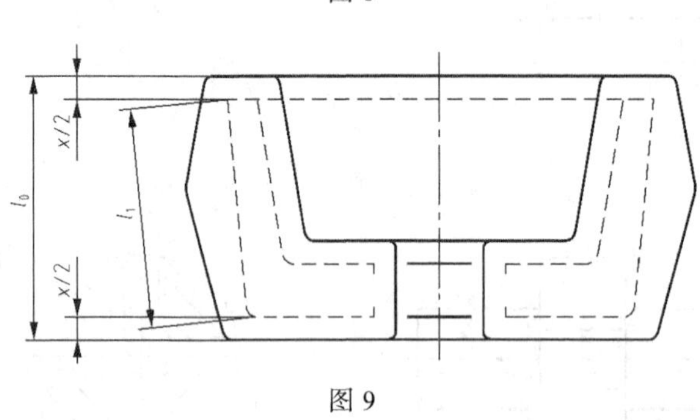

图 9

4.2.4.2 计算双点划线各部分尺寸的公式

双点划线的长度：l1=l0 – X

一条双点划线内双点划线段的数目：n=(l1 – 24d)/34d(一般圆整）

长画的长度：l3=(l1 – 10dn)/(n+1)

双点划线的最小长度：l1min=58d

4.2.4.3 举例

l0=128，d=0.35，X/2=1.5

l1=128 – 3 = 125

n=(125 – 8.4)/11.9 = 9.798(圆整为 10）

l3=(125 – 35)/11 = 8.182

4.3 重合图线的优先顺序

当两个以上不同类型的图线重合时，应遵守以下的优先顺序：

（1）可见轮廓线和棱线（粗实线，A 型线）。

（2）不可见轮廓线和棱线（虚线，F 型线）。

（3）剖切平面迹线（细点划线，G 型线）。

（4）轴线和对称中心线（细点划线，G 型线）。

（5）假想轮廓线（双点划线，K 型线）。

（6）尺寸界线和分界线（细实线，B 型线）。

4.4 非连续线的画法

4.4.1 相交线

图线应尽量相交在线段上。绘制圆时，应画出圆心符号，如图 10 所示。

4.4.2 接触与连接线和转弯线的画法

图线在接触与连接或转弯时应尽可能在线段上相连，如图 11 所示。

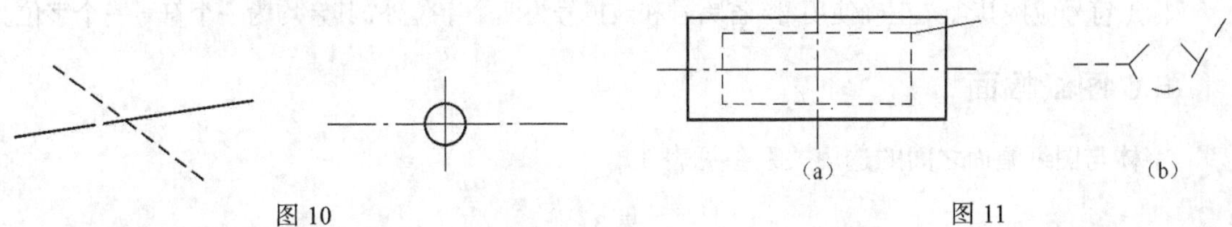

图 10　　图 11

4.5 图线颜色

屏幕上显示图线，一般应按表 2 中提供的颜色显示，并要求相同类型的图线应采用同样的颜色。

表 2

图线类型			颜色
粗实线		A	绿色
细实线		B	白色
波浪线		C	
双折线		D	
虚线		F	黄色
细点划线		G	红色
粗点划线		I	棕色
双点划线		K	粉色

5.字体

机械工程的 CAD 制图所使用的字体，应按 GB/T13362.4~13362.5 中的要求，做到字体端正、笔画清楚，排列整齐、间隔均匀。

5.1 数字

一般应以斜体输出。

5.2 小数点

小数点进行输出时，应占一个字位，并位于中间靠下处。

5.3 字母

一般应以斜体输出。

5.4 汉字

汉字在输出时一般采用正体，并采用国家正式公布和推行的简化字。

5.5 标点符号

标点符号应按其含义正确使用,除省略号和破折号为两个字位外,其余均为一个符号一个字位。

5.6 图纸幅面

字体与图纸幅面之间的选用关系参见表 3。

表 3

图幅字体 h	A0	A1	A2	A3	A4
汉字	5		3.5		
字母与数字					
h=汉字、字母和数字的高度					

5.7 字（词）距、行距

字体的最小字（词）距、行距以及间隔线或基准线与书写字体的最小距离见表 4。

表 4

字体	最小距离	
汉字	字距	1.5
	行距	2
	间隔线或基准线与汉字的间距	1
字母与数字	字符	0.5
	词距	1.5
	行距	1
	间隔线或基准线与字母、数字的间距	1
当汉字与字母、数字混合使用时，字体的最小字距、行距等应根据汉字的规定使用。		

6.尺寸线的终端形式

机械工程的 CAD 制图中所使用的尺寸线的终端形式（箭头）有如下几种供选用，其具体尺寸比例一般参照 GB4458.4 中的有关规定，如图 12 所示。

6.1 在图样中一般按实心箭头、开口箭头、空心箭头、斜线的顺序选用。

6.2 当尺寸线的终端采用斜线时，尺寸线与尺寸界线必须互相垂直。

6.3 同一张图样中一般只采用一种尺寸线终端的形式。当采用箭头位置不够时，允许用圆点或斜线代替箭头，如图 13 所示。

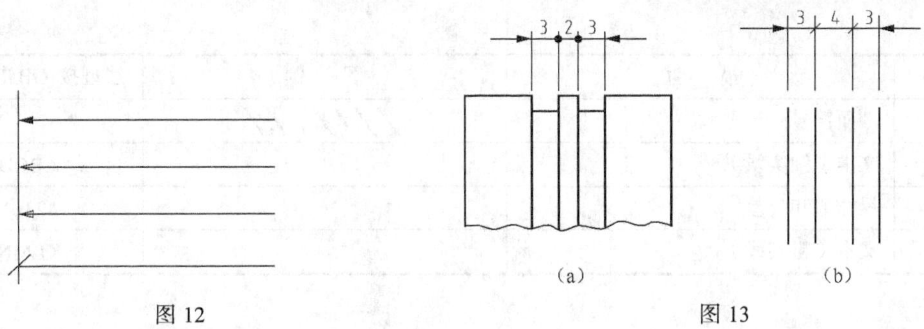

图 12　　　图 13

7.图形符号的表示

在机械工程的 CAD 制图中，所用到的图形符号，应严格遵守有关标准或规定的要求。

7.1 第一角画法和第三角画法的识别图形符号表示，见表 5。

表 5

图形符号	说明
	第一角画法的图形符号表示
	第三角画法的图形符号表示

7.2 圆心符号用细实线绘制，其长短一般在 12d 左右选用（d 为细实线宽度），见图 14。

+

图 14

8.图样中各种线型在计算机中的分层

图样中的各种线型在计算机中的分层标识可参照表 6 的要求。

表 6

标识号	描　述	图　例	线型按(GB/T17450)
01	粗实线 剖切面的粗剖切线		A
02	细实线 细波浪线 细折断线		B C D
03	粗虚线		E
04	细虚线		F
05	细点划线 剖切面的剖切线		G
06	粗点划线		J
07	细双点划线		K
08	尺寸线，投影连线，尺寸终端与符号细实线		
09	参考圆，包括引出线和终端（如箭头）		

续表

标识号	描　述	图　例	线型按(GB/T17450)
10	剖面符号	///////	
11	文本（细实线）		ABCD
12	尺寸值和公差		423±1
13	文本（粗实线）		KLMN

2 CAD 快捷命令

	图标	命　令	快捷键	命 令 说 明
1		LINE	L	画　线
2		XLINE	XL	参照线
3		MLINE	ML	多　线
4		PLINE	PL	多段线
5		POLYGON	POL	多边形
6		RECTANG	REC	绘制矩形
7		ARC	A	画　弧
8		CIRCLE	C	画　圆
9		SPLINE	SPL	曲　线
10		ELLIPSE	EL	椭　圆
11		INSERT	I	插入图块
12		BLOCK	B	定义图块
13		POINT	PO	画点
14		HATCH	H	填充实体
15		REGION	REG	面域
16		MTEXT	MT，T	多行文本
17		ERASE	E	删除实体
18		COPY	CO, CP	复制实体

19		MIRROR	MI	镜像实体
20		OFFSET	O	偏移实体
21		ARRAY	A R	图形阵列
22		MOVE	M	移动实体
23		ROTATE	RO	旋转实体
24		SCALE	SC	比例缩放
25		STRECTCH	S	拉抻实体
26		LENGTHEN	LEN	拉长线段
27		TRIM	TR	修剪
28		EXTEND	EX	延伸实体
29		BREACK	BR	打断线断
30		CHAMFER	CHA	倒直角
31		FILLET	F	倒圆
32		EXPLODE	X	分解炸开
33		LIMITS		图形界限
34		帮助主题	[F1]	[F8] 正交
35		对象捕捉	[F3]	[F10] 极轴
36		WBLOCK	W	创建外部图块
37		COPYCLIP	^+C	跨文件复制
38		PASTECLIP	^+V	跨文件粘帖

	图标	命令	快捷键	命令说明
39		DIMLINEAR	DLI	两点标注
40		DIMCONTINUE	DCO	连续标注
41		DIMBASELINE	DBA	基线标注
42		DIMALIGNED	DAL	斜点标注
43		DIMRADIUS	DRA	半径标注
44		DIMDIAMETER	DDI	直径标注
45		DIMANGULAR	DAN	角度标注
46		TOLERANCE	TOL	公差
47		DIMCENTER	DCE	圆心标注
48		QLEADER	LE	引线标注
49		QDIM		快速标注
50		DIMTEDIT		标注编辑
51		DIMEDIT		
52		DIMTEDIT		
53		DIMSTYLE		
54		DIMSTYLE	D	标注设置
55		HATCHEDIT	HE	编辑填充
56		PEDIT	PE	编辑多义线

57		SPLINEDIT	SPE	编辑曲线
58		MLEDIT		编辑多线
59		ATTEDIT	ATE	编辑参照
60		DDEDIT	ED	编辑文字
61		LAYER	LA	图层管理
62		MATCHPROP	MA	属性复制
63		PROPERTIES	CH, MO	属性编辑
64		NEW	ˆ+N	新建文件
65		OPEN	ˆ+O	打开文件
66		SAVE	ˆ+S	保存文件
67		UNDO	U	回退一步
68		PAN	P	实时平移
69		ZOOM+[]	Z+[]	实时缩放
70		ZOOM+W	Z+W	窗口缩放
71		ZOOM+P	Z+P	恢复视窗
72		DIST	DI	计算距离
73		PRINT/PLOT	ˆ+P	打印预览
74		MEASURE	ME	定距等分
75		DIVIDE	DIV	定数等分
76				

3 CAD快捷命令对照表

AutoCAD快捷绘图命令

一：基本绘图命令

命令	简化指令	下拉菜单	功能	备注
LINE	L	DRAW-LINE	绘二维或三维直线段	
CIRCLE	C	DRAW-CIRCLE	绘图	
ARC	A	DRAW-ARC	绘制指定参数的圆弧	
ELLIPSE	EL	DRAW-ELLIPSE	绘制椭圆或椭圆弧	
RECTANGLE	REC	DRAW-RECTANGLE	绘矩形	
POLYGON	POL	DRAW-POLYGON	绘制指定格式的等边多边形	
POLYLINE	PL	DRAW-POLYLINE	绘制二维多段线	用户可以用PEDIT对多段线进行各种编辑操作
POINT	PO	DRAW-POINT SINGE POINT	在指定的位置绘点	用户可以根据自己的需要设置点的形式

二：重要编辑命令

命令	简化指令	下拉菜单	功能	备注
MOVE	M	MODIFY-MOVE	将指定的对象移到指定的位置	
COPY	CO	MODIFY-COPY	将指定的对象复制到指定的位置	
ROTATE	RO	MODIFY-ROTATE	将所选对象绕指定点旋转指定的角度	
SCALE	SC	MODIFY-SCALE	将所选对象按指定的比例系数相对于指定的基点放大或缩小	
TRIM	TR	MODIFY-TRIM	用剪切边修剪指定的对象	
EXTEND	EX	MODIFY-EXTEND	延长指定的对象，使其达到图中选定的边界上	
STRETCH	S	MODIFY-STRETCH	拉伸或缩短指定的一部分图形	
BREAK	BR	MODIFY-BREAK	将对象指定的格式断开	对圆操作执行此功能，可得到一段圆弧
MIRROR	MI	MODIFY-MIRROR	将指定的对象按镜像线作镜像（文本的安全镜像和可读镜像由MIRRTEXT值来控制）	
OFFSET	O	MODIFY-OFFSET	偏移复制实体	此命令只能直接点取的方式选取物体
FILLET	F	MODIFY-FILLET	对指定的两个对象指定半径倒圆角	
CHAMFER	CHA	MODIFY-CHAMFER	对两条不平行的直线倒角	
PEDIT	PE	MODIFY-PEDIT	对多段线进行编辑	
ERASE	E	MODIFY-ERASE	删除所选的图元	
EXPLODE	X	MODIFY-EXPLODE	炸开实体	
CUTCLIP			剪切复制实体	
ARRAY	AR	MODIFY-ARRAY	阵列	
COPYCLIP			拷贝复制实体	
PASTECLIP			粘贴拷贝复制的实体	

三：文本标注与编辑命令

命令	简化命令	下 拉 菜 单	功　　能	备注
DTEXT	DT	DRAW-SINGLE LINE TEXT	在图中标注一行文本.特殊标注要求有Φ(%%C) ±(%%P) °(%%D)	
TEXT	T	DRAW-TEXT	标注单行文本	
MTEXT	MT	DRAW-MULTILINE TEXT	按指定的文本行宽度标注多行文本	
DDEDIT	ED	MODIFY-TEXT	修改文本	
DIMLIN	DLI	DIMENSION-LINEAR	长度尺寸标注	
DIMANG	DAN	DIMENSION-ANGULAR	标注物体的角度值	
DIMRAD	DRA	DIMENSION-RADIUS	标注指定的圆或圆弧的半径	
DIMDIA	DDI	DIMENSION-DIAMETER	标注出指定圆或圆弧的直径	
LEADER	LE	DIMENSION-LEADER	引线标注	

四：其他一些命令

命令	简化命令	下 拉 菜 单	功能	备注
LAYER	LA	FORMAT-LAYER	建立设置当前层,设置图层的颜色,线型以及图层是否关闭,是否冻结,是否锁定等	
BLOCK	B		将所选的实体图形定段为一个图块	
INSERT	I		将图块及文件插入到当前图形文件中	
WBLOCK	W		将块以文件的形式写入磁盘	
AREA		TOOLS-INQUIRY-AREA	求所选区域的面积与周长	可以进行面积的加减运算
DIST		TOOLS-INQUIRY-DISTANCE	求两点之间的距离以及有关的角度	
LIST	LI	TOOLS-INQUIRY-LIST	以列表的形式显示描述指定对象特性的有关数据	
ID POINT	ID	TOOLS-INQUIRY-ID POINT	显示指定点的坐标值	

参考文献

[1] 张永茂．AutoCAD 2008 中文版机械绘图实例教程．第 3 版．北京：高等教育出版社，2008.

[2] 刘瑞新，朱维克，谭学龙．AutoCAD 2004 中文版应用教程．北京：清华大学出版社，2005.

[3] 司空小英，潘虹．AutoCAD 2008 建筑设计实用教程．北京：中国人民大学出版社，2009.

[4] 国家职业技能鉴定专家委员会计算机专业委员会．AutoCAD 2002/2004 试题汇编（高级绘图员级、绘图员级）．北京：希望电子出版社，2004.

[5] 陈建武，等．AutoCAD 工程绘图．北京：人民邮电出版社，2011.